"十二五"职业教育国家规划教材修订版

U0683350

EDA技术与应用教程

（Verilog HDL 版）（第 3 版）

主编　王正勇　尹洪剑　冀　云

高等教育出版社·北京

内容简介

本书是"十二五"职业教育国家规划教材修订版，也是高等职业教育电类课程新形态一体化教材。

本书以培养读者实际工程应用能力为目的，以项目化的方式深入浅出地介绍可编程逻辑器件、EDA 工具软件 Quartus Ⅱ、硬件描述语言 Verilog HDL 等 EDA 技术与应用的相关知识，并给出丰富的设计实例。

全书内容分为六大项目，首先是初识 EDA 技术，然后全面了解 EDA 的硬件核心芯片 CPLD/FPGA 的结构与工作原理、产品及配置与编程，熟悉使用 EDA 的设计软件 Quartus Ⅱ集成开发环境进行开发的步骤，通过代码演练掌握 EDA 的主流表达方式硬件描述语言 Verilog HDL，接着是基本数字单元电路 Verilog HDL 实例设计，最后结合硬件开发板完成几个基于 EDA 技术的综合性典型应用实例。每个项目又分解为相应的任务，配置了相应的思考练习和有较强针对性的实训任务，使读者通过学习与实践后能初步了解和掌握 EDA 的基本内容及实用技术。

本书配套微课、PPT、动画、电子教案、习题及答案等数字化教学资源，微课可通过扫描书中二维码学习，其他资源可发送邮件至邮箱 gzdz@ pub. hep. cn 获取。

本书取材广泛、内容新颖、注重应用、适用性强，可作为高等职业院校电子类、通信类、计算机类、自动化类等专业的教学用书，也可作为相关专业工程技术人员的参考用书。

图书在版编目（ＣＩＰ）数据

EDA 技术与应用教程：Verilog HDL 版 / 王正勇，尹洪剑，冀云主编. -- 3 版. -- 北京：高等教育出版社，2022.9

ISBN 978-7-04-057461-6

Ⅰ. ①E… Ⅱ. ①王… ②尹… ③冀… Ⅲ. ①电子电路-电路设计-计算机辅助设计-高等职业教育-教材 Ⅳ. ①TN702. 2

中国版本图书馆 CIP 数据核字（2021）第 255905 号

EDA Jishu yu Yingyong Jiaocheng （Verilog HDL Ban）

| 策划编辑 | 孙 薇 | 责任编辑 | 孙 薇 | 封面设计 | 张 楠 | 版式设计 | 童 丹 |
| 插图绘制 | 杨伟露 | 责任校对 | 窦丽娜 | 责任印制 | 赵 振 | | |

出版发行	高等教育出版社	网　址	http://www.hep.edu.cn
社　址	北京市西城区德外大街 4 号		http://www.hep.com.cn
邮政编码	100120	网上订购	http://www.hepmall.com.cn
印　刷	高教社（天津）印务有限公司		http://www.hepmall.com
开　本	787mm×1092mm　1/16		http://www.hepmall.cn
印　张	13.25	版　次	2012 年 1 月第 1 版
字　数	330 千字		2022 年 9 月第 3 版
购书热线	010-58581118	印　次	2022 年 9 月第 1 次印刷
咨询电话	400-810-0598	定　价	39.80 元

前　言

电子设计自动化（electronic design automation，EDA）是现代电子设计技术和电子制造技术的核心，其发展和应用水平已成为一个国家电子信息工业现代化的重要标志之一。EDA 技术的出现，极大地提高了电路设计的效率和可靠性，减轻了设计者的劳动强度。目前 EDA 技术已广泛应用于电子通信、航空航天、仪器仪表、生物医学、国防军事等领域电子系统的设计工作中，并成为前沿技术之一。

随着 EDA 技术的发展与应用，小规模数字集成电路正在逐步被淘汰，因此 EDA 技术是电子信息类专业课程教学改革的重要方向，目前 EDA 技术已成为许多高职院校电子信息类专业学生必须掌握的一门重要技术。同时，利用 EDA 技术还能克服实验室元器件品种不全、数量不足、实验电路板形式单调等不利于学生创新设计的缺点，对培养学生的创新应用能力、综合分析与设计能力和提高综合素质都具有重要的意义。

"EDA 技术"课程立足于电子电路硬件设计，但同时以计算机软件作为设计的工具和辅助手段。课程的主要目标是让学生了解 EDA 的基本概念和理论，熟悉 CPLD/FPGA 的结构原理和应用，掌握 Verilog HDL 编程规范，使用 EDA 工具软件进行相关的实践并从事简单系统的设计，学会应用 EDA 技术解决一些简单的电子设计问题。课程的主要内容包括：①大规模可编程逻辑器件，它是利用 EDA 技术进行电子系统设计的载体；②硬件描述语言，它是利用 EDA 技术进行电子系统设计的主要表达手段；③软件开发工具，它是利用 EDA 技术进行电子系统设计的智能化、自动化工作平台。

本书根据高等职业院校人才培养目标，以"实用、适用、够用、应用"为原则，精选教学内容，注重实际应用。通过学习，学生可以采用自顶向下的设计方法、应用 EDA 技术解决一定规模的 CPLD/FPGA 目标芯片、中小规模的系统设计。

全书内容分 6 大项目，项目 1 了解 EDA 技术的发展应用、设计流程及常用 EDA 工具；项目 2 熟悉 PLD 的发展历程、结构特点与工作原理，CPLD/FPGA 器件及其配置与编程；项目 3 结合实例介绍 Quartus Ⅱ 的设计流程，包括工程设计的输入编译、仿真分析、下载测试等，涵盖 Quartus Ⅱ 设计的主要内容，可以方便读者快速掌握 EDA 开发工具的使用；项目 4 介绍 Verilog HDL 的语法概要，同时结合语言的应用给出丰富的设计实例；项目 5 用 Verilog HDL 设计常用数字单元电路，让学生从模仿中快速学会使用 HDL 设计电路的方法；项目 6 精选 5 个典型综合应用项目，使读者充分体会到由电子积木（模块）构建数字系统和实际应用开发的快乐，可供小型课程设计之用。另外，附录中简要介绍康芯 GW48 系列 EDA/SOPC 系统和 Altera DE2 开发板，以供具有不同实验设备的读者学习或参考。本书提供的所有 Verilog HDL 代码均在 Quartus Ⅱ 软件平台上综合通过，部分设计实例给出了仿真结果并在 GW48-PK2++ 实验开发系统上通过了测试验证。

本书编写过程中，总结了近年来不同院校、不同专业"EDA 技术"课程的教学经验，力求在内容、结构、方法等方面有所突破，以充分体现高职教育的特点。与其他同类专业书籍相比，本书具有以下特色。

1. 内容合理、结构严谨

考虑到高等职业教育的特点，本书在编写时尽量保证基础、面向实际应用，并以培养学生 EDA 工程实践能力为宗旨。各部分选材和安排均围绕培养学生工程实践能力展开，不涉及 Nios、DSP Builder 等高层次的技术，内容合理、重点突出。

2. 项目引领、任务驱动

基于职业教育的目标，结合 EDA 课程的特点，本书以电子电路设计为基点，从实例的介绍中引出 Verilog HDL 的语法内容，通过一些简单、直观、典型的实例，将 Verilog HDL 中最核心、最基本的内容解释清楚，使学生能在很短的时间内有效地把握 Verilog HDL 的主干内容。

3. 着眼应用、注重实践

在内容的编排上，本书从最基本的应用实例出发，由实际问题入手引出相关知识和理论，从而将理论与实践融于一体。同时还在各章节安排了针对性较强的实验或实训项目，保证理论与实践教学同步进行。教学过程中，建议采用教、学、做相结合的教学模式。

4. 取材广泛、新颖实用

本书内容充分体现新知识、新技术和新方法，具有实用性和先进性。设计软件选用 Altera 公司的 Quartus II 9.0，并介绍各主流公司的新型可编程逻辑器件；同时把重点放在 EDA 技术及其应用方面，克服了有些包含太多内容（如电路仿真、电子制图、可编程技术等）的大杂烩教材虽然面面俱到，但教学效果难以保证的不足。

全书内容深入浅出，语言通俗易懂，不但可作为高职院校相关专业的教材，也可作为工程技术人员学习使用 EDA 技术的参考资料，同时还可作为全国大学生电子设计竞赛的指导培训用书。本书的教学时间可安排 64 学时左右。

本书由重庆电子工程职业学院王正勇、尹洪剑、冀云、陈志勇、刘勇共同编写，其中项目 1 及附录由王正勇编写，项目 2 由冀云编写，项目 3 及项目 4 由尹洪剑编写，项目 5 由陈志勇编写，项目 6 由刘勇编写；全书由王正勇统稿，王正勇、尹洪剑、冀云担任主编，英特尔 FP-GA 中国创新中心总经理张瑞先生审核；北京联合大学沈明山教授详细审阅了书稿并提出了许多宝贵的意见和建议，在此表示衷心的感谢！

感谢您选择本书，希望我们的努力对您的工作和学习有所帮助。现代电子设计技术是发展的，相应的教学内容和教学方法也应不断改进，其中一定还有许多问题值得深入探讨；加之编者水平有限，书中的缺点和不足之处在所难免，真诚地欢迎读者对书中的错误与有失偏颇之处给予批评指正。

编　者

2022 年 1 月

目 录

项目 1　初识 EDA 技术 ·················· 1

1.1　了解 EDA 技术及其发展 ········· 1

1.2　熟悉 EDA 技术的主要内容 ······ 3

1.3　掌握 EDA 的设计流程 ·········· 5

1.4　了解常用 EDA 工具 ··········· 7

项目小结 ························ 9

思考练习 ························ 9

项目 2　认识可编程逻辑器件 ········· 11

2.1　初识可编程逻辑器件 ········· 11

2.1.1　了解可编程逻辑器件的基本
结构 ··················· 11

2.1.2　了解可编程逻辑器件的发展
历程 ··················· 11

2.1.3　了解可编程逻辑器件的分类 ··· 13

2.1.4　CPLD 与 FPGA 比较 ········ 14

2.2　了解 CPLD 的实现原理与典型
结构 ···················· 15

2.2.1　CPLD 的逻辑实现原理 ······ 15

2.2.2　典型 CPLD 器件——
MAX 3000A 系列 ········ 16

2.3　了解 FPGA 的实现原理与典型
结构 ···················· 18

2.3.1　FPGA 的逻辑实现原理 ······ 18

2.3.2　典型 FPGA 器件——
Cyclone 系列 ·········· 18

2.4　探究 CPLD/FPGA 产品 ········ 20

2.4.1　CPLD/FPGA 产品主要厂商 ···· 20

2.4.2　Altera（Intel）公司的可编程
逻辑器件 ·············· 22

2.4.3　Xilinx 公司的可编程逻辑
器件 ··················· 30

2.4.4　Lattice 公司的可编程逻辑
器件 ··················· 32

2.4.5　CPLD/FPGA 的开发应用
选择 ··················· 32

2.5　掌握 CPLD/FPGA 器件的配置与
编程 ···················· 33

2.5.1　配置与编程工艺 ·········· 34

2.5.2　下载电缆与接口 ·········· 34

2.5.3　编程与配置模式 ·········· 35

2.5.4　FPGA 的配置方式 ········· 37

项目小结 ······················ 39

思考练习 ······················ 39

项目 3　熟悉 Quartus Ⅱ 设计环境 ······ 41

3.1　了解 Quartus Ⅱ 设计软件 ····· 41

3.1.1　Quartus Ⅱ 软件简介 ······· 41

3.1.2　Quartus Ⅱ 功能特点 ······· 42

3.1.3　Quartus Ⅱ 界面预览 ······· 43

3.1.4　Quartus Ⅱ 授权许可 ······· 43

3.2　理解 Quartus Ⅱ 设计流程 ····· 45

3.3　掌握 Quartus Ⅱ 设计方法 ····· 46

3.3.1　建立工程文件 ············ 46

3.3.2　设计文件输入 ············ 49

3.3.3　编译工程文件 ············ 54

3.3.4　建立仿真测试的矢量波形
文件 ··················· 55

3.3.5　仿真并观察 RTL 电路 ······· 57

3.3.6　分配引脚 ··············· 59

3.3.7　编程下载与硬件测试 ······· 61

项目小结 ······················ 63

思考练习 ……………………… 64
实训任务 ……………………… 64

项目 4 学习 Verilog HDL 语言 ……… 65

4.1 了解 Verilog HDL 语言 ……… 65
4.1.1 分析 Verilog HDL 实例 ……… 65
4.1.2 HDL 优点 ………………… 66
4.1.3 Verilog HDL 设计方法的
      优势 ……………………… 66

4.2 认识 Verilog HDL 模块结构 …… 67
4.2.1 定义模块 ………………… 68
4.2.2 定义端口 ………………… 68
4.2.3 调用模块 ………………… 68

4.3 测试 Verilog HDL 模块 …… 70
4.3.1 Verilog HDL 测试台的工作
      原理 ……………………… 70
4.3.2 Verilog HDL 测试台实例 …… 71
4.3.3 仿真 ……………………… 72

4.4 认识 Verilog HDL 数据类型及常量
      与变量 …………………… 72
4.4.1 认识常量 ………………… 73
4.4.2 认识变量 ………………… 74

4.5 熟悉 Verilog HDL 操作符及
      表达式 …………………… 76
4.5.1 了解操作数 ……………… 76
4.5.2 了解操作符 ……………… 76

4.6 掌握 Verilog HDL 描述语句 …… 81
4.6.1 赋值语句 ………………… 81
4.6.2 块语句 …………………… 84
4.6.3 条件语句与多路分支语句 … 86
4.6.4 循环语句 ………………… 89
4.6.5 结构语句 ………………… 92
4.6.6 task 和 function 说明语句 … 94

4.7 设计 Verilog HDL 仿真环境 …… 99
4.7.1 设计时钟发生器 ………… 99

4.7.2 设计一个完整的 testbench … 100
项目小结 ……………………… 102
思考练习 ……………………… 102
实训任务 ……………………… 104

项目 5 设计基本数字单元 ……… 105

5.1 设计组合逻辑电路 ………… 105
5.1.1 设计运算电路 …………… 105
5.1.2 设计编码器 ……………… 107
5.1.3 设计译码器 ……………… 109
5.1.4 设计数据选择器 ………… 111
5.1.5 设计数据比较器 ………… 113
5.1.6 设计三态门及总线缓冲器 … 114

5.2 设计时序逻辑电路 ………… 116
5.2.1 设计触发器 ……………… 116
5.2.2 设计锁存器 ……………… 119
5.2.3 设计移位寄存器 ………… 119
5.2.4 设计计数器 ……………… 120

5.3 设计状态机 ………………… 124
5.3.1 设计摩尔状态机 ………… 126
5.3.2 设计米利状态机 ………… 127

5.4 设计存储器 ………………… 129
5.4.1 设计只读存储器 ………… 129
5.4.2 设计随机存储器 ………… 130
项目小结 ……………………… 130
思考练习 ……………………… 131
实训任务 ……………………… 132
任务 1 设计 1 位二进制全加器 … 132
任务 2 设计七段显示译码器 …… 132
任务 3 设计带异步清零的 D 触发器 …
      …………………………… 134
任务 4 设计同步十进制计数器 … 134

项目 6 设计小型数字系统 ………… 136

6.1 设计数字钟 ………………… 136

6.1.1 设计要求 …………… 136

6.1.2 设计方案 …………… 136

6.1.3 设计模块 …………… 137

6.1.4 仿真分析 …………… 141

6.2 设计数字频率计 …………… 143

6.2.1 设计要求 …………… 143

6.2.2 设计方案 …………… 143

6.2.3 设计模块 …………… 143

6.2.4 仿真分析 …………… 148

6.3 设计函数信号发生器 …………… 150

6.3.1 设计要求 …………… 150

6.3.2 设计方案 …………… 150

6.3.3 设计模块 …………… 150

6.3.4 仿真分析 …………… 161

6.4 设计交通信号灯控制器 …………… 163

6.4.1 设计要求 …………… 164

6.4.2 设计方案 …………… 164

6.4.3 设计模块 …………… 165

6.4.4 仿真分析 …………… 174

6.5 设计数字电压表 …………… 176

6.5.1 设计要求 …………… 176

6.5.2 设计方案 …………… 176

6.5.3 设计模块 …………… 177

6.5.4 仿真分析 …………… 186

附录 EDA 实验开发系统简介 ……… 187

附录 A GW48 系列 EDA/SoPC
系统使用说明 ……… 187

A.1 GW48 教学实验系统电路
结构图 ……… 187

A.2 GW48 结构图信号与芯片
引脚对照表 ……… 195

附录 B Altera DE2 开发板使用
说明 ……… 197

B.1 Altera DE2 开发板的结构 ……… 197

B.2 Altera DE2 开发板与目标芯片的
引脚连接 ……… 198

参考文献 …………… 201

EDA 技术是电子设计技术和电子制造技术的核心，它是将计算机技术应用到电子电路设计中，并给电子产品的设计开发带来革命性变化的一门崭新技术，其发展和推广应用极大地推动了电子信息产业的发展。本项目要让学生了解 EDA 技术及其发展概况、EDA 技术的主要内容、EDA 的设计流程以及常用 EDA 工具等内容，对 EDA 技术全貌有初步的认识。

1.1　了解 EDA 技术及其发展

教学课件
EDA技术及其发展

1. EDA 技术的含义

EDA（electronic design automation，电子设计自动化）技术是依靠功能强大的计算机，在 EDA 工具软件平台上，对以硬件描述语言（hardware description language，HDL）为系统逻辑描述手段完成的设计文件，自动地进行逻辑编译、逻辑化简、逻辑分割、逻辑综合、结构综合（布局布线），以及逻辑优化和仿真测试，最终下载到可编程逻辑器件（programmable logic device，PLD）中，实现既定电子电路系统功能的技术。

EDA 技术使得电子电路设计者的工作仅限于利用硬件描述语言和 EDA 软件来完成对系统硬件功能的实现，从而把原来硬件设计的大部分工作转换成在 EDA 软件平台上完成，极大地降低了设计人员的硬件经验要求和劳动强度，提高了设计效率，节省了设计成本，因此 EDA 技术是现代电子设计技术的发展方向。

2. EDA 技术的发展

EDA 技术在硬件实现方面融合了大规模 IC（integrated circuit，集成电路）制造、IC 版图设计、ASIC（application specific integrated circuit，专用集成电路）测试和封装、CPLD/FPGA（complex programmable logic device/field programmable gate array，复杂可编程逻辑器件/现场可编程门阵列）编程下载和自动测试等技术；在计算机辅助工程（computer aided engineering，CAE）方面融合了计算机辅助设计（computer aided design，CAD）、计算机辅助制造（computer aided manufacturing，CAM）以及多种计算机语言的设计概念；而在现代电子学方面则容纳了电子线路设计理论、数字信号处理技术、数字系统建模和优化技术等内容。因此 EDA 技术为现代电子理论和设计的表达与实现提供了可能性。

正因为 EDA 技术丰富的内容以及与电子技术各学科领域的相关性，其发展历程同大规模 IC 设计技术、计算机辅助工程、可编程逻辑器件，以及电子设计技术和工艺的发展是同步的。一般把 EDA 技术的发展分为 CAD、CAE 和 EDA 三个阶段。

20 世纪 70 年代，在 IC 制作方面，MOS 工艺得到广泛的应用；可编程逻辑技术及其器件已经问世，计算机作为一种运算工具已在科研领域得到广泛应用。20 世纪 70 年代后期，CAD 的概念已见雏形。这一阶段人们开始利用计算机取代手工劳动，辅助进行 IC 版图编辑、PCB

（printed circuit board，印制电路板）布局布线等工作。

20 世纪 80 年代，IC 设计进入了 CMOS 时代；复杂可编程逻辑器件已进入商业应用，相应的辅助设计软件也已投入使用。20 世纪 80 年代中后期出现了 CPLD（complex programmable logic device，复杂可编程逻辑器件）和 FPGA（field programmable gate array，现场可编程门阵列），CAD 和 CAE 技术的应用更为广泛，它们在 PCB 设计的原理图输入、自动布局布线以及逻辑设计、逻辑仿真、布尔方程综合和化简等方面担任了重要的角色，特别是各种硬件描述语言的出现及其应用和在标准化方面的重大进步，为电子设计自动化必须解决的电路建模、标准文档及仿真测试等奠定了基础。

进入 20 世纪 90 年代，随着硬件描述语言的标准化得到进一步的确立，计算机辅助工程、辅助分析和辅助设计在电子技术领域获得了更加广泛的应用。与此同时，电子技术在通信、计算机及家电产品生产中的市场需求和技术需求，极大地推动了全新的电子设计自动化技术的应用和发展。特别是由于微电子技术的迅猛发展，大规模可编程逻辑器件陆续面世，促进了 EDA 技术的形成。更为重要的是，各 EDA 公司致力于推出兼容各种硬件实现方案和支持标准硬件描述语言的 EDA 工具软件，有效地将 EDA 技术推向了成熟和实用。

目前 EDA 技术已经成为电子设计的重要工具，无论是设计芯片还是设计系统，如果没有 EDA 工具的支持都难以完成。如今 EDA 工具已经成为现代电路设计人员的重要武器，正在发挥着越来越重要的作用。

3. EDA 技术的特点与发展趋势

利用 EDA 技术进行电子系统的设计，具有以下几个特点：

① 用软件的方式设计硬件，研发费用低。

② 从软件到硬件的转换是自动完成的。

③ 设计过程中可以进行各种仿真。

④ 系统可现场编程，在线升级。

⑤ 具有自主知识产权。

⑥ 整个系统可集成在一个芯片上，体积小、重量轻、功耗低、可靠性高。

随着微电子技术、EDA 技术以及应用系统需求的发展，CPLD/FPGA 正在逐渐成为数字系统开发的平台，并将在以下方面继续完善和提高：

① 向高密度、高速度、大规模的方向发展。

② 向低电压、低功耗、低成本的方向发展。

③ 向混合可编程技术方向发展。

④ 向系统内可重构的方向发展。

⑤ EDA 开发工具进一步发展。

⑥ 用于 PLD 的处理器内核。

4. EDA 技术应用前景展望

EDA 技术发展迅猛，逐渐在教学科研、产品设计、设备制造与技术改进等各方面都发挥着巨大的作用，可以说 EDA 技术已经成为电子领域不可缺少的一门技术。

（1）EDA 技术将广泛应用于高校电类专业的实践教学和科研工作

从某种意义上来说，EDA 教学科研情况如何，代表着一个学校电类专业教学及科研水平的高低，而 EDA 教学科研工作开展起来后，还会对微电子类、计算机类学科产生积极的影响，从而带动各高校相应学科的同步发展。对高校电类专业的学生而言，借助 EDA 技术，在课程设计中可以快速、经济地设计各种高性能的电子系统，并且很容易实现、修改及完善，从而能够科学系统地掌握电子系统设计方法，进而为 EDA 技术的进步做出贡献。

（2）EDA 技术将广泛应用于专用集成电路的设计和新产品的开发

近年来，单块 IC 芯片上容纳的晶体管数目成指数规律上升，现代的 IC 已能实现"片上系统"（system on a chip，SoC）的功能。随着可编程逻辑器件性价比的不断提高，开发软件功能的不断完善，用 EDA 技术设计电子系统使得可编程器件制造厂商可以按照一定的规格大量生产通用器件，用户可按通用器件从市场上选购，然后按自己的要求通过编程实现 ASIC 的功能。这将使可编程逻辑器件能够广泛应用于 ASIC 的设计和电子通信、机械化工、航空航天、生物医学等各个领域新产品的开发研制中。

（3）EDA 技术将广泛应用于传统机电设备的升级换代和技术改进

对于传统机电设备的电路控制系统来说，如果利用 EDA 技术进行重新设计或进行技术改造，不但设计周期短、设计成本低，而且还能提高产品或设备的性能，缩小产品的体积，提高产品的技术含量，提升产品的附加值。

1.2 熟悉 EDA 技术的主要内容

广义的 EDA 技术涉及三个层次：① 以 EWB/MultiSim、Protel/Altium Designer、Proteus 等的学习作为初级内容；② 以利用 HDL 完成对 CPLD/FPGA 的开发等作为中级内容；③ 以 ASIC 的设计作为高级内容。本书主要讨论第二层次即狭义的 EDA 技术。

学习 EDA 技术，首先，必须对作为硬件载体的可编程逻辑器件有一定的了解；其次，要在 EDA 软件平台上完成设计，必须学会使用一种 EDA 开发工具软件；最后，要用软件设计硬件，必须掌握一种硬件描述语言。因此 EDA 技术主要包括这三方面的内容。

微课
ISE综合开发环境的使用

1. 可编程逻辑器件

逻辑器件（logic device）是用来实现某种特定逻辑功能的电子器件，最简单的逻辑器件是**与门**、**或门**、**非门**，用其可实现功能较为复杂的组合、时序逻辑电路。

教学课件
EDA技术的主要内容

PLD 是一种由用户编程以实现某种逻辑功能的新型逻辑器件。它不仅速度快、集成度高，能够完成用户定义的逻辑功能，还可以加密和重新定义编程。目前 PLD 已发展到大规模逻辑器件，按其工作原理可分为两类——CPLD 和 FPGA。

使用 PLD 可大大简化硬件系统，降低成本，提高系统的可靠性、灵活性和保密性。因此 PLD 自 20 世纪 70 年代问世以来就受到广大工程技术人员的青睐，被广泛应用于工业控制、通信设备、智能仪表、信息处理、航空航天和军事等多个领域。

2. EDA 工具软件

EDA 技术的核心是利用计算机完成电路设计的全程自动化，因此基于计算机环境的 EDA 工具软件的支持是必不可少的。常用 EDA 工具软件见表 1-1。

集成开发软件均由 CPLD/FPGA 芯片厂家提供,基本都可以完成所有的设计输入(原理图或 HDL)、仿真、综合、布线、下载等工作。

前端输入与系统管理软件主要可以帮助用户完成 HDL 文本的输入和编辑工作,以提高输入效率,并不是必需的。多数人更习惯使用集成开发软件或者综合/仿真软件中自带的文本编辑器,甚至可以直接使用普通文本编辑器。

表 1-1　常用 EDA 工具软件

类型	名称	简介
集成开发软件	Max+Plus Ⅱ	Altera 公司(现已被 Intel 公司收购)早期的 PLD 开发软件,适合早期的中小规模 CPLD/FPGA 开发
	Quartus Ⅱ	Altera 公司新一代 CPLD/FPGA 开发软件,适合新器件和大规模 FPGA 开发
	Foundation	Xilinx 公司早期的开发工具,目前逐步被 ISE 取代
	ISE	Xilinx 公司目前的 CPLD/FPGA 集成开发工具
	ispDesignEXPERT	Lattice 公司早期的 PLD 集成开发软件
	ispLEVER	Lattice 公司目前的 PLD 集成开发软件
	Libero IDE	Actel 公司(现已被 Microchip 公司收购)的 PLD 集成开发软件
	Altium Designer	Altium 公司推出的一体化电子设计软件
前端输入与系统管理软件	HDL Turbo Writer	VHDL/Verilog HDL 专用编辑器,可大小写自动转换、缩进,格式编排方便
	Visual VHDL/Verilog	可以通过画流程图等可视化方法生成一部分 VHDL/Verilog HDL 代码
	Visual Elite	Visual HDL 的下一代产品,能够辅助系统级到电路级的设计
逻辑综合软件	Synplify/Synplify Pro	Synplicity 公司(现已被 Synopsys 公司收购)出品的 VHDL/Verilog HDL 综合软件
	FPGA Complier Ⅱ	Synopsys 公司出品的 VHDL/Verilog HDL 综合软件
	Max+Plus Ⅱ Advanced Synthsis	Altera 公司的免费 HDL 综合工具,安装后可以直接使用,是 Max+Plus Ⅱ 的一个插件,比直接使用 Max+Plus Ⅱ 综合的效果好
仿真软件	ModleSim	Mentor 公司的子公司 Model Technology 推出的 VHDL/Verilog HDL 仿真软件,功能比较强大,但使用比较复杂
	Active HDL	Aldec 公司出品的 VHDL/Verilog HDL 仿真软件,界面友好,简单易用
其他软件	DSP Builder	Quartus Ⅱ 与 Matlab 的接口,利用 IP 核在 Matlab 中快速完成数字信号处理的仿真和最终 FPGA 实现
	SOPC Builder	配合 Quartus Ⅱ,可以完成 Nios Ⅱ 软 CPU 的开发工作
	System Generator	ISE 与 Matlab 的接口
	Indentify	Synplicity 公司推出的一种验证工具,可以在 FPGA 工作时查看实际的节点信号,甚至可以像调试单片机一样,在 HDL 代码中设置断点

逻辑综合软件可以把 HDL 翻译成最基本的**与或非门**的连接关系(网表),输出".edf"文件,导给 CPLD/FPGA 厂家的软件进行适配和布线。为了优化结果,在进行复杂 HDL 设计时,基本上都会使用这些专业的逻辑综合软件。

仿真软件用于对设计进行校验仿真，包括布线以前的功能仿真（前仿真）和布线以后包含延时的时序仿真（后仿真），复杂的 HDL 设计可能需要这些软件专业的仿真功能。

3. 硬件描述语言

HDL 是一种用形式化方法描述数字电路和系统的语言。利用 HDL，设计者可以自顶向下（top-down）逐层描述自己的设计思想，用一系列分层次的模块来表示复杂的数字系统；然后利用 EDA 工具软件，逐层进行仿真验证，经过自动综合工具转换到门级电路网表；再用开发工具自动布局布线，把网表转换为要实现的具体电路布线结构。

HDL 的使用与普通的高级语言相似，编制的 HDL 程序也需要首先经过编译器进行语法、语义的检查，并转换为某种中间数据格式。但不同的是：用 HDL 编制程序的最终目的是要生成实际的硬件，因此 HDL 中有与硬件实际情况相对应的并行处理语句。此外，用 HDL 编制程序时，还需注意硬件资源的消耗问题（如门、触发器、连线等的数目）。

HDL 发展至今已成功地应用于设计的各个阶段：建模、仿真、综合和验证等。到 20 世纪 80 年代，已出现了众多的硬件描述语言，如 VHDL（very high speed integrated circuit hardware description language，超高速集成电路硬件描述语言）、Verilog HDL、AHDL、System Verilog 和 System C 等，对设计自动化起到了极大的促进和推动作用。20 世纪 80 年代后期，VHDL 和 Verilog HDL 作为硬件描述语言的主流先后成为 IEEE 标准。

动画
电子设计自动化流程

教学课件
EDA 的设计流程和常用工具

1.3 掌握 EDA 的设计流程

利用 EDA 技术进行电路设计的大部分工作是在 EDA 软件工作平台上进行的，图 1-1 是面向 CPLD/FPGA 的 EDA 设计流程，包括设计准备、设计输入、设计处理和器件编程 4 个步骤，以及相应的功能仿真、时序仿真和器件测试 3 个设计验证过程。

1. 设计准备

设计准备是在进行设计之前，依据任务要求确定系统所要完成的功能及复杂程度，器件资源的利用、成本等所要做的准备工作，如进行方案论证、系统设计和器件选择等。

2. 设计输入

设计输入是将待设计的电路或系统按照 EDA 开发软件要求的某种形式表示出来并送入计算机的过程。输入有多种方式，包括原理图或波形图输入的图形方式、采用硬件描述语言（如 VHDL/Verilog HDL）进行设计的文本方式以及图形与文本混合输入方式。也可以采用自顶向下的层次结构设计方法，将多个输入文件合并成一个设计文件等。

（1）图形输入方式

图形输入方式通常包括原理图输入、波形图输入

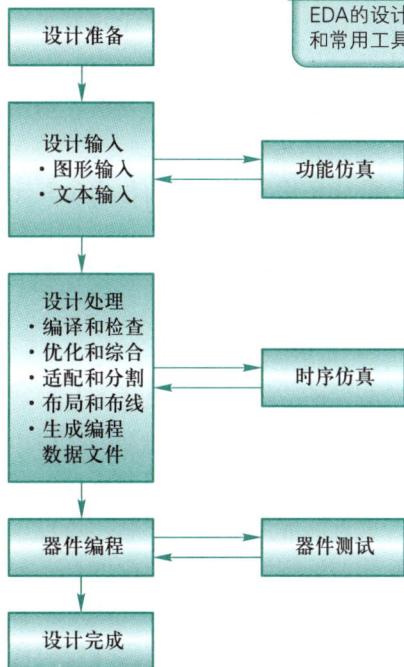

设计准备

设计输入
· 图形输入
· 文本输入 → 功能仿真

设计处理
· 编译和检查
· 优化和综合
· 适配和分割
· 布局和布线
· 生成编程数据文件 → 时序仿真

器件编程 → 器件测试

设计完成

图 1-1　面向 CPLD/FPGA
的 EDA 设计流程

等几种方式。其中原理图输入方式是一种最直接的输入方式，它使用软件系统提供的元器件库及各种符号和连线画出设计电路的原理图，形成图形输入文件。这种方式大多数用在对系统及各部分电路很熟悉的情况，或在系统对时间特性要求较高的场合，其优点是容易实现仿真，便于信号的观察和电路的调整。而波形图输入方式主要用于建立和编辑波形设计文件及输入仿真向量和功能测试向量（即将所关心的输入信号组合成序列）。波形图输入方式适用于时序逻辑和有重复性的逻辑函数，系统软件可以根据用户定义的输入/输出波形自动生成逻辑关系。

（2）文本输入方式

文本输入方式是采用硬件描述语言以文本描述电路设计和输入的方式。硬件描述语言有普通硬件描述语言和行为描述语言。普通硬件描述语言有 AHDL、CUPL 等，它们支持逻辑方程、真值表、状态机等逻辑表达方式。行为描述语言是目前常用的高层硬件描述语言，有 VHDL、Verilog HDL 等，它们具有很强的逻辑描述和仿真功能，可实现与工艺无关的编程与设计，使设计者在系统设计、逻辑验证阶段就确立方案的可行性，而且输入效率高，在不同的设计输入库之间转换也非常方便。

3. 设计处理

设计处理是 EDA 设计中的核心环节。在设计处理阶段，编译软件对设计输入文件进行逻辑化简、综合和优化，并适当地用一片或多片器件自动地进行适配，最后产生编程用的文件。设计处理主要包括设计编译和检查、优化和综合、适配和分割、布局和布线、生成编程数据文件等过程。

（1）编译和检查

设计输入完成之后，即可进行编译。在编译过程中，首先进行语法检验，如检查原理图的信号线有无漏接、信号有无双重来源、文本输入文件中关键词是否正确等，并及时标出语法错误的类型及位置，供设计者修改。其次进行设计规则检验，检查总的设计有无超出器件资源或规定的限制并将编译报告列出，指明违反规则和潜在不可靠电路的情况，供设计者纠正。

（2）优化和综合

设计优化主要包括面积优化和速度优化。面积优化的结果使得设计所占用的逻辑资源（门数或逻辑元件数）最少；速度优化的结果使得输入信号经历最短的路径到达输出，即传输延迟时间最短。综合的目的是将多个模块化设计文件合并为一个网表文件，并使层次设计平面化（即展平）。

（3）适配和分割

确定优化以后的逻辑能否与下载目标器件 CPLD/FPGA 中的宏单元和 I/O 单元适配，然后将设计分割为多个便于适配的逻辑小块形式映射到器件相应的宏单元中。如果整个设计不能装入一片器件时，则自动分割成多块并装入同一系列的多片器件中去。分割工作可以全部自动实现，也可以部分由用户控制，还可以全部由用户控制。分割时应使所需器件数目和用于器件之间通信的引脚数目尽可能少。

（4）布局和布线

布局和布线工作是在设计校验通过以后由软件自动完成的，它能以最优的方式对逻辑元件布局，并准确地实现元件间的布线互连。布局、布线完成后，软件会自动生成布线报告，提供有关设计中各部分资源的使用情况等信息。

（5）生成编程数据文件

设计处理的最后一步是产生可供器件编程使用的数据文件。对于 CPLD 来说，是产生熔丝图文件，即 JEDEC 文件（电子器件工程联合会制定的标准格式，简称 JED 文件）；对于 FPGA来说，是生成位流数据文件（bit-stream generation，简称 BG 文件）。

4. 设计校验

设计校验过程包括功能仿真和时序仿真，是在设计处理过程中同时进行的。

功能仿真是在设计输入完成之后、选择具体器件进行编译之前的逻辑功能验证，因此又称为前仿真。此时的仿真没有延时信息或者只有由系统添加的微小标准延时，这对于初步的功能检测非常方便。仿真前，要先利用波形编辑器或硬件描述语言等建立波形文件或测试向量，仿真结果将会生成报告文件和输出信号波形，从中便可以观察到各个节点的信号变化。若发现错误，则返回设计输入中修改逻辑设计。

时序仿真是在选择了具体器件并完成布局、布线之后进行的时序关系仿真，因此又称为后仿真或延时仿真。由于不同器件的内部延时不一样，不同的布局、布线方案也会给延时造成不同的影响，因此在设计处理以后，对系统和各模块进行时序仿真，分析其时序关系，估计设计的性能及检查和消除竞争冒险等是非常有必要的。

5. 器件编程

器件编程是指将设计处理中产生的编程数据文件放到具体的可编程逻辑器件中去。对于CPLD 器件来说，是将熔丝图文件（JED 文件）下载到 CPLD 器件中去；对于 FPGA 来说，是将位流数据文件（BG 文件）配置到 FPGA 中去。

器件编程需要满足一定的条件，如编程电压、编程时序和编程算法等。普通的 CPLD 和一次性编程的 FPGA 需要专用的编程器完成器件编程工作。基于 SRAM（静态随机存储器）的FPGA 可以由 EPROM 或其他存储器进行配置。在系统可编程器件（ISP-PLD）则不需要专门的编程器，只要一根与计算机互连的下载电缆就可以了。

6. 器件测试

器件在编程完毕之后，可以用编译时产生的文件对器件进行检验、加密等工作，或采用边界扫描测试技术进行功能测试，测试成功后才完成设计。

设计验证可以在 EDA 硬件开发平台上进行。EDA 硬件开发平台的核心部件是一片可编程逻辑器件 CPLD/FPGA，再附加一些输入/输出设备，如按键、数码显示器、指示灯等，还提供时序电路需要的脉冲信号源。将设计电路编程下载到 CPLD/FPGA 中后，根据 EDA 硬件开发平台的操作模式要求，进行相应的输入操作，然后检查输出结果，以验证设计电路。

1.4   了解常用 EDA 工具

用 EDA 技术设计电路可以分为不同的技术环节，每一个环节中必须由对应的软件包或专用的 EDA 工具独立处理。EDA 工具大致可以分为设计输入编辑器、仿真器、HDL 综合器、适配器（或布局布线器）及下载器 5 个模块。

1. 设计输入编辑器

通常，专业的 EDA 软件供应商或 PLD 厂商都提供 EDA 开发工具，这些 EDA 开发工具中都含有设计输入编辑器，如 Xilinx 公司的 Foundation、Lattice 公司的 ispDesignEXPERT、Altera 公司的 Quartus Ⅱ 和 Max+Plus Ⅱ 等；也可以使用其他专用或通用的设计输入编辑器。一般的设计输入编辑器都支持图形输入和 HDL 文本输入。

图形输入方式沿用传统的数字系统设计方式，即根据设计电路的功能和控制条件，画出设计的原理图或状态图或波形图，然后在设计输入编辑器的支持下，将这些图形输入计算机中，形成图形文件。图形输入方式设计过程形象直观，而且不需要掌握硬件描述语言，便于初学或教学演示，但图形输入方式存在没有标准化、图形文件兼容性差、不便于电路模块的移植和再利用等缺点。

HDL 文本输入方式与传统的计算机软件语言编辑输入方式基本一致，就是在设计输入编辑器的支持下，使用某种硬件描述语言对设计电路进行描述，形成 HDL 源程序。

当然，在用 EDA 技术设计电路时，也可以利用图形输入方式与 HDL 文本输入方式各自的优势，将它们结合起来，实现一个复杂电路系统的设计。

2. 仿真器

在 EDA 技术中，仿真的地位非常重要，行为模型的表达、电子系统的建模、逻辑电路的验证及门级系统的测试，每一步都离不开仿真器的模拟检测。在 EDA 发展的初期，快速地进行电路逻辑功能仿真是当时的核心问题。即使在现在，各个环节的仿真仍然是整个 EDA 设计流程中最重要、最耗时的一个步骤。因此，仿真器的仿真速度、仿真的准确性和易用性成为衡量仿真器的重要指标。

按照仿真器对硬件描述语言不同的处理方式，可以将其分为编译型仿真器和解释型仿真器。编译型仿真器速度较快，但需要预处理，因此不能及时修改；解释型仿真器的速度一般，但可以随时修改仿真环境和条件。

常用的仿真器除各可编程逻辑器件厂商提供的 EDA 集成开发工具之外，还有 Model Technology 公司的 ModelSim、Cadence 公司的 NC–Verilog/NC–VHDL/NC–Sim、Aldec 公司的 Active HDL、Synopsys 公司的 VCS/Scirocco 等。

3. HDL 综合器

综合器是一种将硬件描述语言转化为硬件电路的重要工具软件。在使用 EDA 技术进行电路设计的过程中，HDL 综合器完成电路化简、算法优化、硬件结构细化等操作。

HDL 综合器在把可综合的 HDL 转化为硬件电路时，一般要经过两个步骤：第 1 步对 VHDL 或 Verilog HDL 进行处理分析，并将其转换成电路结构或模块，这时不考虑实际器件实现，这个过程是一个通用电路原理图形成的过程；第 2 步对实际实现目标器件的结构进行优化，并使之满足各种约束条件，优化关键路径等。

综合是 EDA 设计过程中的一个独立的设计步骤，它往往被其他 EDA 环节调用，以便完成整个设计流程。HDL 综合器的调用具有前台模式和后台模式两种。用前台模式调用时，可以从计算机的显示器上看到调用窗口界面；用后台模式（也称为控制模式）调用时，不出现图形窗口界面，仅在后台运行。

HDL 综合器的输出文件一般是网表文件，这是一种用于电路设计数据交换和交流的工业标准化格式的文件，或是直接用 HDL 表达的标准格式的网表文件，或是对应 CPLD/FPGA 器件厂商的网表文件。

4. 适配器

适配也称为结构综合，其任务是完成在目标器件上的布局和布线，通常都由可编程器件厂商提供的专用软件来完成。这些软件可以单独存在，也可以嵌入集成 EDA 开发平台中。适配器最后输出的是各厂商自己定义的下载文件，下载到目标器件后即可实现电路设计。

5. 下载器

下载器的任务是把电路设计结果下载到实际器件中，实现硬件设计。下载软件一般由可编程逻辑器件厂商提供，或嵌入 EDA 开发平台中。

项目小结

首先学习 EDA 技术的含义及发展应用概况，接着简要了解 EDA 技术的主要内容，即可编程逻辑器件、EDA 工具软件和硬件描述语言（HDL），然后是 EDA 的设计流程，最后是常用的 EDA 工具。

现代电子设计技术的核心是 EDA 技术。EDA 技术是依靠功能强大的计算机，在 EDA 工具软件平台上，对以硬件描述语言为系统逻辑描述手段完成的设计文件，自动地进行逻辑编译、化简、分割、综合、优化、仿真，最终下载到可编程逻辑器件 CPLD/FPGA 中，实现既定电子电路系统功能的技术。EDA 技术极大地提高了电子电路的设计效率，缩短了设计周期，节省了设计成本。

EDA 技术包括 HDL、EDA 工具软件、PLD 等方面的内容。目前国际上流行的 HDL 主要有 VHDL 和 Verilog HDL。PLD 是一种由用户编程以实现某种逻辑功能的新型逻辑器件，目前常用的 PLD 有 FPGA 和 CPLD。EDA 工具软件在 EDA 技术应用中占据着极其重要的位置，利用 EDA 技术进行电路设计的大部分工作是在 EDA 软件平台上进行的。常用 EDA 工具软件主要包括设计输入编辑器、仿真器、HDL 综合器、适配器（或布局布线器）及下载器 5 个模块。

思考练习

1. 填空题

（1）一般把 EDA 技术的发展分为_____、_____、_____三个阶段。

（2）被 IEEE 采纳为标准的硬件描述语言有_____和_____。

（3）比较流行的 EDA 集成软件工具主要有 Altera 公司的 Max+Plus II 和_____、Xilinx 公司的_____和 ISE、Lattice 公司的 ispLEVER 等。

（4）设计输入方式主要包括_____输入方式、_____输入方式。

（5）EDA 设计流程包括_____、_____、_____、_____ 4 个设计步骤及_____、_____、_____ 3 个设计验证过程。

（6）将硬件描述语言转化为硬件电路的重要工具软件称为_____。

2. 选择题

（1）可编程逻辑器件最显著的特点不包括（　　）。

A. 高集成度 　　　　 B. 可移植性 　　　　 C. 高速度 　　　　 D. 高可靠性

（2）EDA 技术的主要内容不包括（　　）。

A. HDL 　　　　　 B. PLD 　　　　　 C. 计算机 　　　　 D. EDA 工具软件

（3）Verilog HDL 语言属于（　　）描述语言。

A. 普通硬件　　　　B. 行为　　　　　　C. 高级　　　　　　D. 低级

（4）基于硬件描述语言的数字系统设计目前最常用的设计方法为（　　）。

A. 自底向上　　　　B. 自顶向下　　　　C. 积木式　　　　　D. 顶层

（5）如果整个设计不能装入一片器件时，可以将整个设计通过（　　）过程装入同一系列的多片器件中。

A. 下载和编程　　　B. 优化和综合　　　C. 适配和分割　　　D. 布局和布线

（6）利用（　　）可以将 Verilog HDL 程序进行编译、优化、转换和综合后得到网表文件。

A. 编译器　　　　　B. 仿真器　　　　　C. HDL 综合器　　　D. 适配器

3. 简答题

（1）何谓 EDA 技术？EDA 技术的核心内容是什么？

（2）简述 EDA 技术的发展历程。

（3）简述用 EDA 技术设计电路的基本流程。

（4）什么是硬件描述语言？常见的硬件描述语言有哪些？

（5）与软件描述语言相比，HDL 有什么特点？

（6）EDA 技术与 ASIC 设计和 FPGA 开发有何关系？

项目 2　认识可编程逻辑器件

可编程逻辑器件是利用 EDA 技术进行电子系统设计的载体。学生在本项目中主要认识可编程逻辑器件的基本结构与分类，CPLD 与 FPGA 的实现原理、典型结构、产品选用及编程与配置等内容，对可编程逻辑器件有基本的了解。

2.1　初识可编程逻辑器件

教学课件
可编程逻辑器件概述

可编程逻辑器件（PLD）是 20 世纪 70 年代发展起来的一种新型逻辑器件。它是一种半定制集成电路，在其内部集成了大量的门电路和触发器等基本逻辑单元电路，用户通过编程来改变 PLD 内部电路的逻辑关系或连线，就可以得到所需要设计的电路。

2.1.1　了解可编程逻辑器件的基本结构

动画
可编程逻辑器件内部结构与封装

数字电路可分为组合电路与时序电路两类。由于组合逻辑函数可以化为与-或表达式，因此组合电路可以用与门-或门二级电路实现。同样，时序电路可由组合电路加上存储单元（如锁存器、触发器、RAM）构成。由此人们提出了一种可编程电路结构，即乘积项逻辑可编程结构，其主体是由门电路构成的与阵列和或阵列，如图 2-1 所示。

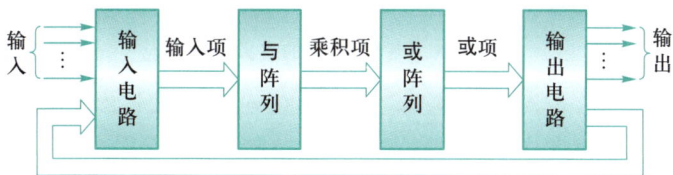

图 2-1　基本 PLD 的原理结构框图

动画
PLD 的基本原理

图 2-1 中与阵列的每个输入端都有输入缓冲电路，从而使输入信号具有足够的驱动能力，并产生原变量 A 和反变量 $\overline{A}$ 两个互补的信息。

微课
初识 FPGA

与-或阵列结构组成的 PLD 器件功能比较简单。后来人们又从 ROM 的工作原理、地址信号与输出数据间的关系，以及 ASIC 的门阵列法中获得启发，构造出另外一种可编程的逻辑结构，即 SRAM 查找表（look-up table，LUT）的逻辑形成方法，它的逻辑函数发生采用 RAM "数据" 查找的方式，并使用多个查找表构成了一个查找表阵列，称为可编程门阵列（programmable gate array，PGA）。

2.1.2　了解可编程逻辑器件的发展历程

可编程逻辑器件经历了从 PROM、PLA、PAL、可重复编程的 GAL，到采用大规模集成电路的 EPLD，直至 CPLD 和 FPGA 的发展过程，大致可以分为下列三个阶段：

1. PLD 诞生及简单 PLD 发展阶段

1970 年，PROM（programmable read only memory，可编程只读存储器）的出现标志着 PLD 的诞生。PROM 包括一个固定的**与**阵列，其输出加到一个可编程的**或**阵列上，采用熔丝工艺编程，不能擦除和重写。由于输入变量的增加会引起存储容量的急剧上升，PROM 只能用于简单组合电路的编程。

PLA（programmable logic array，可编程逻辑阵列）是 20 世纪 70 年代初期发展起来的另一种可编程只读存储器，它由一个可编程的**与**阵列和一个可编程的**或**阵列构成，克服了 PROM 的缺陷，提高了存储单元的利用率。但由于采用双重编程，软件算法复杂，编程后器件运行速度慢，只能在小规模逻辑电路中应用。

1977 年美国 MMI 公司（后被 AMD 公司收购，现属 Lattice 公司）对 PLA 进行改进后推出了 PAL（programmable array logic，可编程阵列逻辑），它由一个可编程的**与**阵列和一个固定的**或**阵列构成，输出结构种类多且设计灵活，同时简化了编程算法，工作速度较高，因而成为第一个得到普遍应用的可编程逻辑器件。但 PAL 器件一般采用熔丝工艺实现，只能一次性编程，适用于中小规模可编程电路。

2. 乘积项可编程结构 PLD 发展与成熟阶段

20 世纪 80 年代初，Lattice 公司开始研究一种新的乘积项可编程结构 PLD，并推出了一种在 PAL 基础上改进的 GAL（generic array logic，通用阵列逻辑）器件。GAL 继承了 PAL 的**与-或**结构，但首次在 PLD 中采用 EEPROM 工艺，能够电擦除重复编程，使得修改电路不需更换硬件；同时 GAL 对 PAL 的输出 I/O 结构进行了改进，增加了 OLMC（output logic macro cell，输出逻辑宏单元），为电路设计提供了极大的灵活性，使得 GAL 得到了广泛应用。

从 PROM 到 GAL 这些早期的 PLD 都属于简单可编程逻辑器件，它们的一个共同特点是可以实现速度特性较好的逻辑功能，但过于简单的结构也使它们只能实现规模较小的电路。上述各种 PLD 的主要区别见表 2-1。

表 2-1   各种 PLD 的主要区别

分类	与阵列	或阵列	输出方式
PROM	固定	可编程	TS（三态），OC（可熔极性）
PLA	可编程	可编程	TS，OC
PAL	可编程	固定	TS，I/O，寄存器
GAL	可编程	固定	可编程（用户定义）

1984 年，Altera 公司推出了世界上第一款类似于 PAL 结构的扩展型 CPLD 芯片——EP300，当时称为 EPLD（erasable programmable logic device，可擦除可编程逻辑器件）。EPLD 比 GAL 有更高的集成度，采用 EPROM 工艺或 EEPROM 工艺，可用紫外线或电擦除，适用于较大规模的可编程电路，也获得了广泛应用。

3. 复杂可编程器件发展与成熟阶段

20 世纪 80 年代中期，Xilinx 公司提出了现场可编程（field programmability）的概念，并于 1985 年推出了世界上第一块与标准门阵列类似的 FPGA 芯片——XC2064。FPGA 器件一般采用 SRAM 工艺的可编程查找表结构，其特点是电路规模大，配置灵活，但 SRAM 需掉电保护，或开机后重新配置。

20 世纪 80 年代末，Lattice 公司提出了在系统可编程（in system programmability，ISP）的概念，并推出了一系列具有 ISP 功能的 CPLD，将 PLD 的发展推向了一个新的时期。所谓 ISP

是指用户具有在自己设计的目标系统中或线路板上为重构逻辑而对逻辑器件进行编程或反复改写的能力。CPLD 一般采用 EEPROM 工艺，编程结构在 GAL 基础上进行了扩展和改进，使得 PLD 更加灵活，应用更加广泛。

进入 20 世纪 90 年代后，可编程逻辑器件进入了飞速发展时期。目前，器件的可用逻辑门数已达千万门以上，并出现了内嵌复杂功能模块（如加法器、乘法器、RAM、CPU 核、DSP 核等）的可编程片上系统（system on a programmable chip，SoPC）。

PLD 的发展，不仅简化了数字系统设计过程，降低了系统的体积和成本，提高了系统的可靠性和保密性，而且使用户从被动地选用通用芯片发展到主动地设计和使用芯片。CPLD/FPGA 的出现从根本上改变了系统设计方法，使各种逻辑功能的实现变得灵活、方便。而 ISP 技术为用户提供了传统的 PLD 技术无法达到的灵活性，带来了极大的时间效益和经济效益，使可编程逻辑技术发生了实质性飞跃，将可编程逻辑器件的性能和应用技术推向了一个全新的高度。

2.1.3　了解可编程逻辑器件的分类

目前 PLD 尚无统一和严格的分类标准，主要原因是 PLD 有许多种，各品种之间的特征往往相互交错，或者是同一种器件也可能具有多种器件的特征。这里介绍几种比较通行的分类方法。

1. 按规模大小分类

按规模大小可将 PLD 分为简单可编程逻辑器件和大规模可编程逻辑器件。简单可编程逻辑器件通常是指早期发展起来的、集成密度小于 1000 门/片的 PLD，如 PROM、PLA、PAL 和 GAL 等器件。而 CPLD 和 FPGA 则属于大规模可编程逻辑器件，如图 2-2 所示。

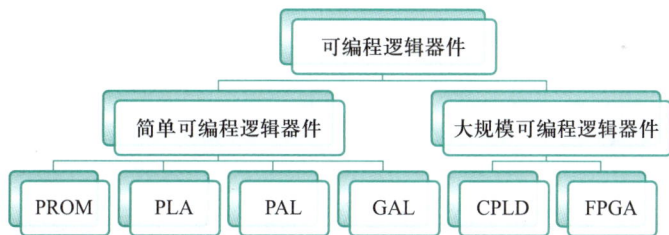

图 2-2　可编程逻辑器件按规模大小分类

2. 按结构特点分类

由于目前常用的可编程逻辑器件都是从与-或阵列和门阵列这两类基本结构发展起来的，所以可编程逻辑器件从结构上可以分为两大类：乘积项（product term）结构 PLD 和查找表结构 PLD。前者的基本结构为与-或阵列，大部分简单 PLD 和 CPLD 都属于这个范畴；后者由查找表组成可编程门，再构成阵列形式，FPGA 即属于此类器件。

3. 按编程方式分类

可编程逻辑器件按编程方式分为两类：一次性编程（one time programmable，OTP）器件和可多次编程（many time programmable，MTP）器件。OTP 器件属于一次性使用器件，只允许用户对其编程一次，之后不能再修改，其特点是可靠性与集成度高、抗干扰性强。MTP 器件属于可多次重复使用器件，允许用户多次对其进行编程、修改或设计，特别适合于系统样机的研制和初级设计者使用。

4. 按编程工艺分类

① 熔丝（fuse）型器件。早期的 PROM 就是采用熔丝结构的，编程过程就是根据设计的

熔丝图文件来烧断对应的熔丝，达到编程的目的。

② 反熔丝（antifuse）型器件。反熔丝技术是对熔丝技术的改进，它在编程处通过击穿漏层，使得两点之间获得导通，与熔丝烧断获得开路正好相反。

③ EPROM 型器件。即紫外线擦除电可编程逻辑器件，是用较高的编程电压进行编程，当需要再次编程时，用紫外线进行擦除。这类可编程逻辑器件的芯片顶部中心位置有一方形窗户，通过紫外线照射，可将存储的电荷释放，数据全清成 0 或 1，达到删除的目的。

④ EEPROM 型器件。即电可擦写编程器件，现有的大部分 CPLD 及 GAL 均采用此类结构。它是对 EPROM 的工艺改进，不需要紫外线擦除，而是直接用电擦除。

熔丝型器件和反熔丝型器件都只能编程一次，因而又被合称为 OTP 器件；而 EPROM 型器件和 EEPROM 型器件则可以重复编程，属于 MTP 器件。

⑤ SRAM 型器件。即 SRAM 查找表结构的器件，大部分 FPGA 都采用此种编程工艺，如 Xilinx 公司的 FPGA、Altera 公司的部分 FPGA。

这种编程方式在编程速度、编程要求上要优于前 4 种器件，不过 SRAM 型器件的编程信息存放于 RAM 中，在断电后就丢失了，再次上电需要重新编程（配置），因而需要专用器件来完成这类配置操作，而前 4 种器件在编程后是不会丢失编程信息的。

⑥ Flash 型器件。采用了反熔丝工艺的 Actel 公司，为了解决反熔丝型器件只能编程一次、产品研制和升级困难的问题，推出了采用 Flash 工艺的 FPGA，可以实现多次可编程，也可以做到掉电后不需要重新配置。

2.1.4　CPLD 与 FPGA 比较

虽然 CPLD 与 FPGA 都是"可反复编程的逻辑器件"，但是在技术上却有一些差异。简单地说，FPGA 就是将 CPLD 的电路规模、功能、性能等方面强化之后的产物。一般而言，CPLD 与 FPGA 的区别见表 2-2。

表 2-2　CPLD 与 FPGA 的区别

对比项目	CPLD	FPGA
组合逻辑的实现方法	乘积项	查找表
编程元素	非易失性（Flash，EEPROM）	易失性（SRAM）
特点	① 掉电非易失性：即使切断电源，电路中的数据也不会丢失 ② 有限次编程，速度较慢 ③ 相对容量小，单位宏单元性价比低 ④ 直接加密，保密性好 ⑤ 无须外部存储器芯片，使用简单方便 ⑥ 上电后立即开始运作 ⑦ 可在单芯片上运作	① 掉电易失性：下载数据将存入 SRAM，而 SRAM 掉电后所存数据将丢失 ② 无限次编程，快速、动态配置 ③ 相对容量大，单位逻辑单元性价比高 ④ 一般不可以直接加密 ⑤ 需要外部配置 ROM，使用相对复杂 ⑥ 内建高性能硬宏功能（PLL、存储器模块、DSP 模块）
应用范围	偏向于简单的控制通道应用及组合逻辑	偏向于较复杂的高速控制通道应用及数据处理
集成度	小规模、中规模	中规模、大规模

针对两种器件的不同特点，CPLD 在下载编程时既可以使用专用下载电缆，也可以使用编程器编程；通过专用下载电缆把数据下载到 CPLD 中，这个过程称为在系统编程（in system programmability，ISP）。而在 FPGA 调试期间，由于编程数据改动频繁，可用下载电缆将编程数据直接下载到 FPGA 内部查看运行结果，这个过程称为在线重配置（in circuit reconfigurable，ICR）。调试完成后，需要将数据固化在一个专用芯片（称为配置芯片）中，上电时先由配置芯片对 FPGA 加载数据，稍许延时后，FPGA 即可正常工作。

需要说明的是：对于大规模可编程逻辑器件，在习惯上还有另外一种分类方法，即下载编程后，对于单个可编程器件来说，掉电后重新上电能够保持编程逻辑的称为 CPLD，否则称为 FPGA。但随着技术的发展，2004 年以后一些厂家推出了新型的 CPLD/FPGA 产品，模糊了 CPLD 和 FPGA 的区别。例如，Altera 公司的 MAX II 系列 CPLD 是一种基于 LUT 结构、集成了配置芯片的 PLD，在本质上它就是一种在内部集成了配置芯片的 FPGA，但由于配置时间极短，上电就可以工作，对用户来说，感觉不到配置过程，可以像传统的 CPLD 一样使用，加上容量和传统 FPGA 类似，因此 Altera 把它归为 CPLD。还有像 Lattice 公司的 XP 系列 FPGA，也是使用了同样的原理，属于 LUT 架构，只是将外部配置芯片集成到器件内部，Lattice 公司仍把它归为 FPGA。

2.2　了解 CPLD 的实现原理与典型结构

CPLD 是基于乘积项结构技术以及 EEPROM（或 Flash）工艺的 PLD。采用这种结构的 PLD 芯片有 Altera 公司的 MAX7000、3000A 等系列（EEPROM 工艺）、Xilinx 公司的 XC9500 等系列（Flash 工艺）和 Lattice 公司的大部分产品。

教学课件
CPLD 的实现原理与典型结构

2.2.1　CPLD 的逻辑实现原理

CPLD 是基于乘积项结构原理来实现逻辑的，采用了可编程的**与**阵列和固定的**或**阵列结构，下面以图 2-3 所示的电路为例来具体说明。

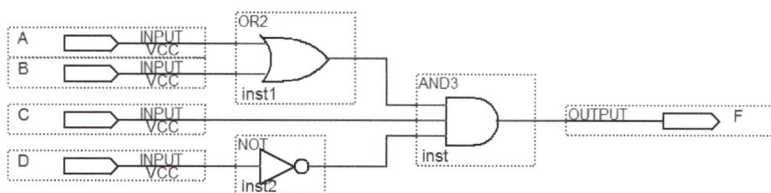

动画
CPLD 的实现方式

图 2-3　乘积项结构示例电路

假设组合逻辑的输出为 F，则 $F = (A+B) \times C \times \overline{D} = A \times C \times \overline{D} + B \times C \times \overline{D}$。

CPLD 将以图 2-4 所示的方式来实现组合逻辑 F。A、B、C、D 由 PLD 芯片的引脚输入后进入可编程连线阵列（PIA，详见 2.2.2 节），在内部会产生 A、$\overline{A}$、B、$\overline{B}$、C、$\overline{C}$、D、$\overline{D}$ 共 8 个输出。图中每一个"×"表示相连（可编程熔丝导通），所以得到

$$F = F_1 + F_2 = (A \times C \times \overline{D}) + (B \times C \times \overline{D})$$

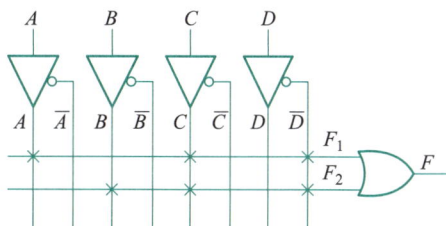

图 2-4　CPLD 的实现方式

这样组合逻辑就实现了。对于一个复杂的电路，仅靠一个宏单元是不能实现电路功能的，需要通过并联扩展项和共享扩展项将多个宏单元相连，宏单元的输出也可以连接到可编程连线阵列，再作为另一个宏单元的输入，这样就可以用 CPLD 实现更复杂的逻辑。

2.2.2　典型 CPLD 器件——MAX 3000A 系列

1. MAX 3000A 系列 CPLD 概览

由于 Altera 公司在 2004 年推出的 MAX Ⅱ 及后来在 2010 年推出的 MAX Ⅴ 系列 CPLD 中均已使用 LUT 作为其逻辑单元的核心，故这里选择 MAX 3000A 系列 CPLD 器件来进行介绍。MAX 3000A 系列 CPLD 器件基于先进的多阵列矩阵（MAX）架构，针对大批量应用优化了成本。该系列 CPLD 采用先进的 0.30 μm CMOS、4 层金属生产工艺制造，逻辑内核电压为 3.3 V。基于 EEPROM 的 MAX 3000A 系列 CPLD 提供瞬时接通功能，其密度范围在 32～512 个宏单元之间，每个宏单元都可以独立地配置成时序或组合逻辑工作方式；支持 ISP，很容易在现场重新进行配置；提供商业和工业级常用速度等级和封装，是成本敏感、大批量应用的理想解决方案。

动画

MAX3000A的整体结构

2. MAX 3000A 系列 CPLD 的结构组成

MAX 3000A 系列 CPLD 的整体结构如图 2-5 所示，主要包括：宏单元（macrocells）、可编程连线阵列（programmable interconnect array，PIA）和 I/O 控制块（I/O control blocks）等。

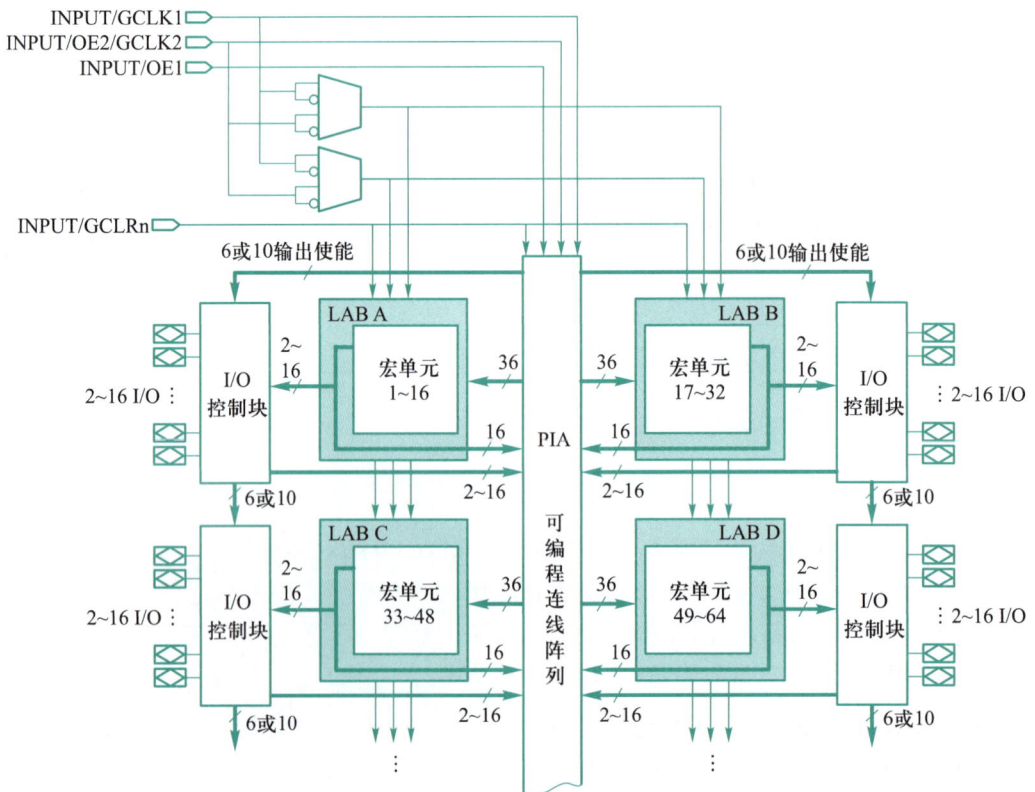

图 2-5　MAX 3000A 系列 CPLD 的整体结构

宏单元是 CPLD 的基本结构，由它来实现基本的逻辑功能。宏单元主要由逻辑阵列、乘积项选择矩阵、扩展乘积项（expender product terms）和可编程寄存器组成，其结构如图 2-6 所示；一般由 16 个宏单元构成一个逻辑阵列块（logic array blocks，LAB）。可编程连线负责信号的传递，连接所有的宏单元；而 I/O 控制块则负责输入/输出的电气特性控制。

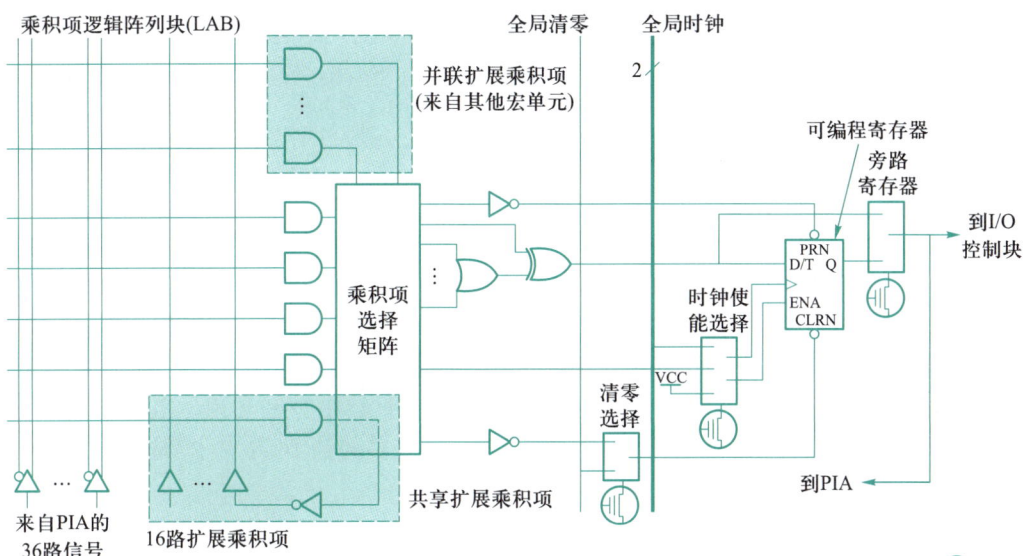

图 2-6　MAX 3000A 的宏单元结构

3. MAX 3000A 系列 CPLD 的特性

MAX 3000A 系列 CPLD 的主要特性见表 2-3。

表 2-3　MAX 3000A 系列 CPLD 的主要特性

特性	说明
在系统编程能力	通过 JTAG 口支持 3.3 V 在系统可编程，IEEE 1532 硬件编程标准
快速传输延时	4.5 ns，最高频率达 227.3 MHz
密度范围	32～512 个宏单元，600～10 000 个可用门
封装形式	44～256 引脚，PLCC、TQFP、PQFP 和 1.0 mm 间距 BGA
易用的设计软件	Quartus Ⅱ 网络版 & Max+Plus Ⅱ 基础版
编程电缆支持	ByteBlaster MV，ByteBlaster Ⅱ & MasterBlaster
核电压	3.3 V
MultiVolt 多电压 I/O 工作	5.0 V、3.3 V、2.5 V

4. MAX 3000A 系列 CPLD 的性能参数

表 2-4 列出了 MAX 3000A 系列 CPLD 的性能参数。

表 2-4　MAX 3000A 系列 CPLD 的性能参数（3.3 V）

型号	可用门	宏单元	封装	用户 I/O	速度等级
EPM3032A	600	32	PLCC44/TQFP44	32/32	-4，-7，-10
EPM3064A	1 250	64	PLCC44/TQFP44/TQFP100	34/34/66	-4，-7，-10
EPM3128A	2 500	128	TQFP100/TQFP144/BGA256	80/96/98	-5，-7，-10
EPM3256A	5 000	256	TQFP144/PQFP208/BGA256	116/158/161	-7，-10
EPM3512A	10 000	512	PQFP208/BGA256	172/208	-7，-10

注：PLCC 为塑封带引线芯片封装，TQFP 为薄塑封四角扁平封装，PQFP 为塑封四角扁平封装，BGA 为球栅阵列。

2.3 ▶ 了解 FPGA 的实现原理与典型结构

FPGA 是基于查找表结构技术和 SRAM 生产工艺的 PLD。采用这种结构的 PLD 芯片有 Altera 公司的 ACEX、Cyclone、Stratix 系列和 Xilinx 公司的 Spartan、Virtex 系列等。

2.3.1 FPGA 的逻辑实现原理

基于查找表结构技术原理来实现逻辑的 FPGA 本质上相当于一个 RAM。当用户描述了一个逻辑电路后，设计软件会自动计算其所有可能的结果，并先行写入 RAM。这样每输入一个信号进行逻辑运算就相当于输入一个地址进行查表，找出对应的内容输出结果。

一个查找表要实现 N 输入的逻辑功能，需要 2^N 位的 SRAM 存储单元。显然 N 不可能很大，否则 LUT 的利用率很低；因此当 N 较大时，要用几个 LUT 分开实现。目前 FPGA 中多使用 4 输入的 LUT，所以每一个 LUT 可以看成一个有 4 位地址线的 16×1 的 RAM。图 2-7 所示是一个 4 输入与门的例子，其内部结构如图 2-8 所示。

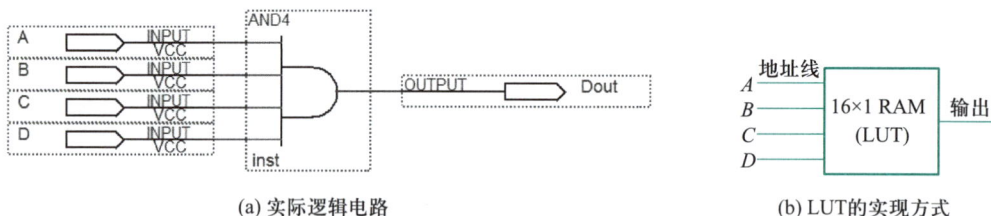

(a) 实际逻辑电路   (b) LUT的实现方式

图 2-7   FPGA 的逻辑实现原理

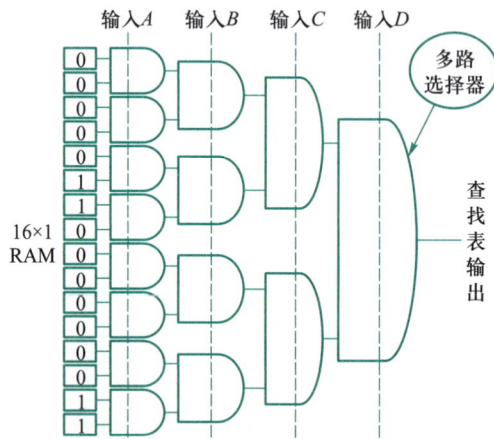

图 2-8   FPGA 查找表内部结构

2.3.2 典型 FPGA 器件——Cyclone 系列

1. Cyclone 系列 FPGA 概览

Cyclone 系列 FPGA 器件基于成本优化的 1.5 V、0.13 μm 全铜 SRAM 工艺，容量为 2 910 ~ 20 060 个逻辑单元，具有多达 294 912 bit 的嵌入 RAM。Cyclone 系列 FPGA 支持各种单端 I/O 标准如 LVTTL（低压 TTL）、LVCMOS（低压 CMOS）和 PCI 等，通过 LVDS（低压差分串行）

和 RSDS（去抖差分信号）标准提供多达 129 个通道的差分 I/O
支持，每个 LVDS 通道高达 640 Mbit/s。Cyclone 系列 FPGA 具有
双数据速率（DDR）SDRAM 和 FCRAM 接口的专用电路，两个锁
相环（PLL）提供 6 个输出和层次时钟结构以及复杂设计的时钟
管理电路。这些高效架构特性的组合使得该 FPGA 系列成为 ASIC
最灵活和最具性价比的替代方案。

2. Cyclone 系列 FPGA 的结构组成

Cyclone 系列 FPGA 在结构上大同小异，主要由逻辑阵列块、嵌入式存储块 M4K RAM
（memory 4 Kbit RAM）、I/O 单元（I/O ele-
ment，IOE）、嵌入式硬件乘法器和 PLL（锁
相环）等模块构成，在各个模块之间存在
着丰富的互连资源（interconnect resource，
IR）和时钟。图 2-9 给出了 Cyclone 系列
FPGA 的整体结构。

Cyclone 系列 FPGA 的可编程资源主要
包括 LAB、IOE 和 IR，其中 LAB 是最主要
的可编程资源，每个 LAB 由 10 个逻辑单元
（logic element，LE）组成。一个 LE 是有效
执行用户逻辑的最小逻辑单元，每个 LE 都

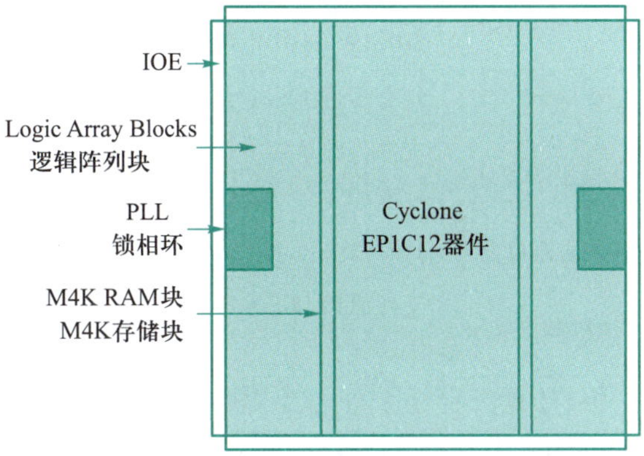

图 2-9 Cyclone 系列 FPGA 的整体结构

包含一个 4 输入的 LUT，如图 2-10 所示，它是一种可以构建任意 4 个参数的逻辑函数发生器。

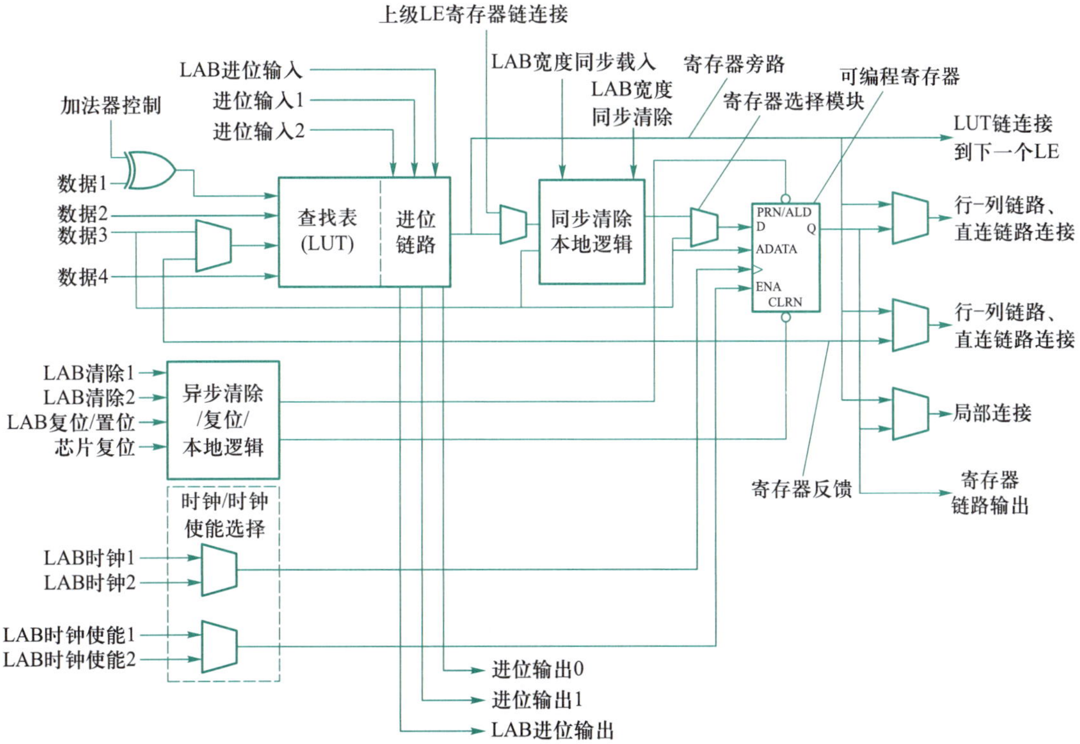

图 2-10 Cyclone 系列 FPGA 的 LE 结构

3. Cyclone 系列 FPGA 的特性

Cyclone 系列 FPGA 的主要特性见表 2-5。

表 2-5　Cyclone 系列 FPGA 的主要特性

特性	说明
成本优化的架构	具有多达 20 060 个逻辑单元，可用来实现复杂的应用
嵌入式存储器	M4K 存储块提供 288 Kbit 存储容量，能够被配置来支持多种操作模式，包括 RAM、ROM、FIFO 及单口和双口模式
外部存储器接口	具有高级外部存储器接口，允许设计者将外部 SDR（单数据速率）SDRAM、DDR SDRAM 和 DDR FCRAM 器件集成到复杂系统设计中
支持 LVDS I/O	具有多达 129 个兼容 LVDS 的通道，每个通道数据率高达 640 Mbit/s
支持单端 I/O	支持各种单端 I/O 接口标准，如 3.3 V、2.5 V、1.8 V、LVTTL、LVCMOS、SSTL 和 PCI 标准
时钟管理电路	具有两个可编程 PLL 和 8 个全局时钟线，提供健全的时钟管理和频率合成功能
接口和协议	支持诸如 PCI 等串行、总线和网络接口，可访问外部存储器和多种通信协议如以太网协议
DSP 实现	为在 FPGA 上实现低成本数字信号处理（DSP）系统提供了理想的平台
冗余码校验	自动进行 32 位 CRC 校验
串行配置器件	能用 Altera 的串行配置器件进行配置
Nios Ⅱ 系列嵌入式处理器	能够降低成本，增加灵活性，非常适合于替代低成本的分立微处理器

4. Cyclone 系列 FPGA 的性能参数

表 2-6 归纳了 Cyclone 10LP 系列 FPGA 的性能参数。

表 2-6　Cyclone 10LP 系列 FPGA 的性能参数

型号	10CL006	10CL010	10CL016	10CL025	10CL040	10CL055	10CL080
逻辑单元	6 000	10 000	16 000	25 000	40 000	55 000	80 000
M9K RAM 块	30	46	56	66	126	260	305
RAM 块容量/Kbit	270	414	504	594	1 134	2 340	2 745
PLL	2	2	4	4	4	4	4
最大用户 I/O	176	176	340	150	325	321	423
差分通道	65	65	137	52	124	132	178

教学课件
CPLD/FPGA产品概述

2.4　探究 CPLD/FPGA 产品

2.4.1　CPLD/FPGA 产品主要厂商

目前世界上主要的 PLD 供应商有 Altera、Xilinx、Lattice、Actel 及 Atmel 等公司，其中

Altera、Xilinx 和 Lattice 分别是 CPLD、FPGA 和 ISP 技术的发明者，发展起步较早，占据了大部分的市场份额，从而共同决定了 PLD 技术的发展方向。

1. Altera 公司

Altera（阿尔特拉）公司是 CPLD 的发明者，世界上最大的可编程逻辑器件供应商之一，也是 SoPC 解决方案的倡导者。其主要 PLD 产品有 MAX、Cyclone、Arria、Stratix 等系列；主要 EDA 开发工具有 Max+Plus Ⅱ、Quartus Ⅱ 等。Max+Plus Ⅱ 支持原理图、硬件描述语言及波形等格式的文件作为设计输入，并支持这些文件的任意混合设计，被业界普遍认为是最成功的 EDA 开发平台之一，一度成为国内最流行的 EDA 开发工具，但在 10.2 版本后不再推出新版本，改为推广 Quartus Ⅱ，因此本书中 EDA 软件以 Quartus Ⅱ 为蓝本介绍。Altera 公司在 2015 年年底被 Intel 公司以 150 亿美元收购，现在 Intel 推出了一系列新的 FPGA 产品，其被收购前后的主要产品系列如图 2-11 所示。

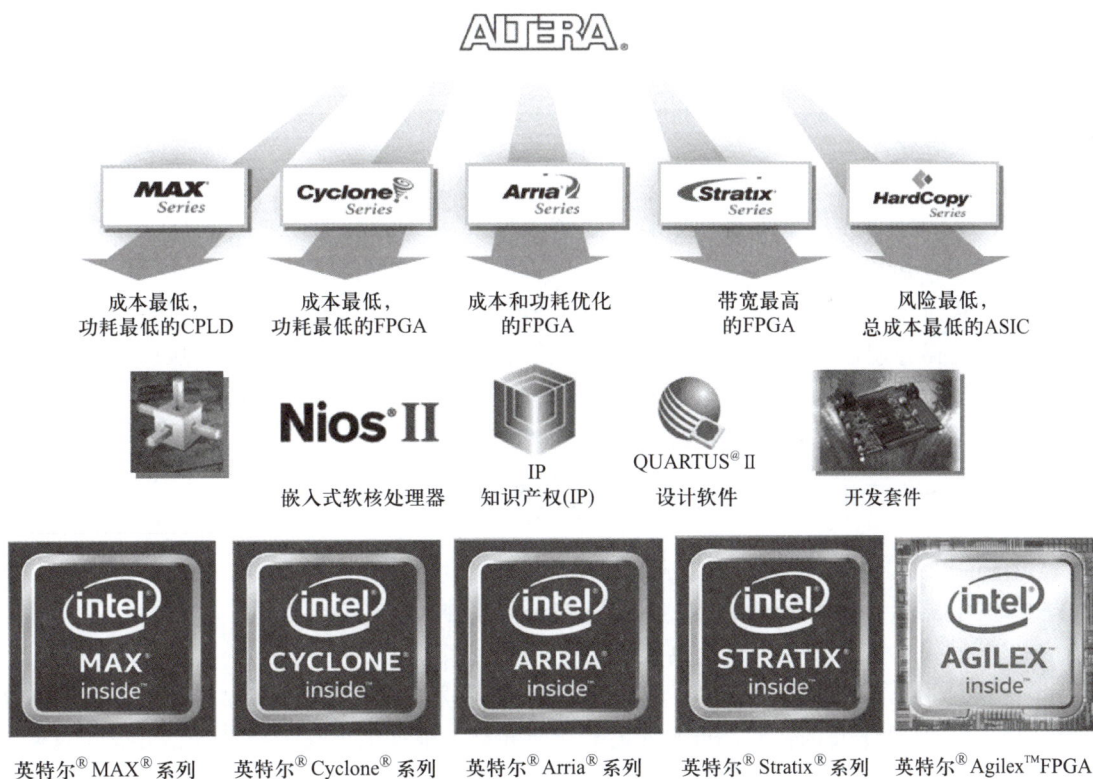

图 2-11　Intel（Altera）公司的主要产品

2. Xilinx 公司

Xilinx（赛灵思）公司是 FPGA 的发明者，是与 Altera 公司齐名的可编程逻辑器件供应商。其 PLD 产品主要有以 XC9500、CoolRunner 系列为代表的 CPLD 器件，以 Spartan、Virtex 系列为代表的 FPGA 器件；主要 EDA 开发工具有 Foundation、ISE Design Suite、ISE WebPack 等。在欧洲使用 Xilinx 公司器件的人较多，在日本和亚太地区使用 Altera 公司器件的人较多，在美国则是平分秋色。全球 CPLD/FPGA 产品中，60% 以上是由 Altera 公司和 Xilinx 公司提供的。

3. Lattice 公司

Lattice（莱迪思）公司是最早推出 PLD 的公司，是 ISP 技术的发明者，可提供业界最广范围的 CPLD/FPGA 及相关软件，包括现场可编程系统芯片（FPSC）、复杂可编程逻辑器件（CPLD）、可编程混合信号产品（ispPAC）和可编程数字互连器件（ispGDX）及业界领先的 SERDES 等产品，是全球第三大 PLD 供应商。目前主流产品有 ispMACH4000、MachXO 系列 CPLD 和 EC/ECP 系列 FPGA；此外还有混合信号芯片，如可编程模拟芯片、可编程电源管理、时钟管理等。主要 EDA 开发工具有 FPGA 与逻辑设计软件 ispLEVER 系列、嵌入式设计软件 Lattice Micro32、混合信号设计软件 PAC-Designer 等。

4. Actel 公司

Actel（爱特）公司是反熔丝（一次性编程）PLD 的领导者。其主要 PLD 产品有低功耗的 IGLOO 和 ProASIC3 系列 FPGA、Fusion 混合信号 FPGA、RTAX 系列耐辐射器件、Axcelerator 与 SX-A 等反熔丝器件及 ARM 处理器等；主要 EDA 开发工具为 Libero IDE。由于其 PLD 具有抗辐射、耐高低温、功耗低和速度快等优点，在军工产品和宇航产品上有较大优势。

5. Atmel 公司

Atmel（爱特梅尔）公司是非易失性存储器 NVM（掉电时数据仍然保持而不丢失）的先驱和 SiGe、CMOS 和 BiCMOS 工艺开发的先锋。Atmel 公司的可编程逻辑产品从简单的 PLD 一直扩展到高密度的 FPGA，其中的 FPSLIC（现场可编程的系统级集成电路）将微控制器的处理能力和 FPGA 的灵活性有机地组合在了一起，从而减小了 PCB 的尺寸，可保证用户 IP 的安全性。此产品线的开发工具是 System Designer，它包含了相互验证的工具以实现软件和硬件的同时开发。

2.4.2　Altera（Intel）公司的可编程逻辑器件

Altera 的 PLD 具有高性能、高集成度和高性价比的优点，其产品获得了广泛的应用。

1. Altera（Intel）新型系列器件简介

（1）Stratix 系列高端 FPGA

动画
Altera器件命名规则

Stratix 系列 FPGA 是集成了 GX 收发器的高端 FPGA，结合了高密度、高性能和丰富的特性，可实现更多功能并最大限度地提高系统带宽，可设计完整的可编程片上系统。表 2-7 介绍了 Stratix 系列 FPGA 主要产品。

表 2-7　Stratix 系列 FPGA 主要产品

器件系列	Stratix Ⅱ GX	Stratix Ⅲ	Stratix Ⅳ	Stratix Ⅴ	Stratix 10
推出时间	2005 年	2006 年	2008 年	2010 年	2013 年
工艺技术	90 nm	65 nm	40 nm	28 nm	14 nm

Stratix Ⅳ 系列 FPGA 具有很高的密度、上佳的性能以及很低的功耗。借助 40 nm 的优势以及成熟的收发器和存储器接口技术，Stratix Ⅳ 系列 FPGA 的系统带宽达到了前所未有的水平，并具有优异的信号完整性。Stratix Ⅳ 系列 FPGA 器件中，Stratix Ⅳ GT/GX（基于收发器）具有 530K 逻辑单元（LE）和 48 个全双工基于 CDR 的收发器，速率达到 11.3 Gbit/s/8.5 Gbit/s；Stratix Ⅳ E（增强型器件）具有 820K LE，23.1 Mbit RAM，1 288 个 18×18 位乘法器。所有 Stratix 型号包括业界效率很高、性能很好的逻辑及嵌入式存储器和 DSP 功能。此外，Stratix Ⅳ GX 和 Stratix Ⅳ E 器件通过可集成 6.5 Gbit/s 收发器的 HardCopy Ⅳ ASIC，实现了无缝、低风险量产，是高端 SoC 设计的最佳解决方案。

在最新推出的 Stratix 10 系列 FPGA 中，Stratix 10 NX FPGA 嵌入了一种经过人工智能优化的 Tensor 模块，工作效率更高，是适用于高带宽、低延迟、人工智能（AI）加速应用的 FPGA。Stratix 10 SX 结合了四核 ARM CortexA53 MPCore 硬处理器系统与革命性的 Hyperflex FPGA 架构，为嵌入式应用提供了必要的嵌入式性能、功效、密度和系统集成。

Stratix 10 DX FPGA 和 SoC 支持从高速缓存一致性加速器、面向云服务提供商（CSP）的定制服务器到高性能 SmartNIC 的下一代高带宽应用。它们是首款支持英特尔超级通道互联（英特尔 UPI）的 FPGA，能以直接一致性的方式与未来特定英特尔至强可扩展处理器连接。

表 2-8 分别列出了 Stratix Ⅳ GT/GX/E 系列 FPGA 的主要性能参数。

表 2-8　Stratix Ⅳ GT/GX/E 系列 FPGA 的主要性能参数

型号（Stratix Ⅳ GT）	EP4S40G2	EP4S40G5	EP4S100G2	EP4S100G3	EP4S100G4	EP4S100G5
等价逻辑单元	228 000	531 200	228 000	291 200	353 600	531 200
逻辑模块	91 200	212 480	91 200	116 480	141 440	212 480
寄存器	182 400	424 960	182 400	232 960	282 880	424 960
M9K 存储块	1 235	1 280	1 235	936	1 248	1 280
M144K 存储块	22	64	22	36	48	64
嵌入式存储器/Kbit	14 283	20 736	14 283	13 608	18 144	20 736
MLAB/Kbit	2 850	6 640	2 850	3 640	4 420	6 640
18×18 乘法器	1 288	1 024	1 288	832	1 024	1 024
硬核 IP 模块	2	2	2	4	4	2/4
型号（Stratix Ⅳ GX）	EP4SGX110	EP4SGX180	EP4SGX230	EP4SGX290	EP4SGX360	EP4SGX530
等价逻辑单元	105 600	175 750	228 000	291 200	353 600	531 200

续表

逻辑模块	42 240	70 300	91 200	116 480	141 440	212 480
寄存器	84 480	140 600	182 400	232 960	282 880	424 960
M9K 存储块	660	950	1 235	936	1 248	1 280
M144K 存储块	16	20	22	36	48	64
嵌入式存储器/Kbit	8 244	11 430	14 283	13 608	18 144	20 736
MLAB/Kbit	1 320	2 197	2 850	3 640	4 420	6 640
18×18 乘法器	512	920	1 288	832	1 040	1 024
硬核 IP 模块	2	2	2	2	2	4

型号（Stratix IV E)	EP4SE230	EP4SE360	EP4SE530	EP4SE820
等价逻辑单元	228 000	353 600	531 200	813 050
逻辑模块	91 200	141 440	212 480	325 220
寄存器	182 400	282 880	424 960	650 440
M9K 存储块	1 235	1 248	1 280	1 610
M144K 存储块	22	48	64	60
嵌入式存储器/Kbit	14 283	18 144	20 736	23 130
MLAB/Kbit	2 850	4 420	6 640	10 163
18×18 乘法器	1 288	1 040	1 024	960

（2）Arria 系列中端 FPGA

Arria 系列 FPGA 是带有收发器的中端 FPGA，适合对成本和功耗敏感的收发器应用。Arria 系列 FPGA 功能丰富（存储器、逻辑和 DSP），同时具有优异的信号完整性，结合 3 Gbps 片内收发器，能够集成更多的功能，提高系统带宽。Arria 系列 FPGA 包括 Arria GX、Arria Ⅱ GX、Arria Ⅱ GZ 和 Arria V 器件，见表 2-9。

表 2-9　Arria 系列 FPGA 主要产品

器件系列	Arria GX	Arria Ⅱ GX	Arria Ⅱ GZ	Arria V
推出时间	2007 年	2009 年	2010 年	2011 年
工艺技术	90 nm	40 nm	40 nm	28 nm

Arria Ⅱ 是 Altera 的第二个 40 nm FPGA 系列，以低成本实现了高端 FPGA 的功能。Arria Ⅱ GX 高性能 FPGA 系列器件的逻辑单元为 17K～260K，提供 11.8 Mbit 存储器，以及 16 个 3.75 Gbps 收发器；同时提供自适应逻辑模块、丰富的数字信号处理资源、嵌入式 RAM，并内置了 PCIe 接口。因此，Arria Ⅱ GX FPGA 非常适用于降低系统总成本，同时满足无线新标准对数字信号处理的需求。

表 2-10 列出了 Arria Ⅱ GX 系列 FPGA 的主要性能参数。

表 2-10　Arria Ⅱ GX 系列 FPGA 的主要性能参数

器件型号	EP2AGX65	EP2AGX95	EP2AGX125	EP2AGX190	EP2AGX260
逻辑模块	25 300	37 470	49 640	76 120	102 600
等价逻辑单元	63 250	93 674	124 100	190 300	256 500
M9K 存储块/Mbit	495/4.5	612/5.5	730/6.6	840/7.6	950/8.5
存储器总容量/Mbit	5.3	6.7	8.1	9.9	11.8
18×18 嵌入式乘法器	312	444	576	656	736
PLL/硬核 IP 模块	4/1	6/1	6/1	6/1	6/1
收发器最大数量	8	12	12	16	16
用户 I/O 最大数量	364	452	452	612	612

（3）Cyclone 系列低成本 FPGA

Cyclone（飓风）系列 FPGA 集成了 GX 收发器，是从根本上针对低成本设计的低功耗 FPGA，适合对成本敏感的大批量应用。该系列主要产品见表 2-11。

表 2-11　Cyclone 系列 FPGA 主要产品

器件系列	Cyclone	Cyclone Ⅱ	Cyclone Ⅲ	Cyclone Ⅳ	Cyclone Ⅴ	Cyclone 10
推出时间	2002 年	2004 年	2007 年	2009 年	2011 年	2017 年
工艺技术	130 nm	90 nm	65 nm	60 nm	28 nm	60 nm

Cyclone Ⅳ 拓展了 Cyclone 系列的领先优势，为市场提供低成本、低功耗并具有收发器的 FPGA。该系列包括两种型号：具有 8 个集成 3.125 Gbps 收发器的 Cyclone Ⅳ GX 和带有 1.0 V 选择、适用于多种通用逻辑应用的 Cyclone Ⅳ E。其中 Cyclone Ⅳ GX 采用了 Altera 成熟的 GX 收发器技术，具有出众的抖动性能和优异的信号完整性，并提供包括 Nios Ⅱ 嵌入式处理器在内的多种知识产权（IP）支持。Cyclone Ⅳ 系列 FPGA 提供多达 150 000 个逻辑单元，总功耗降低了 30%，面向对成本敏感的大批量应用，能够满足越来越大的带宽需求，同时降低了成本。

最新的 Cyclone 10 系列主要包含两种类型的 FPGA，其中 Cyclone 10 GX FPGA 提供基于 12.5 Gbps 收发器的功能、1.4 Gbps LVDS 和高达 72 位宽且速度高达 1 866 Mbps 的 DDR3 SDRAM 接口，适合高带宽性能应用，例如机器视觉、视频连接和智能视觉相机，Cyclone 10 LP FPGA 则主要针对低静态功耗和低成本应用，如 I/O 扩展、传感器融合、电机/运动控制、芯片到芯片桥接和控制等。

表 2-12 列出了 Cyclone Ⅳ GX/E 系列 FPGA 的主要性能参数。

（4）MAX 系列低成本 CPLD

MAX 系列 CPLD 是 Altera 公司推出的低成本的 CPLD 系列，对便携式应用而言功耗最低，是瞬时接通单芯片解决方案的最佳选择。MAX 系列 CPLD 主要产品见表 2-13。

表 2-12 Cyclone IV GX/E 系列 FPGA 的主要性能参数

型号（Cyclone IV GX）	EP4CGX22	EP4CGX30	EP4CGX50	EP4CGX110	EP4CGX150
逻辑单元	21 280	29 440	49 888	109 424	149 760
M9K 存储块	84	120	278	610	720
存储器总容量/Kbit	756	1 080	2 502	5 490	6 480
18×18 乘法器	40	80	140	280	360
PCIe Hard IP 模块	1	1	1	1	1
PLL	4	4	8	8	8
收发器 I/O	4	4	8	8	8
最大用户 I/O	150	290	310	475	475
最大差分通道	64	109	140	216	216

型号（Cyclone IV E）	EP4CE6	EP4CE10	EP4CE15	EP4CE30	EP4CE40	EP4CE115
逻辑单元	6 272	10 320	15 408	28 848	39 600	114 480
M9K 存储块	30	46	56	66	126	432
存储器总容量/Kbit	270	414	504	594	1 134	3 888
18×18 乘法器	15	23	56	66	116	266
PLL	2	2	4	4	4	4
最大用户 I/O	179	179	343	532	532	528
最大差分通道	66	66	137	224	224	230

表 2-13 MAX 系列 CPLD 主要产品

器件系列	MAX7000S	MAX3000A	MAX II	MAX II Z	MAX V	MAX 10
推出时间	1995 年	2002 年	2004 年	2007 年	2010 年	2014 年
工艺技术	0.5 μm	0.30 μm	180 nm	180 nm	180 nm	55 nm
关键特性	5.0V I/O	低成本	I/O 数量	零功耗	低成本，低功耗	高集成度，低成本

MAX II 系列 CPLD 基于成本优化的 0.18 μm 6
层金属 Flash 工艺，可工作在 1.8 V、2.5 V 和
3.3 V 电压下，并提供了板上用户闪存。MAX II 系
列 CPLD 采用一种突破创新的体系结构，结合了
PFGA 和 CPLD 的优点，充分利用了 LUT 体系结构的性能和密度优势，并且融合了性价比很高
的非易失特性，提高了 I/O 焊盘受限空间的逻辑容量，大大降低了系统功耗、体积和成本，因

而是瞬时接通、非易失、单芯片 CPLD 解决方案的最佳选择，主要面向低密度通用逻辑和便携式应用，例如蜂窝手机设计等。MAX Ⅱ 系列 CPLD 提供了三种型号产品以供选择：MAX Ⅱ 、MAX Ⅱ G、MAX Ⅱ Z，其中 MAX Ⅱ Z CPLD 具有零功耗特性。该系列的主要性能参数见表 2-14。

表 2-14　MAX Ⅱ 系列 CPLD 的主要性能参数

型号	EPM240/G/Z	EPM570/G/Z	EPM1270/G	EPM2210/G
逻辑单元	240	570	1 270	2 210
典型等价宏单元	192	440	980	1 700
最大用户 I/O 引脚	80	160	212	272
用户闪存比特数	8 192	8 192	8 192	8 192

（5）HardCopy 系列 ASIC

HardCopy 系列 ASIC 采用 Stratix 系列 FPGA 对设计进行原型开发，能够更迅速地实现系统设计从原型开发到量产。使用 Quartus Ⅱ 设计软件，可以使用一种方法、一个工具和一组知识产权（IP）内核来开发设计。HardCopy 系列 ASIC 主要产品见表 2-15。

表 2-15　HardCopy 系列 ASIC 主要产品

器件系列	HardCopy Stratix	HardCopy Ⅱ	HardCopy Ⅲ	HardCopy Ⅳ	HardCopy Ⅴ
推出时间	2003 年	2005 年	2008 年	2008 年	2010 年
工艺技术	130 nm	90 nm	40 nm	40 nm	28 nm

HardCopy Ⅳ 系列 ASIC 同时具有 FPGA 和 ASIC 的优势，并且能够以 Stratix Ⅳ 系列 FPGA 进行无缝原型开发。HardCopy Ⅳ ASIC 提供两种 40 nm 型号产品：主要面向需要高速收发器应用的 HardCopy Ⅳ GX 和面向需要大量逻辑、存储器以及数字信号处理功能应用的 HardCopy Ⅳ E。其中 HardCopy Ⅳ GX 器件最多含有 36 个收发器、11.5M 的 ASIC 逻辑门以及 20.5 Mbit 的片内存储器；HardCopy Ⅳ E 器件含有高达 15M 的 ASIC 逻辑门以及 18.4 Mbit 的片内存储器。Hardcopy Ⅳ 系列器件优异的收发器性能和信号完整性满足了无线、固网、高性能计算、存储、军事等领域各种市场的不同需求。

Hardcopy Ⅳ 系列 ASIC 的主要性能参数见表 2-16。

表 2-16　Hardcopy Ⅳ 系列 ASIC 的主要性能参数

器件	ASIC 逻辑门	存储器位	6.5+Gbps SERDES	I/O 引脚	锁相环（PLL）	硬件通用平台（HIP）	FPGA 原型
HC4GX15	9.4M	9.2 Mbit	8	372	3	1	EP4SGX70、EP4SGX110 EP4SGX180、EP4SGX230

续表

器件	ASIC 逻辑门	存储器位	6.5+Gbps SERDES	I/O 引脚	锁相环（PLL）	硬件通用平台（HIP）	FPGA 原型
HC4GX25	11.5M	13.3 Mbit	24	564	6	2	EP4SGX110、EP4SGX180 EP4SGX230、EP4SGX290 EP4SGX360、EP4SGX530
HC4GX35	11.5M	20.3 Mbit	36	744	8	2	EP4SGX180、EP4SGX230 EP4SGX290、EP4SGX360 EP4SGX530
HC4E25	9.4M	12.1 Mbit	—	488	4	—	EP4SE230、EP4SE360
HC4E35	15M	18.4 Mbit	—	880	12	—	EP4SE360、EP4SE530 EP4SE820

2. Altera 配置器件简介

Altera 公司的配置器件有标准型、增强型和串行三类，为 Stratix 和 Cyclone 系列 FPGA 及 APEX Ⅱ、APEX20K、APEX20KE、APEX20KC、Excalibur 和 Mercury 系列提供了理想的解决方案。

（1）标准型配置器件

标准型配置器件包括 EPC2、EPC1、EPC1441、EPC1213、EPC1064（V），如表 2–17 所示，为低密度的 FPGA 提供了方便易用的解决方案。其中 EPC2 属于闪存（Flash memory）器件，具有可擦写功能。

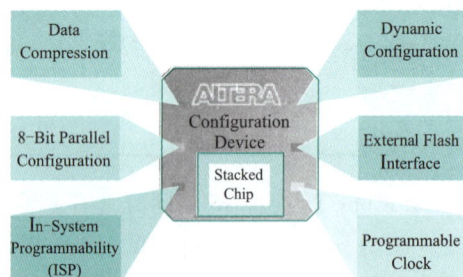

（2）增强型配置器件

Altera 公司所推出的如表 2–18 所示的 EPC4、EPC8 和 EPC16 增强型配置器件拥有高达 30 Mbit（带压缩）的配置存储器，为大容量 FPGA 提供了单器件一站式的解决方案。拥有丰富功能的增强型配置器件允许进行远程的系统升级，支持 ISP，将未使用的存储器用作通用存储器，可以大幅度降低配置所需时间。

表 2–17　标准型配置器件

器件型号	封装形式	可配置器件	说明
EPC2	LCC20/TQFP32	Stratix Ⅱ、Stratix、Stratix（GX）、Cyclone Ⅱ、Cyclone、Mercury、Excalibur、APEX Ⅱ、APEX20K、FLEX10K、ACEX	1.6 Mbit、5.0/3.3 V
EPC1	PDIP8/PLCC20	Cyclone Ⅱ、Cyclone、APEX20K、FLEX10K、FLEX8000、FLEX6000、ACEX	1 Mbit、5.0/3.3 V
EPC1441	PDIP8/PLCC20/ TQFP32	FLEX10K、FLEX8000、FLEX6000、ACEX	430 Kbit、5.0/3.3 V

续表

器件型号	封装形式	可配置器件	说明
EPC1213	PDIP8/PLCC20	FLEX8000	208 Kbit、5.0 V
EPC1064（V）	PDIP8/PLCC20/ TQFP32	FLEX8000	64 Kbit、5.0 V（3.3 V）

表 2-18　增强型配置器件

器件型号	封装形式	可配置器件	说明
EPC16	BGA88、PQFP100	Stratix Ⅱ、Stratix（GX）、Cyclone Ⅱ、Cyclone、	16 Mbit、3.3 V
EPC8	PQFP100	Mercury、Excalibur、APEX Ⅱ、APEX20K、FLEX10K、	8 Mbit、3.3 V
EPC4	PQFP100	ACEX	4 Mbit、3.3 V

（3）串行配置器件

Altera 公司的串行配置器件（见表 2-19）是基于高效率、低成本的要求而设计的产品，提供 ISP 和多次编程能力，这种能力是一次性可编程器件所不具备的，但其成本甚至低于一次性可编程器件。

使用 Altera 串行配置器件是配置 Stratix 系列和 Cyclone 系列 FPGA 最简单的方法，可以采用一片配置器件来配置这些 Altera FPGA。Altera 公司的串行配置器件使 FPGA 和配置器件能够以较低的价格实现完整的 SoPC 解决方案。ISP 和闪存访问等高级功能降低了成本，减小了面积，同时提高了性能。

表 2-19　串行配置器件

器件型号	封装形式	可配置器件	说明
EPCS1	SOIC8	Cyclone—达到 EP1C6、Cyclone Ⅱ—达到 EP2C5	1 Mbit、3.3 V
EPCS4	SOIC8	Stratix Ⅱ—达到 EP2S15、Cyclone、Cyclone Ⅱ—达到 EP2C20 Cyclone Ⅲ—达到 EP3C25、Cyclone Ⅳ—达到 4CGX15	4 Mbit、3.3 V
EPCS16	SOIC8 SOIC16	Stratix Ⅱ—达到 EP2S60、Stratix Ⅱ GX—达到 EP2SGX60 Stratix Ⅲ—达到 EP3SL70、Cyclone、Cyclone Ⅱ	16 Mbit、3.3 V
EPCS64	SOIC16	Stratix Ⅳ—达到 EP4SE110 和 EP4SGX110、Stratix Ⅱ（GX） Stratix Ⅲ—达到 EP3SE260、Cyclone、Cyclone Ⅱ Cyclone Ⅲ、Cyclone Ⅳ、Arria Ⅱ GX—达到 EP2AGX125	64 Mbit、3.3 V
EPCS128	SOIC16	Stratix V—达到 EP5SGX300、Stratix Ⅳ—达到 EP4Sx360、 Stratix Ⅲ、Stratix Ⅱ、Stratix Ⅱ GX Cyclone Ⅱ、Cyclone Ⅲ、Cyclone Ⅳ、Arria Ⅱ GX	128 Mbit、3.3 V

3. Altera 可编程逻辑器件命名规则

Altera 器件的名称一般由七部分组成，分别为器件系列标志、器件类型（LE 数量）、封装形式、引脚数量、工作温度、速度等级和可选后缀，如图 2-12 所示。

1	2	3	4	5	6	7

系列标志

EPM:	MAXⅡ	EP3SE:	StratixⅢE
EP3C:	CycloneⅢ	EP2S:	StratixⅡ
EP2C:	CycloneⅡ	EP2SGX:	StratixⅡGX
EP1C:	Cyclone	EP1S:	Stratix
EP2AGX:	ArriaⅡGX	EP1SGX:	Stratix GX
EP1AGX:	Arria GX	HC4E:	HardCopyⅣE
EP4SE:	StratixⅣE	HC4GX:	HardCopyⅣGX
EP4SGX:	StratixⅣGX	HC3:	HardCopyⅢ
EP4S:	StratixⅣGT	HC2:	HardCopyⅡ
EP3SL:	StratixⅢL	HC1S:	HardCopy Stratix

可选后缀

ES: 工程样片
N: 无铅

器件类型(LE数量)

EPM:	240,570,1270,2210
EP4CE:	6,10,15,30,40,55,75,115
EP4CGX:	15,22,30,50,75,110,150
EP3CLS:	70,100,150,200
EP3C:	5,10,16,25,40,55,80,120
EP2C:	5,8,8A,15A,20,20A,35,50,70
EP1C:	3,4,6,12,20
EP2AGX:	20,30,45,65,95,125,190,260
EP1AGX:	20,35,50,60,90
EP4SE:	110,230,290,360,530,680
EP4SGX:	70,110,230,290,360,530
EP4S:	40G,100G
EP3SL:	50,70,110,150,200,340
EP3SE:	50,80,110,260
EP2S:	15,30,60,90,130,180
EP2SGX:	30,60,90,130
EP1S:	10,20,25,30,40,60,80
EP1SGX:	10,25,40
HC2:	10W,10,20,30,40

速度等级

器件	快 ← → 慢							
	1	2	3	4	5	6	7	8
MAXⅡ			√	√	√			
CycloneⅢ						√	√	√
CycloneⅡ						√	√	√
Cyclone						√	√	√
ArriaⅡGX			√	√	√			
Arria GX					√			
StratixⅣE		√	√	√				
StratixⅣGX		√	√	√				
StratixⅣGT	√	√	√					
StratixⅢL		√	√	√				
StratixⅢE		√	√	√				
StratixⅡ			√	√	√			
StratixⅡGX			√	√	√			
Stratix					√	√	√	
Stratix GX					√	√	√	

收发通道

只针对基于收发器的FPGA(GX)
C:4 E:12 G:20 K:36
D:8 F:16 H:24 N:48

产品线后缀

只针对MAXⅡ器件指示内核电压
G:1.8 V 空:2.5V或3.3V Z:零功耗

封装形式

B: BGA
E: EQFP
F: FBGA
H: HBGA
M: MBGA
T: TQFP
U: UBGA
Q: PQFP

工作温度

A: −40~125℃
C: 0~85℃
I: −40~100℃

引脚数量

Statix Ⅳ E、Stratix Ⅳ GX、
Stratix Ⅳ GT和ArriaⅡGX
器件用封装尺寸代替引脚数

封装类型/尺寸	封装类型/引脚数
F29/H29	F780/H780
F35/H35	F1152/H1152
F40/H40	F1517/H1517
F43	F1760
F45	F1932

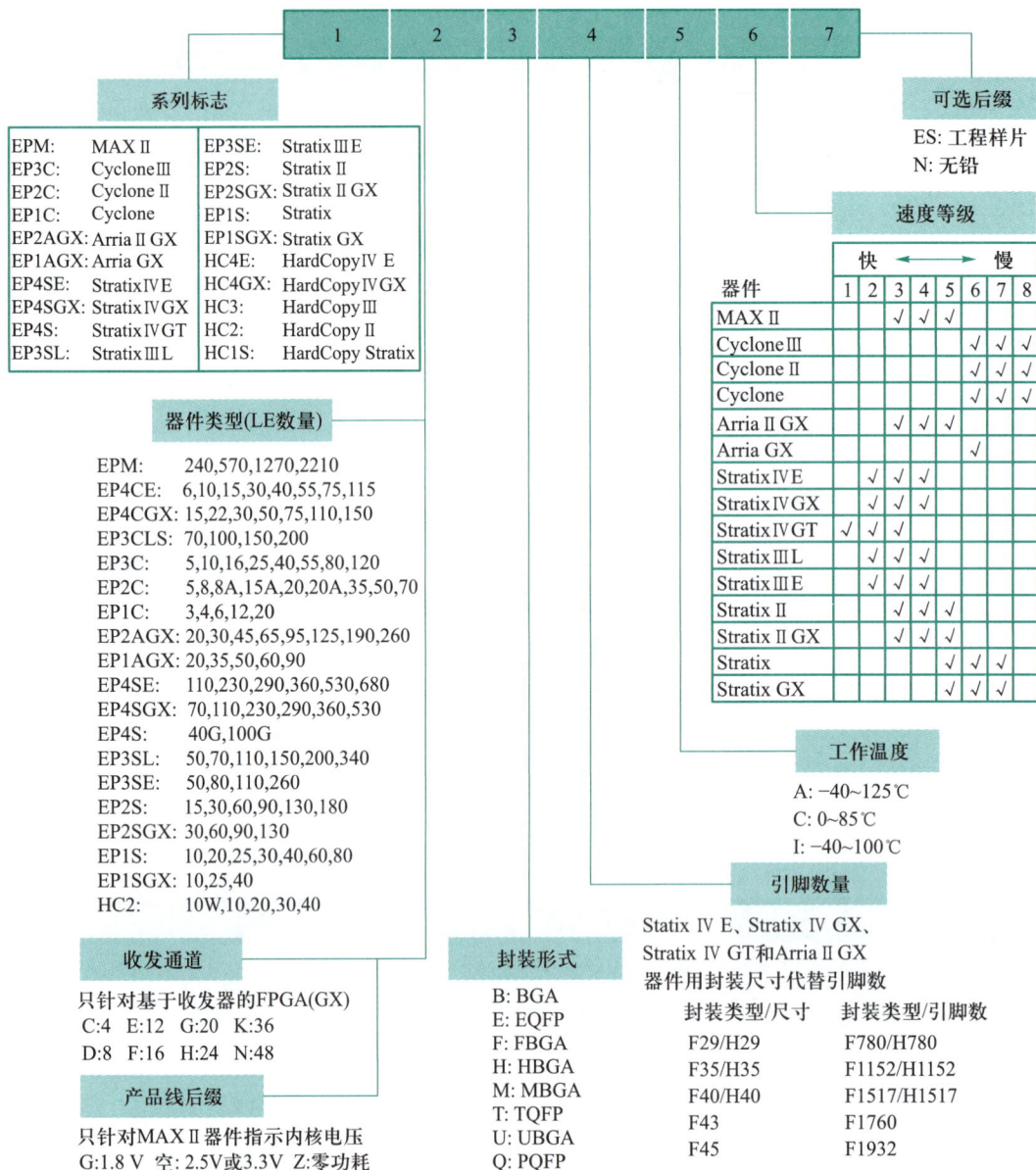

图 2-12 Altera 器件命名规则

例如芯片 EP2C35F672C6N，"EP2C"表示是 Altera 公司的 CycloneⅡ芯片，"35"表示大约有 35 000 个 LE，"F"表示 FBGA（fine line BGA）封装，"672"表示有 672 个 I/O 引脚，"C"表示工作温度范围为 0~85 ℃，"6"表示速度等级为 6（数字越小，速度越快），"N"表示无铅。

2.4.3 Xilinx 公司的可编程逻辑器件

1. Xilinx 公司的主流 FPGA 器件

Xilinx 公司的主流 FPGA 分为两大类：一类侧重于低成本应用，容量中等，性能可以满足

一般的逻辑设计要求，如 Spartan 系列；还有一类侧重于高性能应用，容量大，性能可以满足各类高端应用，如 Virtex 系列。用户可以根据自己实际应用要求进行选择。

2009 年，Xilinx 公司推出了面向计算密集型、高速、高密度 SoC 应用的 Virtex－6 系列 40 nm FPGA，以及面向那些需要重点考虑尺寸、功耗与成本应用的 Spartan－6 系列 45 nm FPGA，其主要性能对比见表 2-20。

表 2-20　Xilinx 公司主流 FPGA 产品对比

特性	Virtex-7	Virtex-6	Virtex-5	Spartan-7	Spartan-6	Spartan-3A 系列
逻辑单元	多达 1 954 560 个	多达 760 000 个	多达 330 000 个	多达 102 400 个	多达 150 000 个	多达 53 000 个
用户 I/O	1 200	多达 1 200	多达 1 200	多达 400	多达 570	多达 519
支持的 I/O 标准	超过 40 种	超过 40 种	超过 40 种	超过 40 种	超过 40 种	超过 20 种
时钟管理技术	MMCM+PLL	PLL	DCM+PLL	MMCM+PLL	DCM+PLL	DCM
嵌入式 Block RAM	高达 67 680 Mbit	高达 38 Mbit	高达 18 Mbit	高达 4 320 Mbit	高达 4.8 Mbit	高达 1.8 Mbit
用于 DSP 的嵌入式乘法器	3 600	有（25× 18 MAC）	有（25× 18 MAC）	160	有（18× 18 MAC）	有（18× 18 MAC）
千兆位级高速串行	28.05 Gbps	6.5/ 11.18 Gbps	3.75/ 6.5 Gbps	6.6 Gbps	3.125 Gbps	无
PCI Express 技术	Gen1，x8，硬 Gen2，x8，硬	Gen1，x8，硬 Gen2，x8，硬	Gen1，x8，硬 Gen2，x8，软	Gen1，x1，硬	Gen1，x1，硬	否

2. Xilinx 公司的主流 CPLD 器件

Xilinx 公司的 CPLD 以 CoolRunner、XC9500 系列为代表，见表 2-21。

表 2-21　Xilinx 公司主流 CPLD 产品对比

特性	CoolRunner-Ⅱ	CoolRunner-XPLA3	XC9500XL	XC9500
核心电压	1.8 V	3.3 V	3.3/2.5 V	5.0 V
宏单元	32～512	32～512	36～288	36～288
I/O	21～270	36～260	34～192	34～192
I/O 容限	1.5/1.8/2.5/3.3 V	5.0 V	5.0(XL)/3.3/2.5 V	5.0/3.3 V
TPD/f_{max}（最快）	3.8/323	4.5/213	5/222	5/100
极低的待机功耗	28.8 μW	56.1 μW	低功耗模式	低功耗模式
I/O 标准	LVTTL、LVCMOS、HSTL、SSTL	LVTTL、LVCMOS	LVTTL、LVCMOS	LVTTL、LVCMOS

CoolRunner 系列 CPLD 是 Xilinx 公司推出的功耗最低、性能最高的器件。这些 CPLD 提供了诸如 I/O 组、高级时钟控制和出色的设计安全性等先进功能来支持系统级设计。

XC9500 系列提供 5.0 V（XC9500 系列）和 3.3 V（XC9500XL 系列）版本，这些低成本 CPLD 系列产品提供了系统设计所需的高性能、丰富的特性集和灵活性。

3. Xilinx 公司 FPGA 配置器件

Xilinx 公司提供了大量可与 Virtex 和 Spartan FPGA 一起使用并进行了优化的配置存储器。其中 Platform Flash 针对基于 Virtex 和 Spartan FPGA 的系统最大灵活性进行了优化，Platform Flash XL 针对高性能 Virtex FPGA 配置进行了优化。

2.4.4　Lattice 公司的可编程逻辑器件

1. Lattice 公司的 FPGA

Lattice 公司的 FPGA 产品包括非易失、高价值低成本和高性能系统级器件三大类。

① 非易失器件：不同于需要一个外部器件加载配置数据的传统 FPGA，非易失 FPGA 产品中嵌入了片上闪存模块来存储数据，为客户提供设计安全性、瞬时上电逻辑功能以及改进的现场升级功能，主要有 LatticeXP2、LatticeXP、MachXO 等系列。

② 高价值低成本器件：针对大批量、成本敏感型应用，为需要低成本 SERDES 功能和增加存储容量的客户提供服务，主要有 LatticeECP3、LatticeECP2（M）、LatticeECP-DSP 等系列。

③ 高性能系统级器件：LatticeSC 系列将一种高性能的 FPGA 架构与许多高级功能结合在一起，以满足当今高速通信系统的设计。

2. Lattice 公司的 CPLD 和 SPLD

Lattice 公司的 ispLSI、ispMACH 和 GAL 产品系列是其 CPLD 和 SPLD（简单可编程逻辑器件）的代表。其中 ispMACH 4000ZE 以每个引脚功耗监测、每个引脚 I/O 控制以及更小的封装成为超低功耗 CPLD；提供 3.3/2.5/1.8 V 电源选择的 ispMACH 4000 V/B/C 是主流 CPLD；组合了存储器、CAM、FIFO 与逻辑的 ispXPLD 5000MV/B/C 成为易于使用的高级 CPLD；具有 ISP 流行的 22V10 结构的 ispGAL 属于在系统可编程 GAL；而将 FPGA 的灵活性与 CPLD 性能结合在一起、瞬时上电以及高引脚/逻辑比率的 MachXO 是功能最多的非易失 PLD。

此外，Lattice 公司还提供 ispPAC、Power Manager 和 ispCLOCK 系列的可编程混合信号器件，使系统设计者能够在单个集成电路中，快速、方便地实现各种各样的电源和时钟管理功能。

2.4.5　CPLD/FPGA 的开发应用选择

在设计电子系统前应做好包括系统设计、方案论证和器件选择准备等工作。根据所设计项目的功能，初步定义 I/O 端口；根据器件本身的资源、系统延迟时间、系统速度要求、连线的可布性及成本等方面进行权衡以选择合适的 CPLD/FPGA 器件，使器件在资源和速度上能够满足所设计电子系统的需求。

1. 器件类型的选择

根据 PLD 的结构和工作原理可以知道，CPLD 分解组合逻辑的功能很强，一个宏单元就可以分解十几个甚至二三十个组合逻辑输入，即组合逻辑资源比较丰富；但 CPLD 一般只能做到 512 个逻辑单元，寄存器资源较少，因而 CPLD 适用于设计复杂组合逻辑。FPGA 的制造工艺决定了芯片中包含的 LUT 和触发器数量非常多，寄存器资源比较丰富；而且如果用芯片价格除以逻辑单元数量，FPGA 的平均逻辑单元成本大大低于 CPLD。但一个 LUT 只能处理 4 输入的组合逻辑，因此如果设计中使用到大量触发器，如时序逻辑，那么 FPGA 就是一个很好的选择。

由于 FPGA 工作电压的流行趋势是越来越低，3.3 V 和 2.5 V 甚至更低工作电压的 FPGA 的应用已经十分普遍；而 CPLD 由于在线编程的需要，工作电压一般为 5 V。因此就低功耗、高集成度方面考虑，FPGA 也具有绝对的优势。对于 CPLD/FPGA 的掉电非易失/易失性，只是入门者为简单而考虑的一个属性。

另外对于普通规模且量产不是很大的产品项目，通常使用 CPLD 比较好；而对于大规模的逻辑设计、ASIC 设计或 SoC 设计，则采用 FPGA 比较合理。

2. 器件系列的选择

数字系统逻辑功能设计之前的一个重要问题就是 CPLD/FPGA 器件的选型，包括厂商的选择，以及器件系列和型号的选择。

每个 PLD 厂商都有自己特有的核心技术和相应的产品。对于继承性产品的开发，尽量使用熟悉并一直使用的 CPLD/FPGA 厂商的产品；对于新产品的开发，则可以根据待设计系统的特点和要求，以及各种 CPLD/FPGA 器件的特性来初步选择 PLD 厂商和产品系列。相对而言，在 Altera、Xilinx 和 Lattice 三家主流公司的 PLD 产品中，Altera 和 Xilinx 的设计比较灵活，器件利用率和性价比较高，品种和封装形式也比较丰富。

另外，还可以根据 CPLD/FPGA 芯片的成本来选择 PLD 器件的产品系列。比如 Altera 公司的 Stratix 系列和 Xilinx 的 Virtex 系列属于高性能产品，而 Altera 公司的 Cyclone 系列和 Xilinx 公司的 Spartan 系列则属于低成本产品。

3. 器件型号的选择

选择具体型号的 CPLD/FPGA 时，需要考虑的因素较多，包括引脚数量、逻辑资源、片内存储器、速度、功耗、封装形式等。

不同的 PLD 公司在其产品的数据手册中描述芯片逻辑资源的依据和基准是不一致的，因此有很大的出入。在实际开发应用中，逻辑资源的占用情况涉及硬件描述语言的选择、HDL 综合器的选择、综合和适配开关的选择（速度优化还是资源优化）以及逻辑功能单元的性质和实现方法等诸多因素，需要根据具体情况选择器件。为了保证系统具有较好的可扩展性和可升级性，一般应留出一定的资源余量。

在具体设计中，应对芯片速度进行综合考虑，并不是速度越高越好。芯片的速度应与所设计的系统最高工作速度相一致，使用速度过高的器件不但会加大电路板设计的难度，而且容易使系统处于不稳定的工作状态。

4. 外围器件的选择

CPLD/FPGA 选定之后，还要根据它的特性，为其选择合适的电源芯片、片外存储器芯片、配置信息存储器等多种器件。在系统设计和开发阶段，应该尽量选择升级空间大、引脚兼容的器件。在产品开发后期再考虑将这些外围器件替换为其他的兼容器件以降低成本。

2.5 掌握 CPLD/FPGA 器件的配置与编程

教学课件
CPLD/FPGA器件
的配置与编程

在大规模可编程逻辑器件出现以前，人们在设计数字系统时，把器件焊接在电路板上是设计的最后一个步骤。当设计存在问题并得到解决后，设计者往往不得不重新设计印制电路板（PCB）。然而 CPLD/FPGA 的出现改变了这一切，由于具有 ISP 或 ICR 功能，因此在电路设计之前，就可以把 CPLD/FPGA 焊接在印制电路板上，然后在设计调试时用下载编程或配置方式来改变其内部的硬件逻辑关系，而不必改变电路板的结构，从而达到设计逻辑电路的目的，如图 2-13 所示。

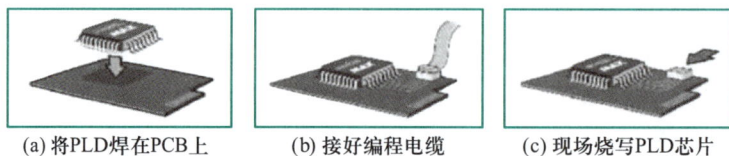

动画
PLD编程操作过程示意图

(a) 将PLD焊在PCB上　　(b) 接好编程电缆　　(c) 现场烧写PLD芯片

图 2-13　PLD 编程操作过程示意图

2.5.1　配置与编程工艺

通常，将对 CPLD 的数据文件下载称为编程，对 FPGA 中的 SRAM 数据进行直接下载的方式称为配置，但对于反熔丝结构和 Flash 结构的 FPGA 的下载和对 FPGA 的专用配置 ROM 的下载仍称为编程。目前常见的大规模可编程逻辑器件的编程和配置工艺有三种：

① 基于电可擦除存储单元的 EEPROM 或 Flash 技术。其优点是编程后信息不会因掉电而丢失，但编程次数有限，编程的速度不快。CPLD 一般使用此技术进行编程，某些 FPGA 也采用 Flash 工艺，比如 Actel 公司的 ProASICplus 系列、Lattice 公司的 LatticeXP 系列。

② 基于 SRAM 查找表的编程单元。其优点是配置次数无限，在加电时可随时更改逻辑，但由于编程信息是保存在 SRAM 中的，掉电后芯片中的信息随即丢失，每次上电时必须重新载入编程信息，下载信息的保密性也不如第一种。大部分 FPGA 采用该种编程工艺。

③ 基于反熔丝编程单元。Actel 公司的 FPGA、Xilinx 公司部分早期的 FPGA 采用此种结构，现在 Xilinx 公司已不采用。反熔丝技术编程方法是一次性可编程。

动画
并口下载方式

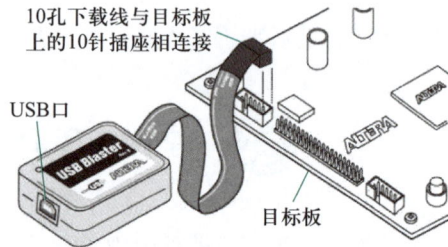

2.5.2　下载电缆与接口

动画
USB口下载方式

CPLD 编程和 FPGA 配置可以使用专用的设备，也可以使用下载电缆。如 Altera 公司的 ByteBlaster MV（MV 即混合电压）下载电缆、ByteBlaster Ⅱ 并口下载电缆、USB-Blaster 口下载电缆、MasterBlaster 串口下载电缆、EthernetBlaster 以太网端口下载电缆等，分别通过 PC 的并行打印口、USB 口、串行通信口或

标准以太网端口连接到目标器件，并与 Quartus Ⅱ 配合，以对 Altera 公司的多种 CPLD/FPGA 进行编程或配置。图 2-14（a）、（b）分别是通过 ByteBlaster Ⅱ 并口下载电缆和 Blaster USB 口下载电缆连接目标开发板示意图。

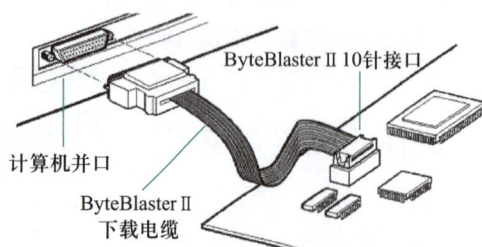

(a) 并口下载方式　　　　　　　　　　(b) USB口下载方式

图 2-14　并口/USB 口下载电缆连接目标开发板示意图

Altera 公司的 ByteBlaster MV（或 ByteBlaster Ⅱ、USB-Blaster）下载电缆与 CPLD/FPGA 目标器件的接口一般是 10 针插座，如图 2-15 所示；表 2-22 列出了 10 针插座在 AS 模式、PS 模式和 JTAG 模式下对应的信号。

下载电缆既可用于 FPGA 器件的 ICR，也可用于 CPLD 器件的 ISP。

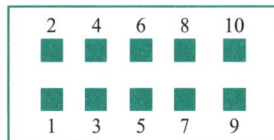

图 2-15 目标板上的 10 针插座

表 2-22 10 针插座在不同模式下对应的信号

引脚	AS 模式		PS 模式		JTAG 模式	
	信号名称	功能	信号名称	功能	信号名称	功能
1	DCLK	时钟信号	DCLK	时钟信号	TCK	时钟信号
2	GND	信号地	GND	信号地	GND	信号地
3	CONF_DONE	配置完成	CONF_DONE	配置完成	TDO	目标器件数据输出
4	VCC（TRGT）	目标板电源	VCC（TRGT）	目标板电源	VCC（TRGT）	目标板电源
5	nCONFIG	配置控制	nCONFIG	配置控制	TMS	JTAG 时序控制
6	nCE	器件片选	—	未连接	—	未连接
7	DATAOUT	串行配置器件数据输出	nSTATUS	配置状态	—	未连接
8	nCS	串行配置器件片选	—	未连接	—	未连接
9	ASDI	串行配置器件数据输入	DATA0	目标器件配置数据输入	TDI	目标器件数据输入
10	GND	信号地	GND	信号地	GND	信号地

2.5.3 编程与配置模式

1. FPGA 的 PS 模式配置

电路的 ICR 是指允许在器件已经配置好的情况下进行重新配置，以改变电路逻辑结构和功能。对于基于 SRAM LUT 结构的 FPGA 器件，由于是易失性器件，这种特殊的结构使之需要在上电后必须进行一次配置。

Altera 公司的 SRAM LUT 结构器件中，FPGA 可以使用七种配置模式，这些模式通过 FPGA 上的两个模式选择引脚 MSEL1 和 MSEL0 上设定的电平来决定：

① 配置器件模式：如用 EPC 器件进行配置。

② PS（passive serial，被动串行）模式：MSEL1 = 0、MSEL0 = 0。

③ PPS（passive parallel synchronous，被动并行同步）模式；MSEL1 = 1、MSEL0 = 0。

④ PPA（passive parallel asynchronous，被动并行异步）模式：MSEL1 = 1、MSEL0 = 1。

⑤ PSA（passive serial asynchronous，被动串行异步）模式：MSEL1 = 1、MSEL0 = 0。

⑥ JTAG（joint test action group，联合测试行为组织）模式；MSEL1 = 0、MSEL0 = 0。

⑦ AS（active serial，主动串行）模式：这是针对 EPCS 系列配置器件而言的。

主动配置模式由专用配置器件引导配置操作过程，而被动配置模式由外部计算机或控制器控制配置过程。

在 PS 模式中，配置数据从数据源通过 ByteBlaster MV 下载电缆串行地送到 FPGA，配置数据的同步时钟由数据源提供。配置文件是编译器在工程编译时自动产生的 SRAM 目标文件（.sof）。图 2-16 是 PS 模式下对 FLEX10K 器件的配置。

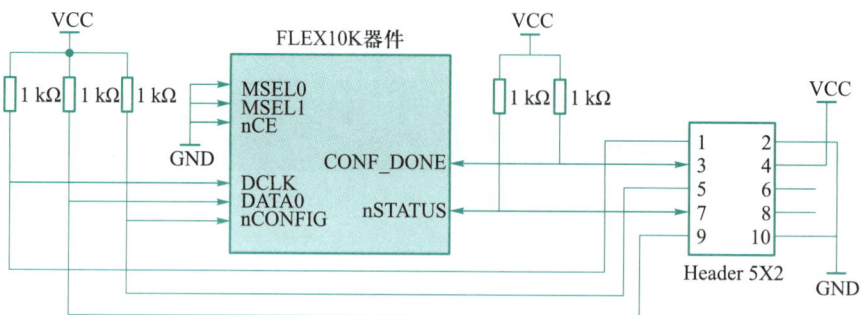

图 2-16   PS 模式下对 FLEX10K 器件的配置

在 PS 配置过程中，由 ByteBlaster 下载电缆产生一个由低到高的跳变送到 nCONFIG 引脚，然后编程硬件或微处理器将配置数据送到 DATA0 引脚，该数据锁存至 CONF_DONE 变为高电位。编程硬件或微处理器先将每字节的最低位 LSB 送到 FLEX10K 器件，当 CONF_DONE 变为高电位后，DCLK 用多余的 10 个周期来初始化该器件（器件的初始化由下载电缆自动执行）。

当设计的数字系统比较大，需要不止一个 FPGA 器件时，若为每个 FPGA 器件都设置一个下载口显然是不经济的。Altera 器件的 PS 模式支持多个器件进行配置。对于 PC 而言，在软件上要加以设置支持多器件，再通过下载电缆即可对多个 FPGA 器件进行配置。

2. FPGA 的 JTAG 模式配置

JTAG 是 1985 年制定的检测 PCB 和 IC 芯片的一个标准，1990 年修改后成为 IEEE 的一个标准，即 IEEE 1149.1—1990。通过这个标准，可对具有 JTAG 接口芯片的硬件电路进行边界扫描和故障检测。在 JTAG 模式下利用 ByteBlaster 下载电缆可以实现 CPLD/FPGA 器件的 ICR 和 ISP。

下面以 FLEX10K 器件为例，说明 JTAG 模式下 ByteBlaster 下载电缆对 FPGA 器件的配置，其连接如图 2-17 所示。通过 ByteBlaster 电缆，将编译过程中产生的 SRAM 目标文件（.sof）直接下载到目标器件 FPGA 中。器件的配置是经过 JTAG 引脚 TCK、TMS、TDI 和 TDO 完成的，所有其他 I/O 引脚在配置过程中均为三态。

3. CPLD 的 ISP 模式编程

ISP 就是当系统上电并正常工作时，计算机通过 CPLD 器件的 ISP 接口直接对其进行编程，器件被编程后立即进入正常工作状态。这种编程方式的出现，改变了传统的使用专用编程器编程方法的诸多不便。图 2-18 是 JTAG 模式下对 CPLD 器件的 ISP 编程连接，通过 ByteBlaster MV 电缆与计算机并口相连，将编译过程中产生的编程目标文件（.pof）直接下载到目标器件 CPLD 中。

当用户电路板上具有多个支持 JTAG 接口的 CPLD 器件时，要求一个具有 JTAG 接口模式的插座连接到几个支持 JTAG 接口的 CPLD 器件，如 ByteBlaster 的 10 针插座。当用户电路板包含多个 CPLD/FPGA 目标器件时，或者对用户电路板进行 JTAG 边界扫描测试时，采用 JTAG 链进行编程是最理想的。

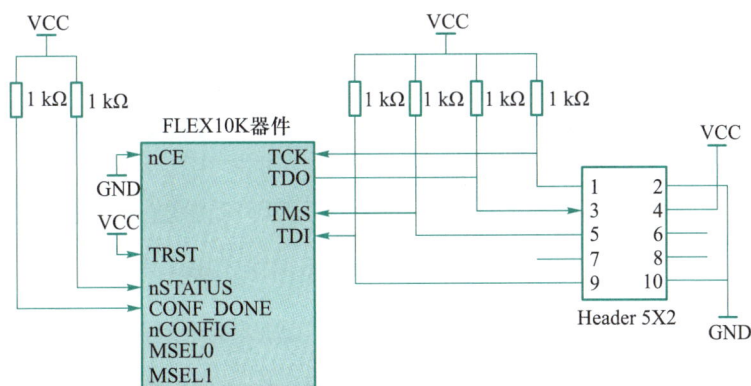

图 2-17 JTAG 模式下对 FLEX10K 器件的配置

注意：FLEX10K 的 144 引脚 TQEP 封装器件没有 TRST 信号脚，此时 TRST 信号可以忽略，nCONFIG、MSEL0、MSEL1 应根据 FLEX10K 的配置方案进行连接，如果仅仅使用 JTAG 配置模式，则 nCONFIG 连接到 V_{CC}，MSEL0 和 MSEL1 连接到地。

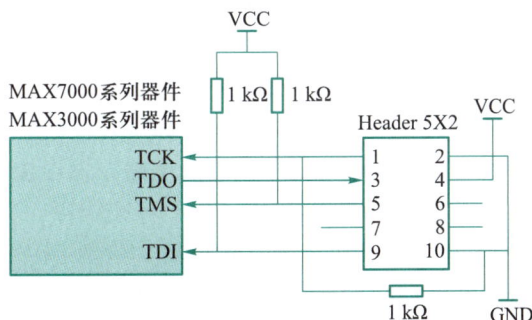

图 2-18 JTAG 模式下对 CPLD 器件的 ISP 编程连接

2.5.4 FPGA 的配置方式

利用 PC 通过 JTAG 接口对 FPGA 进行 ICR，虽然在调试时非常方便，但在应用现场不可能在 FPGA 每次上电后通过 PC 进行配置，这时应采用上电自动加载配置的方法。FPGA 上电自动配置有许多解决方法，比如用 EPROM 配置、用专用配置器件配置、用单片机控制配置、用 CPLD 控制配置或用 Flash ROM 配置等。

1. 用专用配置器件配置 FPGA

专用配置器件通常是串行的 PROM 器件，大容量的 PROM 器件也提供并行接口。对于配置器件，Altera 公司的 FPGA 允许多个配置器件配置单个 FPGA 器件，因为对于像 APEX Ⅱ 类的器件，最大的配置器件 EPC16 的容量还是不够的，也允许多个配置器件配置多个 FPGA 器件，甚至同时配置不同系列的 FPGA。

对于 Cyclone、Cyclone Ⅱ 系列 FPGA，可以使用 EPCS 系列配置器件进行配置，而 EPCS 系列配置器件需要使用 AS 模式或 JTAG 间接编程模式来对此系列 FPGA 进行配置。图 2-19 是用 EPCS 系列器件配置 Cyclone FPGA 的电路原理图。

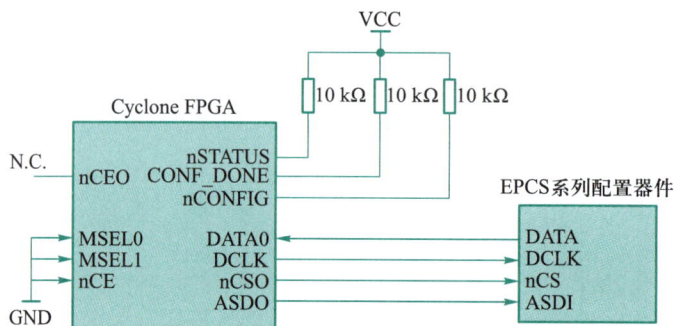

图 2-19 EPCS 系列器件配置 Cyclone FPGA 的电路原理图

在实际应用中，常常希望能随时更新其中的内容，但又不希望再把配置器件从电路板上取下来编程。Altera 公司的可重复编程配置器件，如 EPC2 就提供了在系统编程的能力。EPC2 本身的编程由 JTAG 接口来完成，FPGA 既可由 ByteBlaster MV 来配置，也可由 EPC2 来配置，这时 ByteBlaster 接口的任务是对 EPC2 进行 ISP 方式下载。

2. 用微处理器配置 FPGA

Altera 公司基于 SRAM LUT 的 FPGA 提供了多种配置模式，除以上提及的 PS 模式可以用微处理器配置外，PPS 模式、PSA 模式、PPA 模式和 JTAG 模式都适用于微处理器配置。在具有微处理器的系统中，使用微处理器系统的存储器来存储配置数据，并通过微处理器配置 FPGA，这种方法几乎不增加成本，并且具有较好的设计保密性和可升级性。

图 2-20 为 PS 模式下微处理器对 FPGA 器件的配置电路，该连接方式较简单。微处理器将nCONFIG 先置低再置高来初始化配置。当检测到 nSTATUS 变高后，微处理器将配置数据和移位时钟分别送到 DATA0 和 DCLK 引脚，送完配置数据后，检测 CONF_DONE 是否变高，若未变高，说明配置失败，应该重新启动配置过程。当检测到 CONF_DONE 变高后，微处理器根据器件的定时参数再送一定数量的时钟到 DCLK 引脚，待 FPGA 初始化完毕后进入用户模式。如果微处理器具有同步串口，DATA0、DCLK 使用同步串口的串行数据输出和时钟输出，这时只需把数据锁存到微处理器的发送缓冲器。在使用普通 I/O 口输出数据时，微处理器每输出 1 个比特，就要将 DCLK 置低再置高产生一个上升沿。

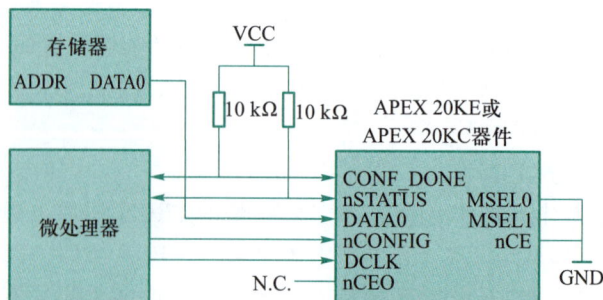

图 2-20 PS 模式下微处理器对 FPGA 器件的配置电路

利用诸如单片机等微处理器或 CPLD 对 FPGA 进行配置，除了可以取代昂贵的专用 OTP 配置 ROM 外，还有许多其他实际应用，如可对多家厂商的单片机进行仿真的仿真器设计、多功能虚拟仪器设计、多任务通信设备设计或 EDA 实验系统设计等。

项目小结

　　首先认识 PLD 的发展历程、PLD 的种类及分类方法，接着在简单 PLD 结构原理的基础上，重点了解 CPLD、FPGA 的实现原理和典型结构，然后学习可编程逻辑器件厂商的主要产品类型，及 CPLD/FPGA 的选型，最后重点对 Altera 公司的 CPLD/FPGA 器件的编程和配置进行了较为详细的介绍。

　　PLD 是 20 世纪 70 年代以后迅速发展起来的一种新型半导体数字集成电路，其最大特点是可以通过编程的方法设置其逻辑功能。PLD 经历了从简单 PLD 到采用大规模集成电路的 EPLD，直至 CPLD 和 FPGA 的发展历程。目前常用的大规模 PLD 主要有基于乘积项结构、EEPROM（或 Flash）工艺的 CPLD 和基于查找表结构、SRAM 工艺的 FPGA。FPGA 一般由可编程逻辑阵列块、可编程 I/O 单元和可编程互连资源等组成，和 CPLD 结构较为类似。CPLD/FPGA 的实现原理、结构组成和性能特点是本章重点内容之一。

　　Altera、Xilinx 和 Lattice 是目前世界上 PLD 产品的三家主流供应商，它们分别是 CPLD、FPGA 和 ISP 技术的发明者，发展起步较早，产品涵盖 CPLD、FPGA、配置芯片及开发工具软件等，占据了绝大部分的市场份额。本章另一重点是介绍目前市场上主流的 CPLD/FPGA 产品，尤其是在亚太地区使用较多的 Altera 公司 PLD 器件的标识型号、性能特点、适用范围、器件选择及配置编程等。

思考练习

　　1. 填空题

　　（1）可编程逻辑器件按规模大小一般可分为＿＿＿＿和＿＿＿＿，按编程方式可分为＿＿＿＿和＿＿＿＿两类。

　　（2）基于 EPROM、EEPROM 和 Flash 器件的可编程器件，在系统断电后编程信息＿＿＿＿（不会/会）丢失；而基于 SRAM 结构的可编程器件，在系统断电后编程信息＿＿＿＿（不会/会）丢失。

　　（3）PLD 的中文含义是＿＿＿＿，ASIC 的中文含义是＿＿＿＿，CPLD 的中文含义是＿＿＿＿，FPGA 的中文含义是＿＿＿＿。

　　（4）目前应用最广泛的大规模可编程逻辑器件包括＿＿＿＿和＿＿＿＿。

　　（5）**与–或**结构的可编程逻辑器件主要由＿＿＿＿、＿＿＿＿、＿＿＿＿和＿＿＿＿四部分构成。

　　（6）CPLD 器件中至少包括＿＿＿＿、＿＿＿＿、＿＿＿＿三部分。

　　（7）FPGA 的三种主要可编程资源是＿＿＿＿、＿＿＿＿、＿＿＿＿。

　　（8）CPLD 一般采用＿＿＿＿结构，其信息＿＿＿＿（能够/不能）加密；断电后，CPLD 中的数据＿＿＿＿（会/不会）丢失。

　　（9）FPGA 一般采用＿＿＿＿结构，其信息＿＿＿＿（能够/不能）加密；断电后，FPGA 器件中的配置数据＿＿＿＿（会/不会）丢失。

　　（10）通常，将对 CPLD 的数据文件下载称为＿＿＿＿，而对 FPGA 中的 SRAM 数据进行直接下载的方式称为＿＿＿＿。

2. 选择题

（1）在下列可编程逻辑器件中，不属于高密度可编程逻辑器件的是（   ）。

A. EPLD   B. CPLD   C. FPGA   D. PAL

（2）可编程逻辑器件的基本结构形式是（   ）。

A. 与–与   B. 与–或   C. 或–与   D. 或–或

（3）可以多次重复编程的器件是（   ）。

A. PROM   B. PLA   C. PAL   D. GAL

（4）GAL 器件可以用（   ）擦除。

A. 可见光   B. 紫外线   C. 红外线   D. 电

（5）CPLD 内部含有多个逻辑单元块，每个逻辑单元块相当于一个（   ）器件。

A. PAL   B. GAL   C. FPGA   D. EPROM

（6）对 CPLD 器件特点描述正确的是（   ）。

A. 不能多次编程   B. 可多次编程   C. 用紫外线擦除   D. 用红外线擦除

（7）对 FPGA 器件特点描述正确的是（   ）。

A. 采用 EEPROM 工艺   B. 采用 SRAM 工艺

C. 集成度比 PAL 和 GAL 低   D. 断电后配置数据不丢失

（8）只能一次编程的器件是（   ）。

A. PAL   B. GAL   C. CPLD   D. FPGA

（9）可以进行在系统编程的器件是（   ）。

A. EPROM   B. PAL   C. GAL   D. CPLD

（10）GAL 是指（   ）。

A. 专用集成电路   B. 通用阵列逻辑

C. 通用集成电路   D. 可编程逻辑阵列

3. 简答题

（1）什么是基于乘积项的可编程逻辑结构？

（2）什么是基于查找表的可编程逻辑结构？

（3）CPLD 和 FPGA 有什么差异？在实际应用中各有什么特点？

（4）解释编程与配置这两个概念。

（5）目前比较知名的 CPLD/FPGA 厂商有 Altera、Xilinx 和 Lattice，请写出你对这几家公司及其 PLD 产品的了解。

（6）根据本项目介绍的各厂商 CPLD/FPGA 产品系列及你对新产品的了解，请思考选用 PLD 器件时应考虑哪些方面的问题。

EDA 技术的核心是利用计算机完成电子系统的设计，因此 EDA 软件是进行设计开发必不可少的工具。本项目的重点是操作 Altera 公司的集成开发环境 Quartus Ⅱ，并以一个简单实例演练基于 Quartus Ⅱ 的 EDA 开发流程，作为 EDA 设计的基础。

3.1　了解 Quartus Ⅱ 设计软件

微课
Quartus Ⅱ 软件概述

3.1.1　Quartus Ⅱ软件简介

教学课件
Quartus Ⅱ 软件概述

Quartus Ⅱ是 Altera 公司提供的综合性 PLD 开发工具，可以完成从设计输入、HDL 综合、布线布局（适配）、仿真到硬件下载及测试的完整 PLD 设计流程，同时也是单芯片可编程系统设计的综合性环境，其主要功能如图 3-1 所示。本书以 Altera 公司的 Quartus Ⅱ 9.0 版为例来说明（目前最新版本为 2018 年发布的 Quartus Ⅱ 15.0，其基本功能与 9.0 一致）。

Quartus Ⅱ 设计软件涵盖了从开发设计到器件实现所需要的全部功能

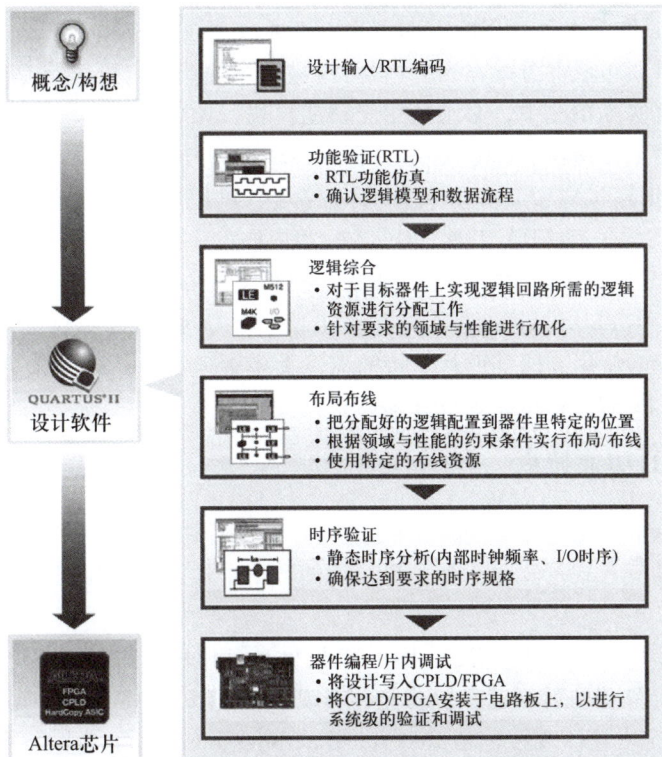

图 3-1　Quartus Ⅱ 设计软件的主要功能

Quartus Ⅱ 具备图形与文本两种输入方式。支持的硬件描述语言有 VHDL、Verilog HDL 及 AHDL（Altera HDL）等。AHDL 是 Altera 公司自己设计、制定的硬件描述语言，是一种以结构描述方式为主的硬件描述语言，该语言只有企业标准。Quartus Ⅱ 也允许来自第三方的 EDIF 文件输入，并提供了很多 EDA 软件的接口，此外 Quartus Ⅱ 支持层次化设计。

Quartus Ⅱ 包括模块化的编译器。图 3-2 是 Quartus Ⅱ 编译器的主控界面，它显示了 Quartus Ⅱ 进行自动化设计的主要处理环节，包括分析与综合（Analysis & Synthesis）、适配（Fitter）、装配（Assembler）及时序分析（Classic Timing Analyzer）。可以单击 ▶ Start 按钮来运行所有的编译器模块，也可以选择 ⬇ 等按钮单独运行各个模块。

微课
Quartus Ⅱ工具软件的安装

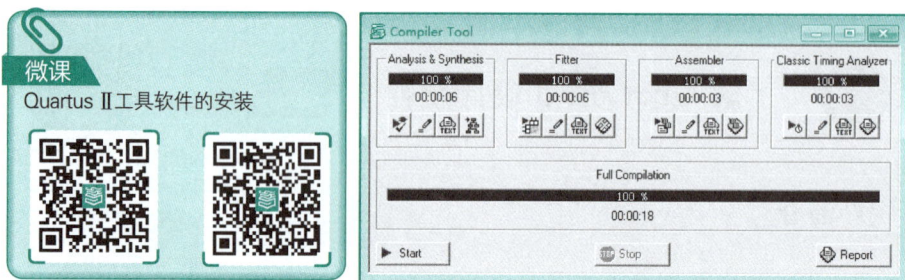

图 3-2　Quartus Ⅱ 编译器的主控界面

Quartus Ⅱ 可以利用第三方的综合工具，如 Leonardo Spectrum、Synplify Pro、FPGA Complier Ⅱ 等，并能直接调用这些工具。Quartus Ⅱ 还具备功能仿真与时序仿真两种不同级别的仿真测试，同时也支持第三方的仿真工具，如 ModelSim。

Quartus Ⅱ 包含了许多十分有用的 LPM（library of parameterized module）模块，它们是复杂或高级系统构建的重要组成部分，在 SoPC 设计中被大量使用，也可以与 Quartus Ⅱ 普通设计文件一起使用。在许多实际情况中，必须使用宏功能模块，才可以使用一些 Altera 特定器件的硬件功能，例如各类片上存储器、DSP 模块、PLL 以及 DDIO 电路模块等。

此外，Quartus Ⅱ 与 MATLAB 和 DSP Builder 结合，可以支持基于 FPGA 的 DSP 系统开发，是 DSP 硬件系统实现的关键 EDA 工具；Quartus Ⅱ 内嵌的 SOPC Builder 配合 Nios Ⅱ IDE 可以实现 Nios Ⅱ 软核 CPU 的开发。

与 Altera 的上一代 PLD 设计软件 Max+Plus Ⅱ 相比，Quartus Ⅱ 不仅继承了 Max+Plus Ⅱ 友好的图形界面及简便的使用方法，而且支持的器件类型更丰富，并且包含了更多的诸如 Signal-Tap Ⅱ、Chip Editor 和 RTL Viewer 等设计辅助工具。

3.1.2　Quartus Ⅱ功能特点

2009 年 3 月 Altera 公司发布了 Quartus Ⅱ 9.0，新增特性有以下几个方面：

① SignalTape Ⅱ嵌入式逻辑分析器。更精细的数据采样控制，加速了调试过程，提高了片内存储效率。

② 增强的 SoPC Builder 工具。新的 HDL 模板提高了速度，方便了 SoPC Builder 重用知识产权；新的 Avalon 存储器映射半速率桥功能，实现了 DDR SDRAM 低延时访问。

③ 新的操作系统支持。现在包括 Red Hat Enterprise Linux 5 和 CentOS 4/5。

④ 增强第三方仿真接口。接口支持库文件自动编译，实现了快速仿真设置。

⑤ 新的引脚顾问。顾问指导引脚建立，以及与第三方电路板工具接口。

⑥ Real Intent 验证支持。Real Intent 的 Meridian FPGA 时钟域交叉（CDC）软件提供使用方便的自动时钟目的验证功能，帮助用户发现设计错误，完成可靠的 CDC 操作。

⑦ 新的增强 IP 内核和宏功能。数字信号处理、存储器和协议加速了开发过程。

⑧ 物理综合引擎增强。和前一版相比，关键时序模块的性能平均提高了 20%，更迅速地达到了时序逼近。

3.1.3 Quartus Ⅱ界面预览

安装完 Quartus Ⅱ 9.0 之后，在 Windows 桌面双击"Quartus Ⅱ 9.0"图标，即可启动并进入 Quartus Ⅱ 9.0 开发环境，初始用户界面（即主窗口）如图 3-3 所示。它由标题栏、菜单栏、工具栏、工程导航器、状态窗口、任务窗口、消息窗口和工作区等部分组成。

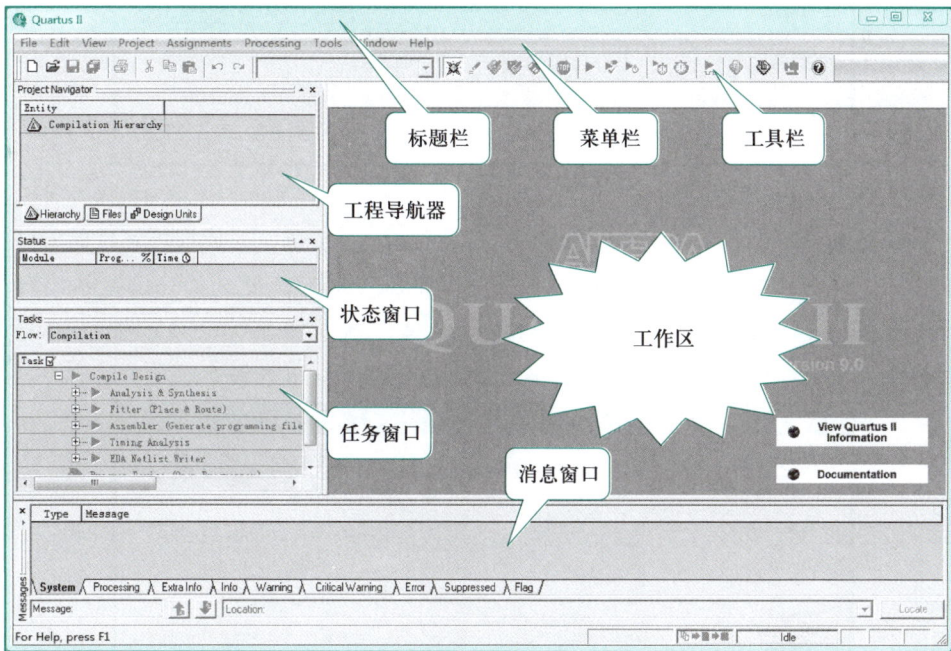

图 3-3　Quartus Ⅱ初始用户界面

3.1.4 Quartus Ⅱ授权许可

要正常使用 Quartus Ⅱ 9.0，还需要用户设置许可文件。除了购买 Quartus Ⅱ 订购版的许可协议之外，用户还可以申请 30 天的免费评估许可；网络版用户可以申请免费的 150 天许可（过期后，需要申请另外的免费许可）。具体的许可文件设置流程如下所述：

① 在 Quartus Ⅱ 9.0 的主工作界面，选择 Tools→License Setup 命令，弹出如图 3-4 所示的许可文件设置对话框。

② 在图 3-4 中，可以通过以下两种方法输入许可文件。

方法 1：按照图 3-4 所示，单击查找许可文件位置的按钮，弹出标准 Windows 查找文件对话框，查找 Quartus Ⅱ 9.0 许可文件所

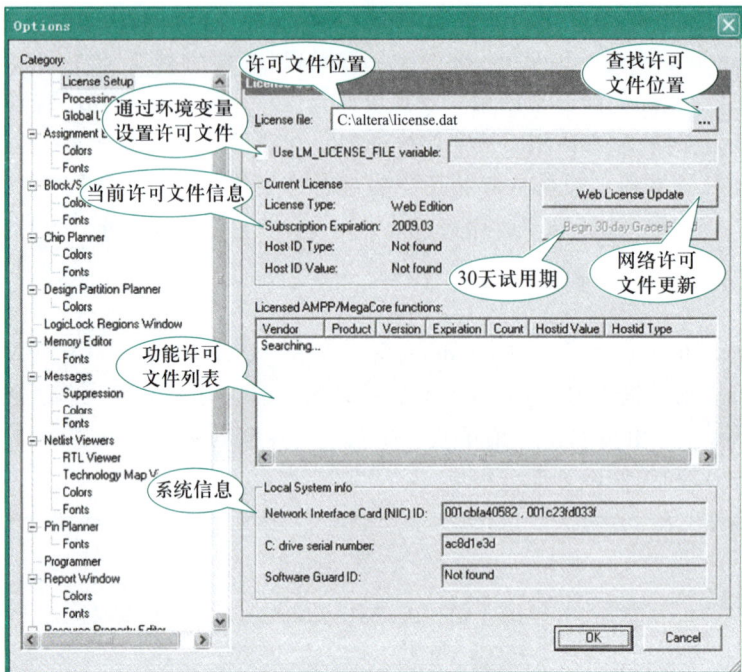

图 3-4　许可文件设置对话框

在的文件夹，选择许可文件如"license. dat"，单击 OK 按钮，完成许可文件的安装。

方法 2：在图 3-4 中选中 ☑ Use LM_LICENSE_FILE variable: 复选框，设置系统环境变量 LM_LICENSE_FILE，其值为许可文件所在文件夹及文件名（如 C：\altera\license. dat），单击 OK 按钮，完成许可文件的安装。许可文件设置完成后，如图 3-5 所示。

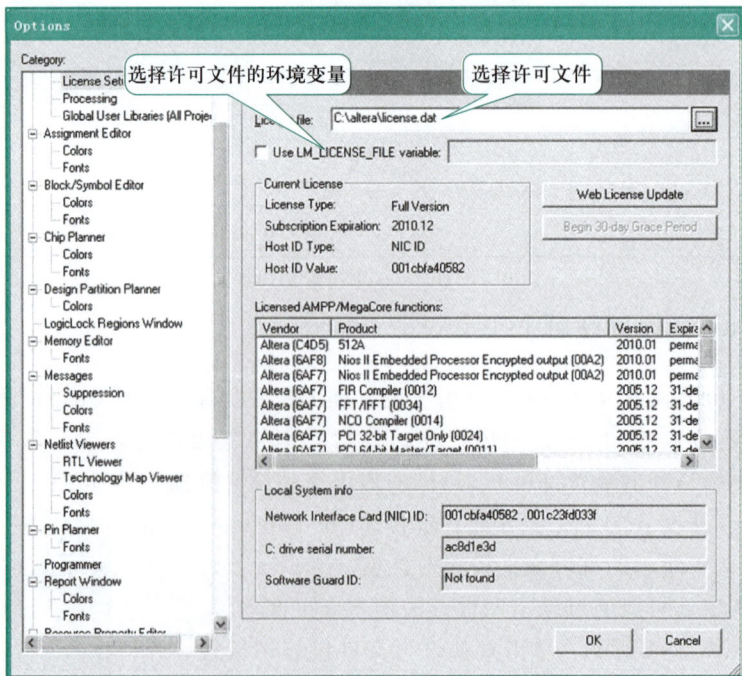

图 3-5　许可文件设置完成对话框

注意：许可文件存放的路径名称不能包含汉字和空格，空格可以用下画线代替。

3.2 理解 Quartus Ⅱ 设计流程

微课
Quartus Ⅱ 设计流程

使用 Quartus Ⅱ 软件设计 CPLD/FPGA 的基本流程如图 3-6 所示，主要包括设计输入、设计编译、设计仿真、引脚锁定、编程配置与测试验证等步骤。在设计过程中，如果出现错误或者希望改善设计，则需要重新回到设计输入阶段改正错误或调整电路后重复这一过程。

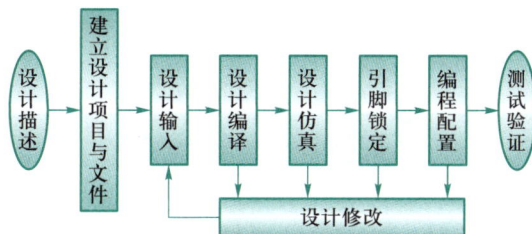

图 3-6 Quartus Ⅱ 软件设计 CPLD/FPGA 的基本流程

教学课件
Quartus Ⅱ 设计流程

动画
Quartus Ⅱ 设计的
基本流程

1. 设计输入

Quartus Ⅱ 支持多种设计输入方式，如原理图输入、文本输入、波形输入等。在 Quartus Ⅱ 中可以使用 Block Editor 进行原理图设计，也可以使用 Text Editor 通过 AHDL、Verilog HDL 或 VHDL 设计语言来建立 HDL 设计。Quartus Ⅱ 软件还支持采用 EDA 设计输入和综合工具生成的 EDIF Input Files（.edf）或 Verilog Quartus Mapping Files（.vqm）建立的设计。

2. 设计编译

根据设计要求事先设定编译参数，如器件类型、逻辑综合方式等，然后进行编译，包括分析综合、适配、装配及时序分析，并产生相应的报告文件、延时信息文件及编程文件等，供仿真分析和下载编程使用。

3. 设计仿真

设计仿真用来验证设计项目的逻辑功能是否正确，包括功能仿真、时序仿真和定时分析。Quartus Ⅱ 的定时分析器用来分析器件引脚及内部结点间的信号传输延时、时序逻辑的性能（最高工作频率、最小时钟周期）及器件内部各种寄存器的建立/保持时间。

4. 引脚锁定

为了将设计结果下载到 CPLD/FPGA 芯片中进行测试验证，必须根据具体 EDA 开发系统或实验板硬件的要求对设计项目的输入/输出信号赋予特定的引脚，以便能够对其进行实测。本书附录里可以查到 GW48 EDA/sopc 教学实验系统和 Altera DE2 开发板所支持的部分 CPLD/FP-GA 芯片的引脚功能及其对应的实验开发板上的引脚。需要注意的是，在锁定引脚后必须对设计文件重新进行一次编译。

5. 编程配置与测试验证

在成功编译工程并锁定引脚之后，就可以使用 Quartus Ⅱ 的编程器对 PLD 器件进行编程或配置，然后在实验开发系统上测试验证其实际运行性能。

3.3 掌握 Quartus Ⅱ 设计方法

本节将以 3 人表决器电路为例，详细介绍基于原理图输入和文本输入的 Quartus Ⅱ 工程设计过程，主要包括建立工程文件、编辑设计文件、编译综合、仿真测试、引脚锁定、编程下载和硬件测试等基本过程。

在 3 人表决电路中，3 人分别使用拨码开关 s_1、s_2、s_3 来作为自己的表决输入，同意则拨到高电平 1，不同意则拨到低电平 0。用 LED 小灯 L_1、L_2 表示表决结果，如果表决结果为通过（2 人或 3 人均同意），则 L_1 亮（高电平 1）、L_2 灭（低电平 0）；如果表决结果为不通过（1 人或无人同意），则 L_1 灭（低电平 0）、L_2 亮（高电平 1）。其真值表见表 3-1。

表 3-1　3 人表决电路真值表

s_1	s_2	s_3	L_1	L_2
0	0	0	0	1
0	0	1	0	1
0	1	0	0	1
0	1	1	1	0
1	0	0	0	1
1	0	1	1	0
1	1	0	1	0
1	1	1	1	0

根据此真值表可以得到 3 人表决电路的逻辑表达式为

$$L_1 = s_1 \cdot s_2 + s_1 \cdot s_3 + s_2 \cdot s_3$$
$$L_2 = \overline{s_1 \cdot s_2 + s_1 \cdot s_3 + s_2 \cdot s_3}$$

3.3.1　建立工程文件

1. 指定工程文件名称

在图 3-3 所示 Quartus Ⅱ 主窗口中，按图 3-7 选择 File→New Project Wizard 命令，弹出如图 3-8 所示新建工程对话框，在此对话框中分别输入新建工程所在的文件夹名称（如 E:\bjq）、工程名称（bjq）和顶层实体名称（bjq）。Quartus Ⅱ 要求工程名称一定要与顶层实体名称相同。

2. 选择添加的文件和库

单击图 3-8 中的 `Next >` 按钮，如果工程文件夹不存在，则弹出提示对话框，确定是否新建文件夹，单击 `是(Y)` 按钮就会自动创建。这时弹出如图 3-9 所示对话框，如果需要添加文件或者库，那么按照提示操作。本例中不添加任何文件和库，单击 `Next >` 按钮，进入如图 3-10 所示的目标器件选择对话框。

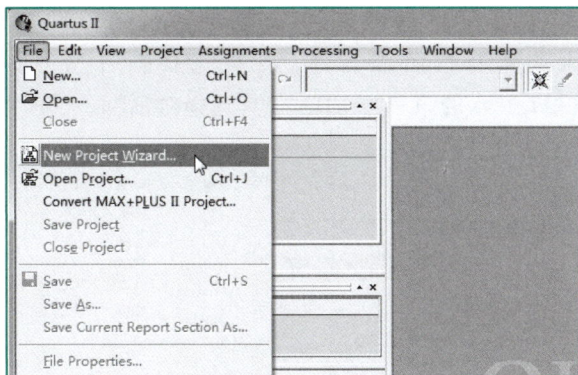

图 3-7　新建工程菜单选项

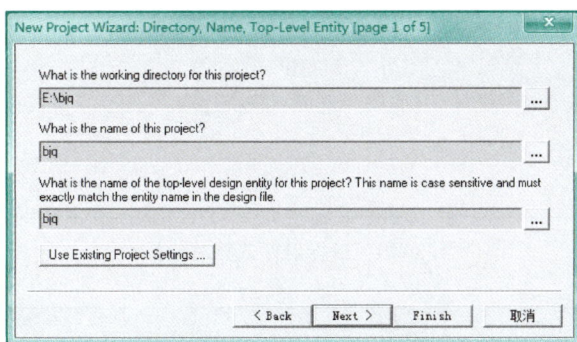

图 3-8　新建工程对话框

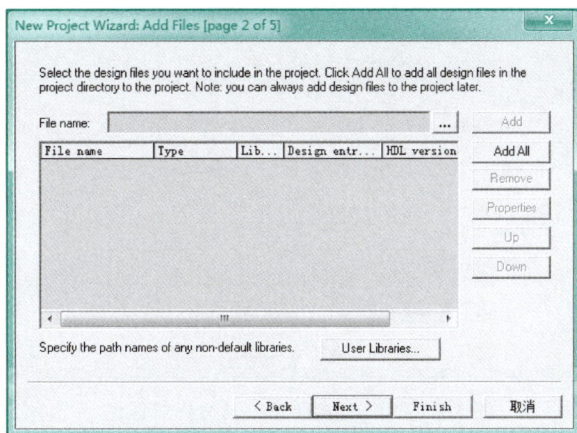

图 3-9　添加文件或者库对话框

3. 选择目标器件

在图 3-10 所示的目标器件选择对话框中，可在 Family 下拉列表中选择器件的种类，本例选择 Cyclone II 系列，在 Target devic 选项组中选择 ⊙ Auto device selected by the Fitter 选项，系统会自动根据 Show in ' Available device ' list 中设定的条件筛选器件；而选项 ⊙ Specific device selected in 'Available devices' list 则指由用户直接指定目标器件。在 Show in ' Available device' list 选项组中，可以通过限制封装（Package）、引脚数目（Pin count）、速度等级（Speed grade）条件，来快速查找所需器件，此处选择器件型号为 EP2C5T144C8。单击 Next > 按钮，进入图 3-11 所示的第三方 EDA 工具选择对话框。

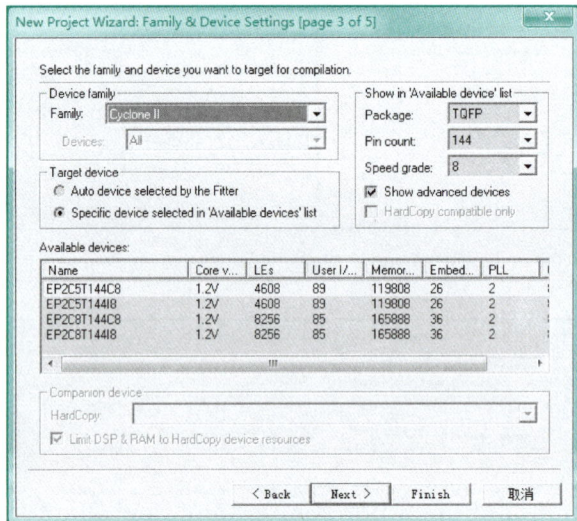

图 3-10   目标器件选择对话框

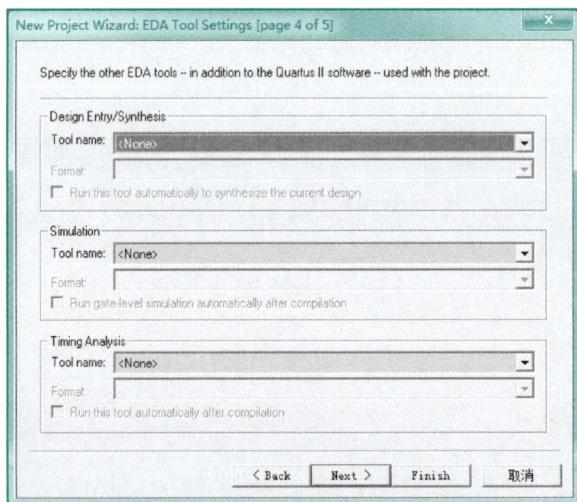

图 3-11   第三方 EDA 工具选择对话框

微课
Quartus Ⅱ 工具软件的使用——新建工程文件C

4. 选择第三方 EDA 工具

在图 3-11 所示对话框中，根据提示用户可以选择所用到的第三方工具如 ModelSim、Synplify 等。本例没有用到第三方工具，单击 Next > 按钮，进入如图 3-12 所示的工程创建完成对话框。

5. 完成创建工程

在图 3-12 所示的工程创建完成对话框中，查看设置信息是否正确，如果正确，则单击 Finish 按钮，返回如图 3-13 所示的 Quartus Ⅱ 主窗口，可以看到新建的工程名称"bjq"。

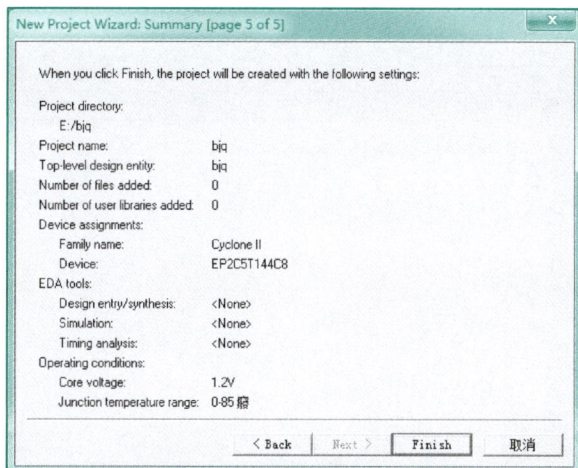

图 3-12   工程创建完成对话框

微课
Quartus Ⅱ 工具软件
的使用——新建工程
文件D

3.3.2   设计文件输入

1. 原理图输入方法

（1）建立原理图

在图 3-13 所示窗口中，选择 File→New 命令，或者用快捷键 Ctrl+N，或者单击工具栏中的图标 □，将会弹出图 3-14 所示的 New 对话框。展开 Design Files 选项，共有 8 种设计文件输入方式，分别对应相应的编辑器。原理图输入选择 Block Diagram/Schematic File 并单击 ▢OK▢ 按钮，弹出如图 3-15 所示的图形编辑窗口。该窗口可以通过选择 Window→Detach Window 命令分离成为单独的窗口。

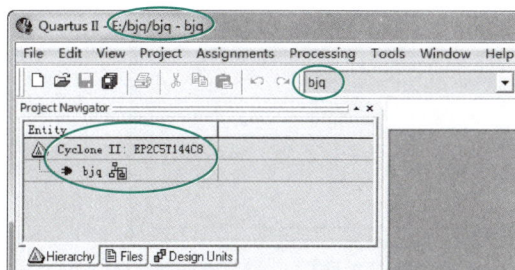

图 3-13   工程建立完成后的界面

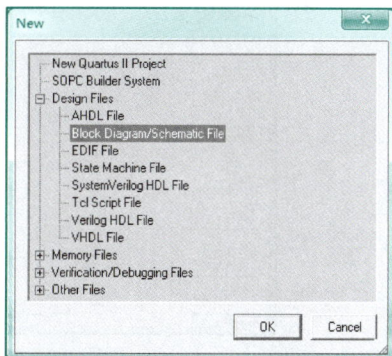

图 3-14   New 对话框

（2）放置元器件符号

在图 3-15 所示图形编辑窗口的空白处双击鼠标左键，或者在编辑窗口的工具栏中单击图标 ⊡，或者在编辑窗口中单击鼠标右键，选择 Insert→Symbol 命令，会弹出如图 3-16 所示的选择电路元器件符号对话框，选择 primitives→logic→and2 或者在 Name 文本框中输入元件符号名称 and2，单击 ▢OK▢ 按钮。此时光标上黏着被选中的元器件符号，将其移动到合适位置，单击鼠标左键放置元器件符号，如图 3-17 所示。同样在图中再放置两个 AND2、一个 OR3、一个 NOT、三个输入端 INPUT 和两个输出端 OUTPUT，如图 3-18 所示。

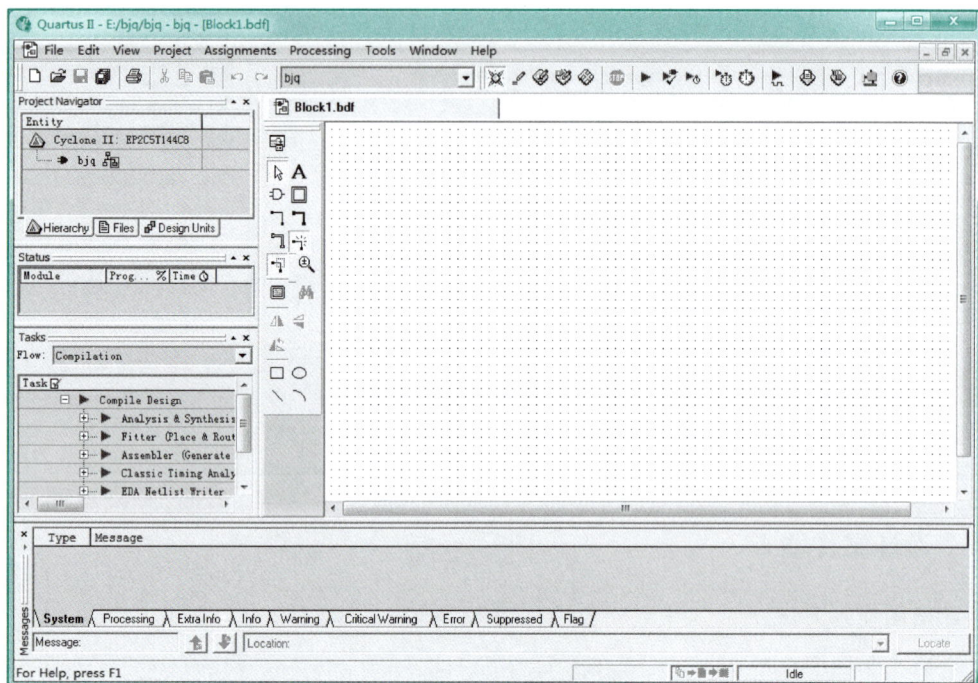

图 3-15   图形编辑窗口

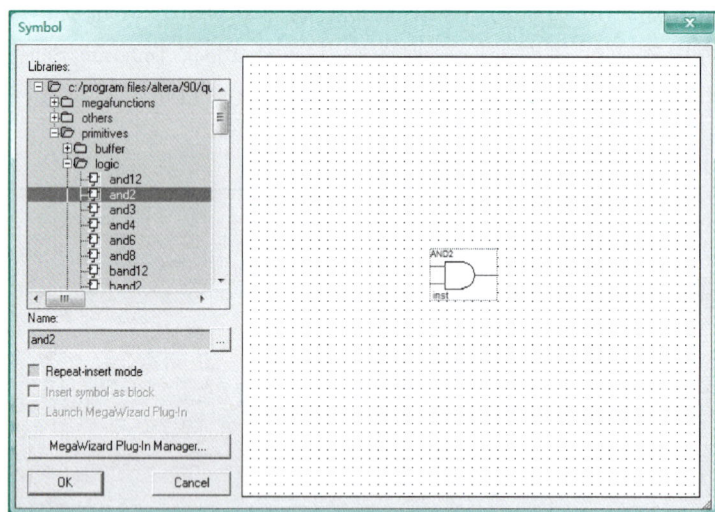

图 3-16   选择电路元器件符号对话框

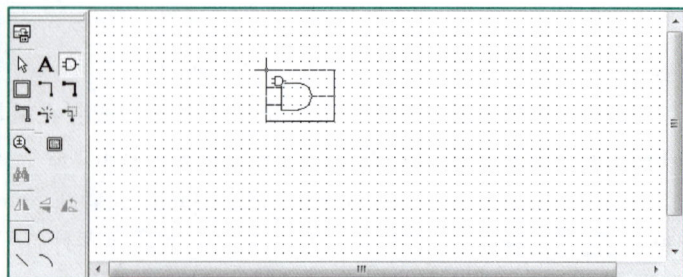

微课
放置元器件符号

图 3-17   正在放置元器件符号

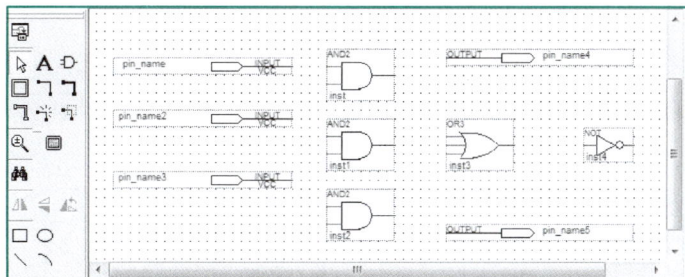

图 3-18　元器件符号放置完成

（3）命名和连接各元器件

选中图形编辑窗口中的其中一个输入端，双击鼠标左键或在右键菜单中选择 Properties 命令，弹出如图 3-19 所示的符号属性对话框。在该对话框中，单击 General 标签，在 Pin name（s）文本框中输入 s1，其他为默认值，这样就将输入端命名为 s1。用同样的方法命名其他两个输入端为 s2、s3，两个输出端为 L1、L2，三个 AND2 为 U1、U2 和 U3，OR3 为 U4，NOT 为 U5。然后用鼠标拖动各对象到适当的位置。

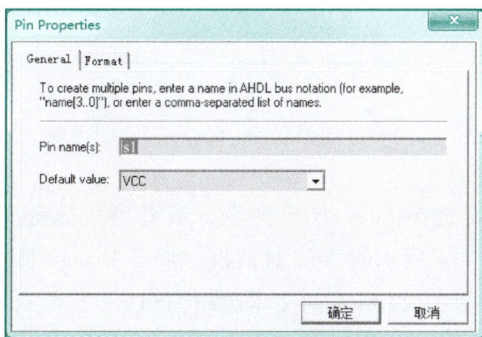

图 3-19　符号属性对话框

在图 3-18 中将光标移动到 s1 端口右侧（或者单击工具栏中的 ⌐┐ 按钮），当光标变成"┼" 字形状的连线状态时按住鼠标左键不放，将光标拖到与门 U1 输入端处释放鼠标左键，此时连线两端会出现小方块，这样 s1 和 U1 输入端之间就有了一条导线连接。重复上述方法连接其他导线，绘制完成后的表决器原理图如图 3-20 所示。

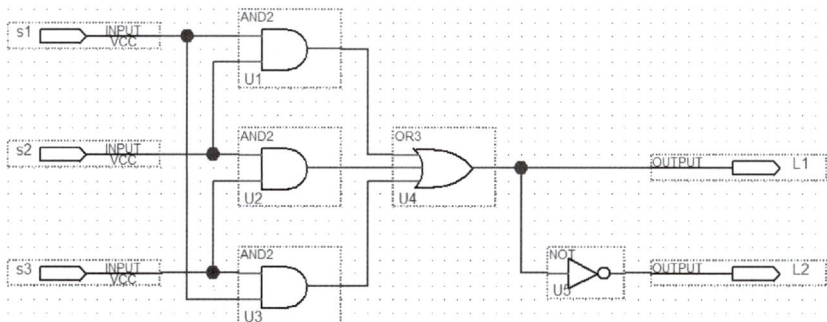

图 3-20　表决器原理图

（4）保存文件

单击 ▣ 按钮，弹出 Windows 标准的"另存为"对话框，如图 3-21 所示，在默认情况下，"文件名（N）"文本框中为工程文件名 bjq，"保存类型（T）"为 ∗.bdf，选中 Add file to current project 复选框。单击 保存(S) 按钮，完成文件的保存。

图 3-21   "另存为"对话框

2. 文本输入方法

（1）建立文件

在 Quartus Ⅱ 主窗口中，选择 File→New 命令，或者用快捷键 Ctrl+N，或者单击工具栏上的 ▯ 图标，将会弹出如图 3-14 所示的 New 对话框。展开 Design Files 选项，选择 VHDL File 并单击 OK 按钮，进入如图 3-22 所示的文本编辑窗口。

在图 3-22 所示的窗口中，可以看到新建的文本文件默认的标题为 Verilog1.v，根据文本编辑器的标题名可以区分所建文本文件的形式。若是 AHDL File，则标题名为 Ahdl1.tdf；若是 VHDL File，则标题名为 Vhdl1.vhd；若是 Verilog HDL File，则标题名为 Verilog1.v；若是 System Verilog HDL File，则标题名为 System Verilog1.sv。

（2）输入 Verilog HDL 语言程序代码

在实际的文本编辑中设计程序文件时，可以直接利用 Quartus Ⅱ 软件提供的模板进行语法结构的输入和编辑，具体操作方法如下。

① 像其他的文本编辑器一样，将鼠标放在要插入模板的文本行。

② 在当前光标位置单击鼠标右键，在弹出的菜单中选择 Insert Template 命令或者单击文本编辑器工具栏中的图标 ▨ ，弹出如图 3-23 所示的 Insert Template 对话框。

③ 在图 3-23 所示的 Insert Template 对话框的 Language templates 区域，选择需要插入语言的语法结构模板，此时会在右侧 Preview 区域中显示选择的语法模板，并且可以在预览栏对模板做适当的修改编辑，然后单击 Insert 按钮，完成当前语法模板的插入操作。

如果需要在其他位置插入第二个语法模板，则只需要将鼠标切换到文本编辑器窗口，将光标移动到插入位置，然后在 Insert Template 对话框中选择要插入的语法结构，单击对话框中的 Insert 按钮，完成语法模板的插入操作。这样在不关闭 Insert Template 对话框的前提下，一次可以插入多个语法模板，当不需要插入时，单击 Close 按钮，关闭 Insert Template 对话框。

④ 在图 3-22 所示文本编辑器中按图 3-24 所示输入 Verilog HDL 程序代码。

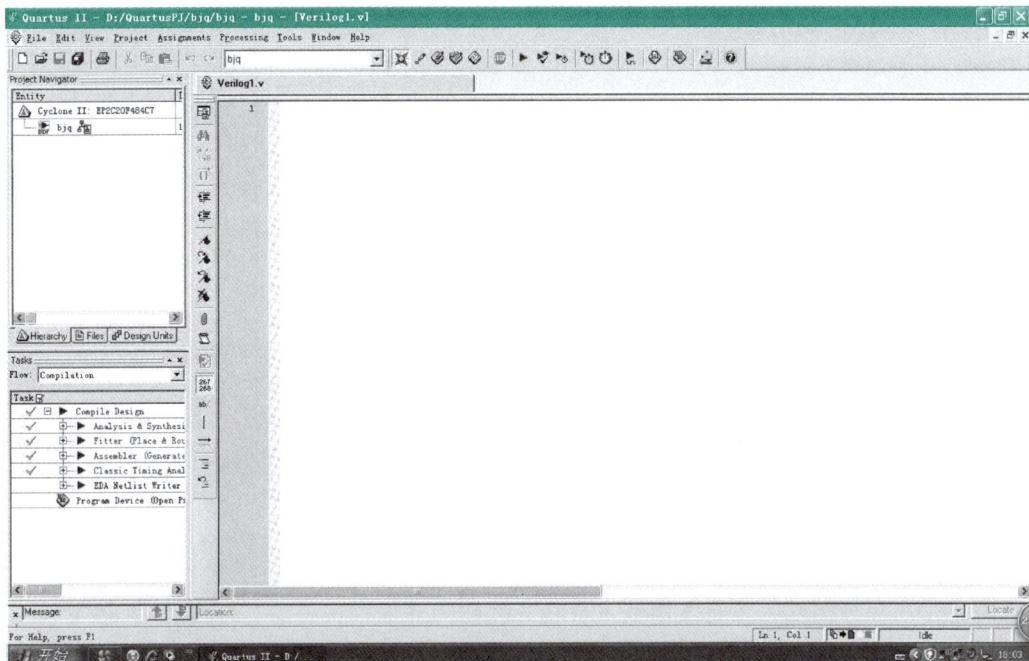

图 3-22　Quartus Ⅱ文本编辑窗口

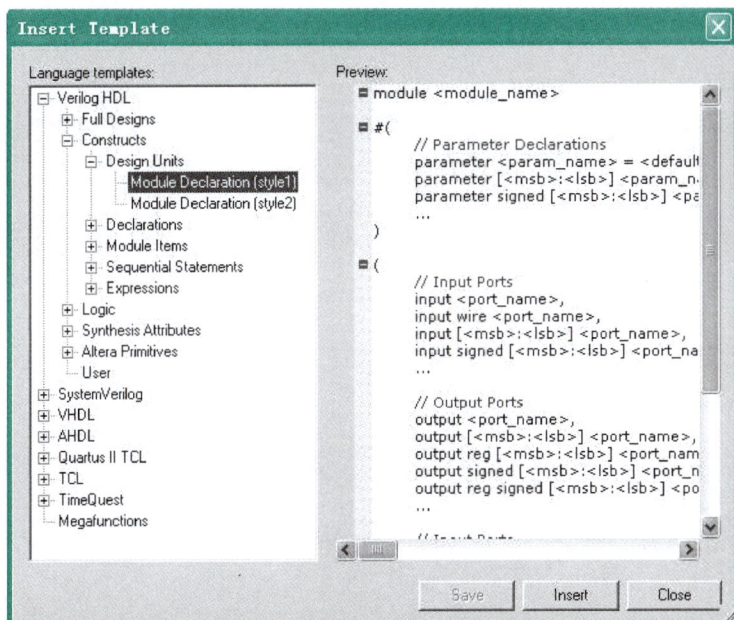

图 3-23　Insert Template 对话框

（3）保存程序

单击 🖫 按钮，弹出"另存为"对话框，在默认情况下"文件名（N）"文本框中的文件名为 bjq，"保存类型（T）"为 ∗.v，选中 Add file to current project 复选框。单击 保存(S) 按钮，完成文件的保存。

图 3-24　表决器的 Verilog HDL 程序代码

3.3.3　编译工程文件

无论是采用原理图输入还是文本输入，在完成输入并保存文件后，即可开始编译。

选择 Processing→Start Compilation 命令或单击工具栏中的编译图标 ▶ 开始编译，伴随着进度不断变化，完成后弹出编译完成提示对话框，单击 确定 按钮，这时编译完成后的各种显示信息如图 3-25 所示，包括警告和错误信息。如果有错误，则根据错误信息进行相应修改，并重新编译，直到没有错误信息为止。

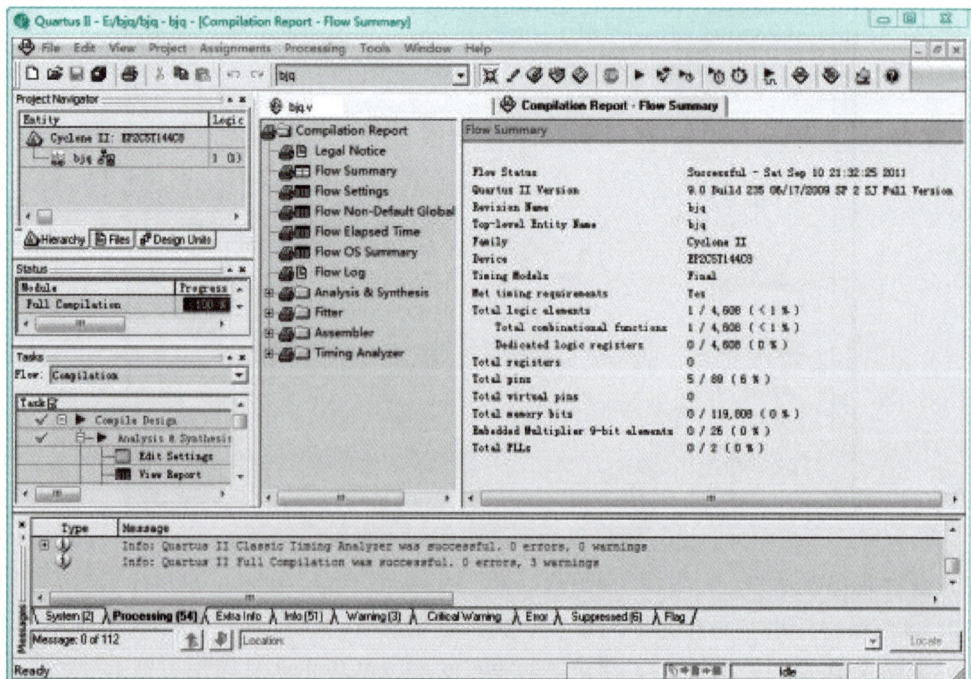

图 3-25　编译结果

3.3.4　建立仿真测试的矢量波形文件

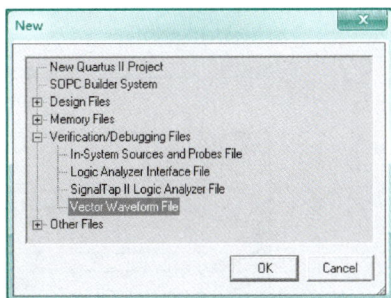

1. 建立波形文件

在图 3-25 中，单击工具栏中的 ⬜ 图标，弹出如图 3-26 所示的 New 对话框。在该对话框中，选择 Vector Waveform File 并单击 ⬜ OK 按钮，弹出如图 3-27 所示的波形编辑窗口。

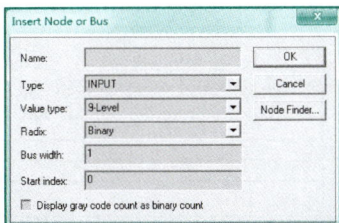

2. 添加引脚和节点

① 在图 3-27 中，在 Name 下方的空白处双击鼠标左键，或选择 Edit→Insert→Insert Node or Bus 命令，弹出如图 3-28 所示的 Insert Node or Bus 对话框。在该对话框中单击 Node Finder... 按钮，弹出如图 3-29 所示的 Node Finder 对话框。

② 在图 3-29 所示对话框中，在 Filter 下拉列表中选择 Pins：all，其他选项保持默认设置，单击 List 按钮，在 Nodes Found 区域会列出设计中的所有引脚，单击 » 按钮，将找到的所有引脚复制到右边的 Selected Nodes 区域中，如图 3-30 所示。

图 3-26　New 对话框

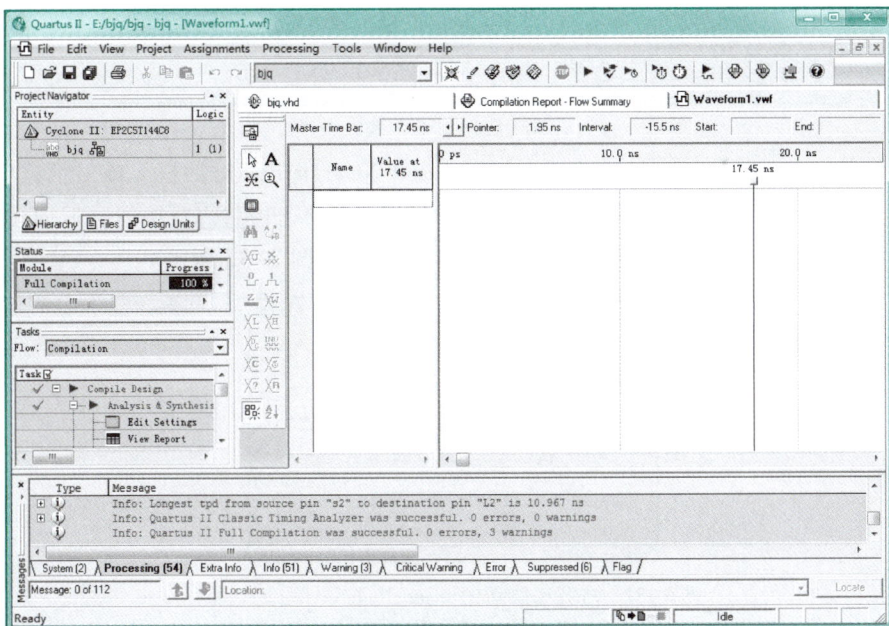

图 3-27　波形编辑窗口

图 3-28　Insert Node or Bus 对话框

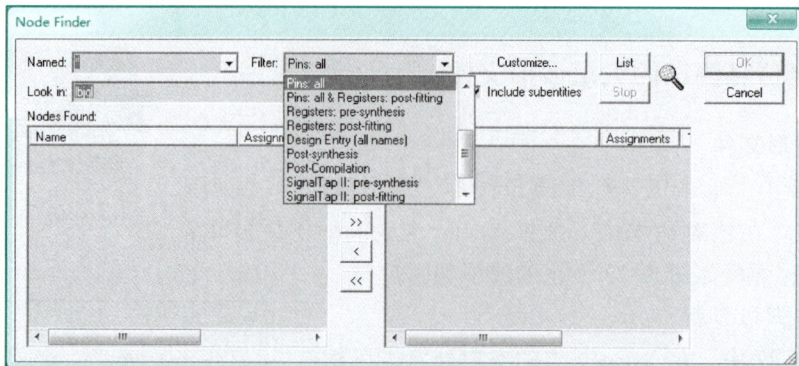

图 3-29　Node Finder 对话框

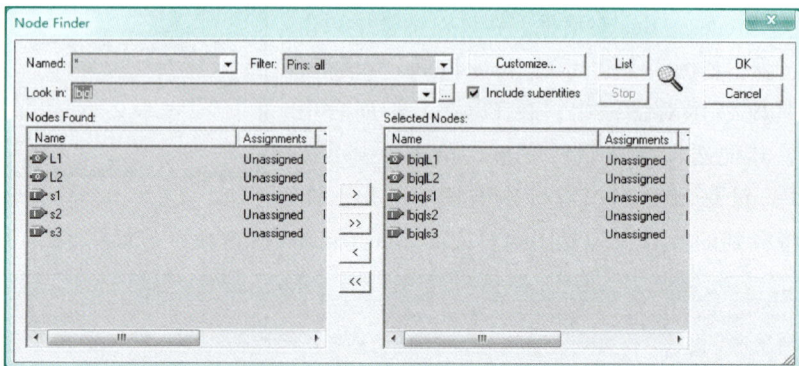

图 3-30　选择输入、输出引脚

③ 在图 3-30 中单击 ⬚OK⬚ 按钮，返回 Insert Node or Bus 对话框。该对话框中的 Name 和 Type 中的内容变化为 Multiple Items，如图 3-31 所示，单击 ⬚OK⬚ 按钮，返回波形编辑窗口，此时选中的输入/输出引脚被添加到波形编辑窗口，如图 3-32 所示。

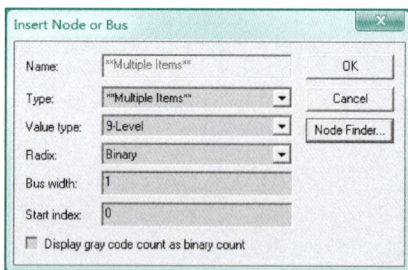

图 3-31　查找引脚后的 Insert Node or Bus 对话框

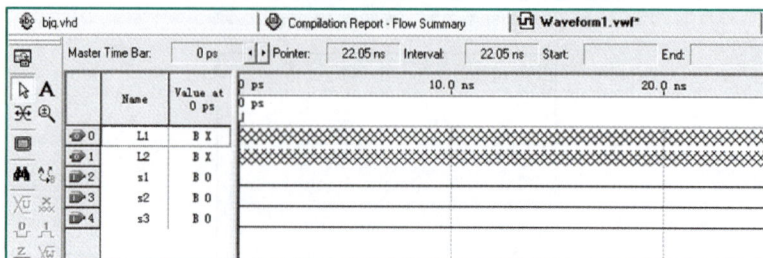

图 3-32　添加引脚后的波形编辑窗口

3. 编辑波形

由于默认波形文件的时间为 1 μs，为便于观察须将仿真波形的时间延长。选择 Edit→End Time 命令，弹出如图 3-33 所示的 End Time 对话框。在 Time 文本框中输入 1.0 s，即设置波形时间长度为 1 s，单击 OK 按钮返回。

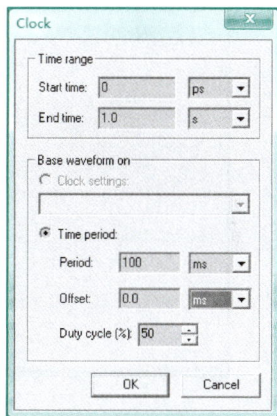

在图 3-32 中单击 Name 下方的 s1，选中该波形并进行编辑。单击波形编辑窗口工具栏中的 按钮，弹出如图 3-34 所示的 Clock 对话框，设置时钟信号的周期、相位和占空比，单击 OK 按钮，返回波形编辑窗口。s1~s3 设置完成后，波形编辑窗口如图 3-35 所示。

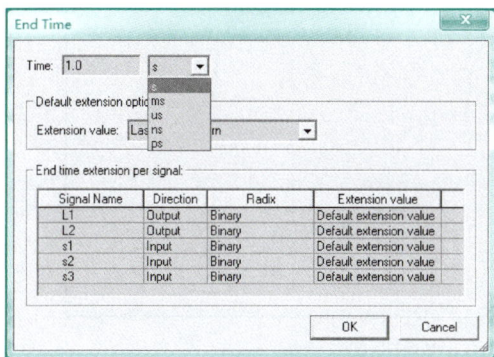

图 3-33　End Time 对话框　　　　　　图 3-34　Clock 对话框

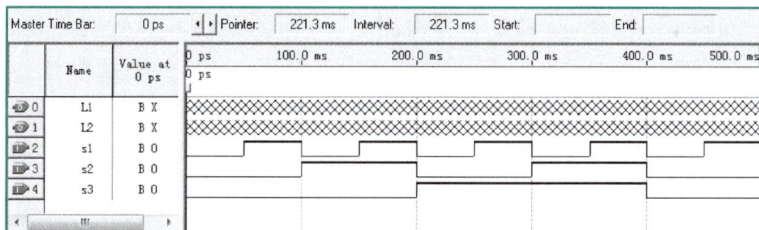

图 3-35　对输入波形进行编辑后的波形编辑窗口

4. 保存波形文件

单击 按钮，弹出 Windows 标准的"另存为"对话框，在默认情况下，"文件名（N）"文本框中为工程文件名 bjq，保存类型为 *.vwf，选中 Add file to current project 复选框。单击 保存(S) 按钮，完成文件的保存。

3.3.5　仿真并观察 RTL 电路

　　　动画
综合和仿真

Quartus Ⅱ 软件的仿真分为功能仿真和时序仿真。功能仿真是忽略延时、按照逻辑关系进行的仿真；而时序仿真则是加上了一些延时的仿真，更接近于实际情况。在实践中先进行功能仿真，验证设计逻辑关系的正确性，然后进行时序仿真，验证设计是否满足要求。

Quartus Ⅱ软件可以仿真整个设计，也可以仿真设计的任何部分。通过使用 Settings 对话框（选择 Assignments→Settings 命令打开）或 Simulator Tool 对话框（选择 Processing→Simulator Tool 命令打开），用户可以指定要执行的仿真类型、仿真所需的时间、向量激励源以及其他选项。

图 3-36 所示为 Quartus Ⅱ 仿真设置对话框。仿真设置主要包括仿真验证设置和仿真输出设置，仿真验证设置主要完成仿真类型选择、仿真输入文件和仿真时间设置等，而仿真输出设置主要包括波形输出、功耗分析输出等。

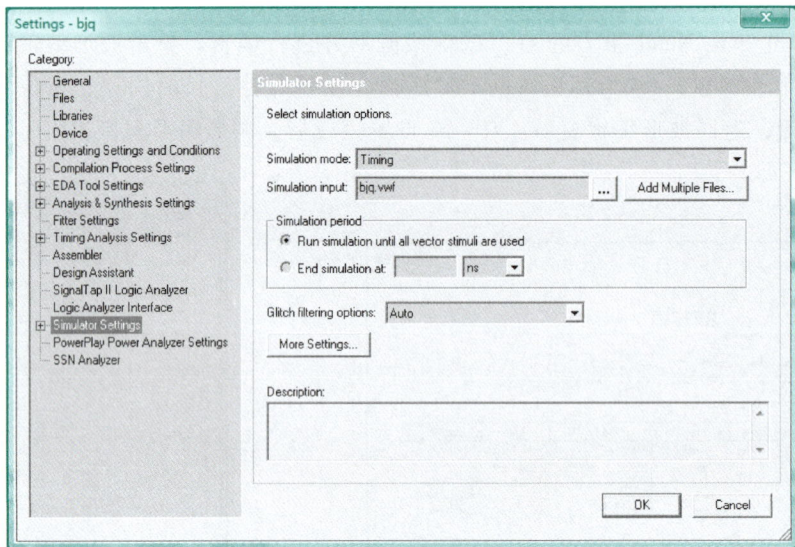

图 3-36　Quartus Ⅱ 仿真设置对话框

1. 功能仿真

① 选择 Assignments→Settings 命令，弹出图 3-36 所示的仿真设置对话框，选择 Simulator Settings 选项后，在右侧 Simulation mode 下拉列表中选择 Function（系统默认为 Timing），其他保持默认设置，单击 OK 按钮设置完成。

② 选择 Processing→Generate Functional Simulation Netlist 命令，自动创建功能仿真网络表，完成后弹出相应的提示框，单击 确定 按钮即可。

③ 单击仿真工具栏中的图标 ，进行功能仿真，仿真结果如图 3-37 所示。从功能仿真结果可以看出，仿真后的波形没有延时，逻辑关系正确。

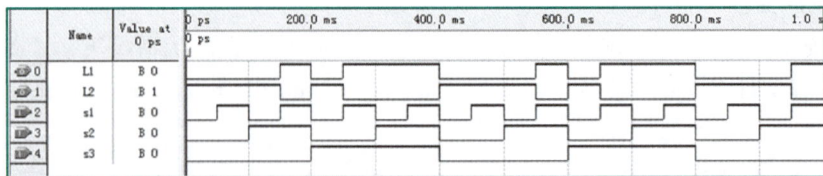

图 3-37　Quartus Ⅱ 中表决器功能仿真结果

2. 时序仿真

① 在图 3-36 中选择 Simulator Settings 选项，在右侧 Simulation mode 下拉列表中选择 Timing（系统默认值），其他保持默认设置，单击 OK 按钮。

② 单击仿真工具栏中的图标 ，进行时序仿真，仿真结果如图 3-38 所示。从时序仿真结果可以看出，仿真后的波形有一定延时（可放大后观察）。

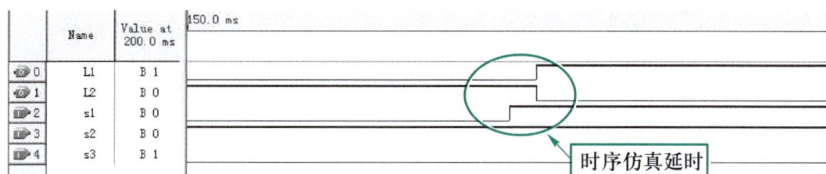

图 3-38　Quartus II 中表决器时序仿真结果

3. 观察 RTL 电路

Quartus II 的 RTL（register transport level，寄存器传输级）阅读器使用户在设计和调试过程中，可以观察自己设计电路的综合结果。观察的对象包括 HDL 设计文件、原理图设计文件和网表文件等对应的 RTL 电路结构。

当设计工程通过编译后，选择 Tools→Netlist Viewers→RTL Viewer 命令，就可以弹出 RTL 阅读器窗口。图 3-39 是用 Verilog HDL 描述的表决器的 RTL 电路，其中右边是观察设计结构的主窗口，包括设计电路的模块和连线等；左边是层次结构列表，在每个层次上以树状形式列出了设计电路的所有单元，如引脚、网线等。

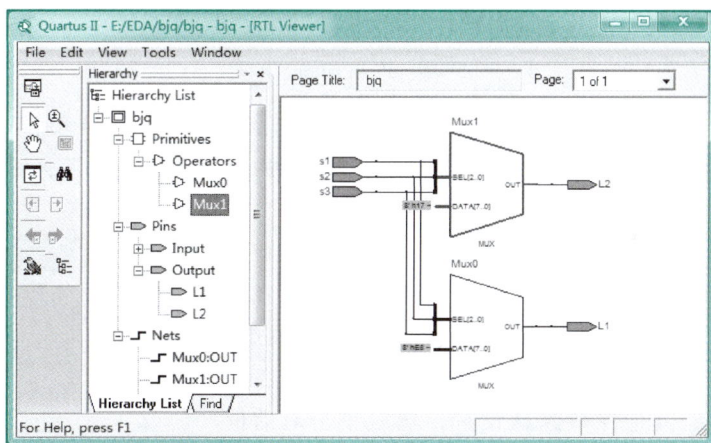

图 3-39　表决器的 RTL 电路

3.3.6　分配引脚

分配引脚是为了对设计进行硬件测试和实际应用，将输入/输出锁定在器件的实际引脚上。

选择 Assignments→Pins 命令或者单击工具栏中的图标 ，会弹出如图 3-40 所示的 Pin Planner 窗口。其中包括器件的封装视图，以不同的颜色和符号表示不同类型的引脚，并以其他符号表示 I/O 块。Pin Planner 窗口中使用的符号与器件系列数据手册中的符号非常相似。窗口中还包括已分配和未分配引脚的列表。

默认状态下，Pin Planner 窗口中会显示：未分配引脚的列表（Unassigned Pins 表），包括节点名称、方向和类型；器件的封装视图；已分配引脚的列表（Assigned Pins 表），包括节点名称、引脚位置和 I/O 块。还可以通过右下方 Filter 下拉列表选择不同的视图，将 Unassigned Pins 表中的一个或多个引脚拖至封装视图中的可用引脚或 I/O 块来进行引脚分配。在 Assigned Pins 表中，可以滤除节点名称，改变 I/O 标准，指定保留引脚的选项。在 Unassigned Pins 表中，对于用户加入节点可以改变节点名称和方向，还可以为保留引脚指定选项。

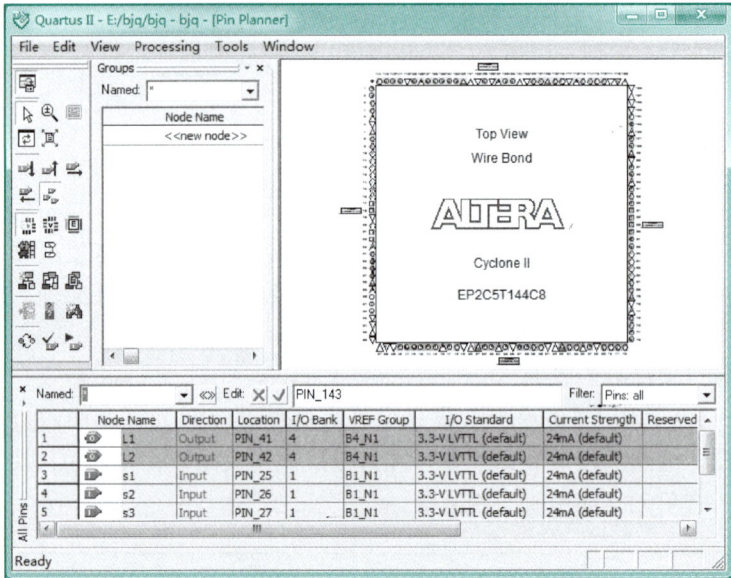

图 3-40　Pin Planner 窗口

在 Pin Planner 窗口中，可以放大或者缩小视图，选择是否显示 I/O 块、VREF 组、可分配 I/O 引脚或者差分引脚对连接等；还可以显示所选引脚的属性和可用资源，以及 Pin Planner 中说明不同颜色和符号的图例。

分配引脚的方法：在图 3-40 的分配引脚列表中，在相应节点名称的 Location 栏中选择相应的引脚编号；或者在器件封装视图需要分配的引脚上双击鼠标左键，会弹出如图 3-41 所示的引脚属性对话框，在 Node name 下拉列表中选择需要的节点名，其他保持默认设置，然后单击对话框中的 OK 按钮完成引脚分配。本例完成引脚分配后，如图 3-40 所示。

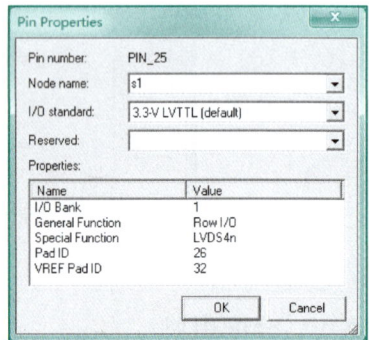

图 3-41　引脚属性对话框

Quartus II 引脚分配的另一种方法是通过 Tcl 脚本实现，方法如下：

① 选择 File→New 命令，或者单击工具栏中的图标 □，弹出 New 对话框，在该对话框中选择 Tcl Script File 并单击 OK 按钮，进入文本编辑窗口。

② 在文本编辑窗口中输入以下脚本代码：

```
set_location_assignment PIN_41-to L1
set_location_assignment PIN_42-to L2
set.location_assignment PIN_25-to s1
set_location_assignment PIN_26-to s2
set_location_assignment PIN_27-to s3
```

③ 单击 💾 按钮，弹出"另存为"对话框，在"文件名（N）"文本框中输入文件名 setup，"保存类型（T）"为 ∗.tcl，选中 Add file to current project 复选框。单击 保存(S) 按钮，完成文件的保存。

④ 单击工具栏中的图标 ▶，开始重新编译工程文件。

⑤ 选择 Tools→Tcl Scripts 命令，弹出如图 3-42 所示的 Tcl Scripts 对话框。在对话框的 Libraries 中选择 setup.tcl 选项，此时 Preview 中会显示整个引脚配置脚本文件，然后单击 Run 按钮，完成引脚的配置。

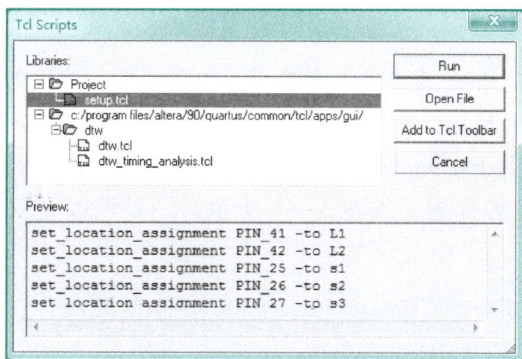

图 3-42　Tcl Scripts 对话框

⑥ 查看引脚分配。选择 Assignments→Pins 或者 Pin Planner 命令，观察弹出的 Pin Planner 窗口可发现与之前介绍的引脚分配方法效果相同，但是这种方法灵活方便，在其他例程中只需修改添加，就可以直接引用。

3.3.7　编程下载与硬件测试

编程下载的目的是将设计所生成的文件通过计算机下载到目标器件，验证设计是否满足要求或者将已完成的设计在实际中应用。使用 Quartus Ⅱ 软件成功编译工程之后，就可以对 Altera 器件进行编程或配置。

Quartus Ⅱ Compiler 的 Assembler 模块生成编程文件，Quartus Ⅱ Programmer 可以用它与 Altera 编程硬件一起对器件进行编程或配置。Assembler 自动将 Fitter 的器件、逻辑单元和引脚分配转换为器件的编程镜像，其形式是目标器件的一个或多个 Programmer Object Files（.pof）或者 SRAM Object Files（.sof）。

编程下载的操作步骤如下：

1. 再编译

完成引脚分配以后，必须再次执行编译命令，这样才能保证存储这些引脚的锁定信息。单击工具栏中的编译图标 ▶ 开始编译，编译完成后弹出编译完成信息对话框，单击 确定 按钮，这时会显示编译完成后的各种信息。如果有错误信息，则根据错误信息进行相应修改，并重新编译，直到没有错误信息为止。

2. 连接下载电缆

CPLD/FPGA 的下载和配置需要使用专用的下载电缆。下载电缆主要有以下 5 种：

（1）ByteBlaster MV 下载电缆

（2）ByteBlaster Ⅱ 下载电缆

（3） USB–Blaster 下载电缆

（4） MasterBlaster（USB 口/串口）下载电缆

（5） EthernetBlaster 下载电缆

这里以常用的 USB–Blaster 下载电缆为例。将 USB–Blaster 下载电缆的一端连接到 PC 的 USB 口，另一端连接到 FPGA 目标板的 JTAG 口，接通目标板的电源。

注意：如果是第一次使用 USB–Blaster 下载电缆，则需要安装相应的驱动程序。驱动程序位于 Quartus Ⅱ 的安装文件夹 "…\altera\90\quartus\drivers\usb–blaster" 中。

3. 配置下载电缆

选择 Tools→Programmer 命令或者单击工具栏中的图标 🖉，弹出如图 3–43 所示的窗口。在该窗口中，单击 🏿 Hardware Setup... 按钮，弹出如图 3–44 所示的硬件设置对话框。单击 Hardware Settings 标签，在 Currently selected hardware 下拉列表中选择 USB–Blaster［USB–0］，然后单击 Close 按钮，完成下载电缆配置，如图 3–45 所示。一旦配置完成，只要不更换下载电缆，便无须重新配置。

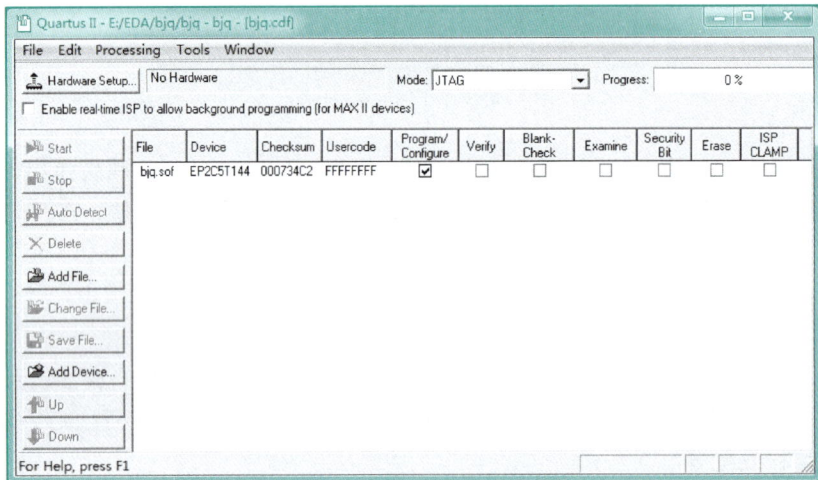

图 3–43   编程配置下载窗口

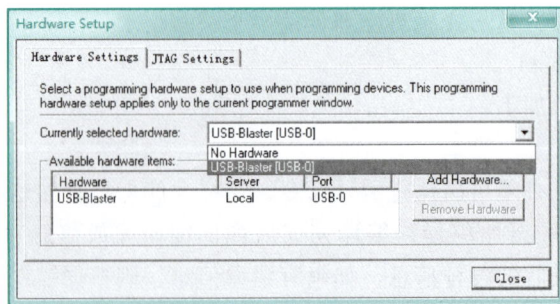

图 3–44   硬件设置对话框

4. 配置文件下载

在图 3–45 的 Mode 下拉列表中选择 JTAG，单击鼠标左键选中下载文件 bjq. sof 右侧的第一个小方框，确保下载电缆连接正常，打开目标板的电源，单击 🖣 Start 按钮，编程下载开始，直到下载进度为100％，表示下载完成，如图3-46所示。

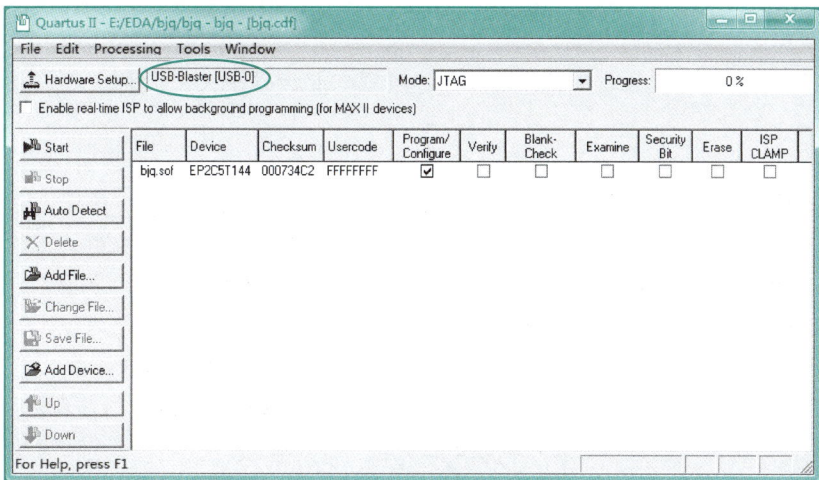

图3-45　配置完成

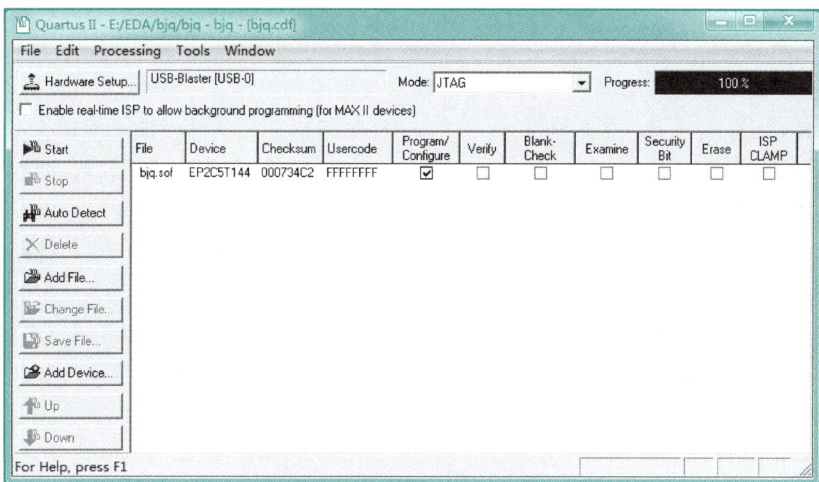

图3-46　JTAG模式下载完成

5. 硬件测试

按动代表表决按钮s_1、s_2、s_3的按键，观察代表表决结果的小灯（发光二极管）L_1、L_2，发现只有两个以上的按键为高电平时小灯L_1点亮，L_2熄灭，证明该电路符合设计要求。

项目小结

主要学习EDA开发工具Quartus Ⅱ软件的操作。首先了解新版Quartus Ⅱ软件的功能特点及Quartus Ⅱ的开发流程，然后通过一个简单的工程实例——3人表决器的设计过程实践基于Quartus Ⅱ的完整开发流程，从整体上掌握EDA设计的基本流程，包括设计输入、设计编译、设计仿真、引脚锁定、编程配置和测试验证等步骤。

思考练习

1. 填空题

(1) 在 Quartus Ⅱ 中，为一项工程建立的、放置与此工程相关的所有文件的文件夹将被默认为_____。

(2) 在保存 .vhd 文件时，保存的文件名应与_____一致。

(3) 将 VHDL 文件加入工程的方法有两种：一种方法是单击_____按钮，添加文件夹中的所有 VHDL 文件；另一种方法是单击_____按钮，添加选择的 VHDL 文件。

(4) 在 Quartus Ⅱ 中工程通过编译后可以进行_____仿真和_____仿真。

(5) Quartus Ⅱ 支持的编辑方式有_____、_____、_____和_____。

(6) 指定设计电路的输入/输出端口与目标芯片引脚的连接关系的过程称为_____。

(7) 在完成设计电路端口与目标芯片引脚的锁定后，再次对电路进行的仿真称为_____。

(8) Quartus Ⅱ 编译器支持的硬件描述语言有_____、_____和_____等。

2. 选择题

(1) Quartus Ⅱ 是 (   )。

A. 高级语言　　　　　　　　　　　　B. 硬件描述语言

C. EDA 工具软件　　　　　　　　　　D. 综合软件

(2) 在使用 Quartus Ⅱ 工具软件实现文本输入时应采用 (   ) 方式。

A. 图形编辑　　　　B. 文本编辑　　　　C. 符号编辑　　　　D. 波形编辑

(3) 执行 Quartus Ⅱ 的 (   ) 命令，可以对设计电路进行功能仿真或时序仿真。

A. Create Default Symbol　　　　　　B. Simulator

C. Compiler　　　　　　　　　　　　D. Timing Analyzer

(4) Quartus Ⅱ 的图形设计文件类型是 (   )。

A. . scf　　　　　　B. . gdf　　　　　　C. . vhd　　　　　　D. . v

(5) 如果要选择配置器件的编程配置方式，则应该在 Device and Pin Options 对话框中选择 (   ) 选项卡。

A. Configuration　　B. General　　C. Unused Pin　　D. Voltage

(6) 在编辑仿真波形文件时，下列按钮中 (   ) 可以逐个添加输入信号节点。

A. >　　　　　　　B. <　　　　　　　C. >>　　　　　　　D. <<

3. 简答题

(1) 说明原理图输入法设计电路的详细流程。

(2) 指出功能仿真和时序仿真的区别。

(3) 用原理图输入法设计八进制的加法计数器。

(4) 用文本输入法设计 4 变量的多数表决器。

实训任务

1. 下载 Quartus Ⅱ 网络版并上机练习安装、加载授权文件，熟悉 Quartus Ⅱ 的界面。

2. 参照 3.3 节通过 Quartus Ⅱ 设计实现 3 人表决器，并下载到 CPLD/FPGA 芯片中，在实验开发系统上进行测试验证。

项目 4 学习Verilog HDL语言

Verilog HDL 语言是利用 EDA 进行电子设计的主流描述语言之一，本项目重点要学生通过基础实例，掌握工程设计中 Verilog HDL 的程序结构、语言要素、描述语句、描述风格和设计方法。

4.1 了解 Verilog HDL 语言

4.1.1 分析 Verilog HDL 实例

下面介绍一个典型的 Verilog HDL 设计实例——2 选 1 数据选择器，其电路模型或元件如图 4-1 所示，其中 a 和 b 分别是两个数据输入端的端口名，s 为通道选择控制信号输入端的端口名，y 为输出端的端口名，"mux21" 是设计者为此器件所取的名字。器件的逻辑功能可表述为：若 s = 0，则 y = a；若 s = 1，则 y = b。该器件可用例 4-1 的 Verilog HDL 程序来描述。

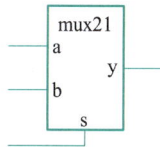

图 4-1　2 选 1 数据选择器

【例 4-1】　用 Verilog HDL 描述 2 选 1 数据选择器。

```verilog
module MUX21(out,a,b,s);
input a,b,s;
output out;
assign out = (s = =0)? a:b;      //持续赋值,如果 s 为 0,则 out=a;否则 out=b
endmodule
```

该器件也可用例 4-2 的 VHDL 程序来描述。

【例 4-2】　用 VHDL 描述 2 选 1 数据选择器。

```vhdl
LIBRARY IEEE;
USE IEEE. STD_LOGIC_1164. ALL;

ENTITY mux21 IS
  PORT (a,b:IN STD_LOGIC;
        s:IN STD_LOGIC;
        y:OUT STD_LOGIC);
END mux21;

ARCHITECTURE rtl OF mux21 IS
BEGIN
  y<=a WHEN s ='0' ELSE
```

```
        b;
END ARCHITECTURE rtl;
```

与 VHDL 相比，Verilog HDL 是一种非常容易掌握的硬件描述语言，只要具有 C 语言的编程基础加上一段时间的实际操作一般可以比较轻松地掌握这种设计方法的基本技术。而 VHDL 设计技术相对而言掌握难度比较大。

4.1.2　HDL 优点

HDL 不仅具有与具体硬件电路和设计平台无关的特性，还具有良好的电路行为描述和系统描述的能力，在语言易读性和层次化结构化设计方面表现出了强大的生命力和应用潜力。因此采用包括 VHDL 和 Verilog HDL 在内的 HDL 进行硬件系统与电路设计，具有如下优点：

① HDL 具有很强的电路描述和建模能力。它支持门级电路的描述，也支持以寄存器、存储器、总线及运算单元等构成的寄存器传输级电路的描述，还支持以行为和结构的混合描述为对象的系统级电路的描述，从而大大简化了硬件设计任务，提高了设计的效率和可靠性。

② HDL 有良好的可读性。它不但可以被计算机接受，也容易被读者理解。用 Verilog HDL 书写的源程序文件，既是程序又是文档，既可作为工程技术人员之间交换信息的文件，又可作为合同签约的文件。

③ HDL 能形式化地抽象表示电路的行为和结构，支持逻辑设计中层次与范围的描述，可借用高级语言的精巧结构来简化电路行为的描述，具有电路仿真与验证机制以保证设计的正确性，支持电路描述由高层到低层的综合转换，硬件描述与实现工艺无关（有关工艺参数可通过语言提供的属性包括进去），便于文档管理，易于理解和设计重用。

④ 在两种符合 IEEE 标准的硬件描述语言中，Verilog HDL 与 VHDL 相比更加基础、更易学习。Verilog HDL 适用于复杂数字逻辑电路和系统的总体仿真、子系统仿真和具体电路综合等各个设计阶段。

教学课件
Verilog HDL 层次化设计

4.1.3　Verilog HDL 设计方法的优势

几十年前，复杂数字逻辑电路及系统的设计规模比较小也比较简单，其所用到的 FPGA 或者 ASIC 工作往往还能采用厂家提供的专用电路图输入工具来实现，设计人员必须花费大量时间进行手工布线与设计修改，这将耗费大量的人力，并且开发周期长。当采用 Verilog HDL 设计输入方法后，基于 Verilog HDL 的标准化以及强大的电路描述和建模能力，设计人员可以大大提高设计效率，并且可以把完成的设计移植到不同厂家的不同芯片中去，还可以针对不同规模的应用进行修改，例如可以很容易地修改信号位数。例 4-3 给出 4 位加法器描述。

【例 4-3】　用 Verilog HDL 数据流描述构建 4 位加法器。

教学课件
4位全加器的设计

```
module adder_4
    (
        input [3:0] a,
        input [3:0] b,
        input       cin,
        output [3:0] sum,
        output      cout
```

```
    );

    assign {cout,sum}=a+b+cin;  //直接用'+'操作符对 a,b,cin 进行加运算
endmodule
```

使用加法运算时，赋值语句左边变量的位宽一般比右边表达式操作数的位宽多 1 位。这个多出的 1 位用来存储加法运算的进位值。如例 4-3 中，对 4 位宽的操作数 a、b 进行加法运算，其结果被存储到左边变量的低 4 位，即 sum 信号中，而进位值被赋值给左边变量的第 5 位，即 cout 信号。构建更高位宽的加法器，只需要扩大赋值语句左、右变量的位宽即可，见例 4-4。显然，这对于原理图输入方法而言所增加的工作量是很大的。

【例 4-4】 用 Verilog HDL 数据流描述构建 16 位加法器。

```
module adder_16
    (
        input [15:0] a,
        input [15:0] b,
        input       cin,
        output [15:0] sum,
        output       cout
    );

    assign {cout,sum}=a+b+cin;

endmodule
```

4.2 认识 Verilog HDL 模块结构

微课
Verilog HDL模块
的结构

"模块"是 Verilog HDL 设计中的一个基本组成单元，一个设计是由一个或多个模块组成。一个模块的代码主要由下面几个部分构成：模块名定义、端口定义和逻辑功能描述。一个模块通常就是一个电路单元器件，如图 4-2 所示。

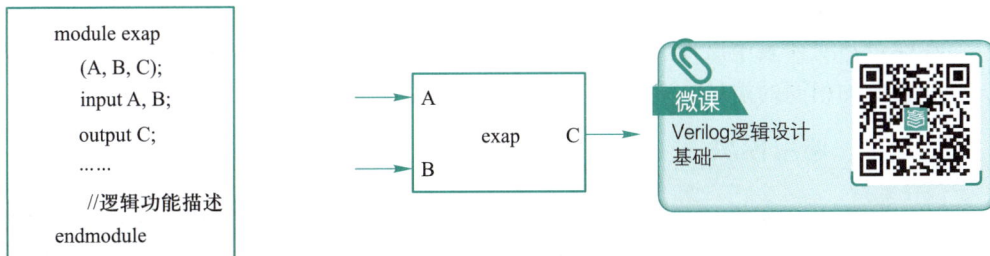

```
module exap
(A, B, C);
input A, B;
output C;
......
//逻辑功能描述
endmodule
```

微课
Verilog逻辑设计
基础一

图 4-2　Verilog HDL 模块与端口的对应

图 4-2 所示代码定义了一个名为 exap 的电路器件。代码中用关键字 module 定义了模块的名字，然后用括号列出了该模块的端口。在模块名定义的后面，分别用 input 和 output 关键字

指定端口的方向。端口定义完成后，给出描述该模块功能的代码，最后用关键字 endmodule 来结束该模块的描述。上述代码描述的电路实际上对应于实际硬件中的一个功能模块，该模块有两个输入端口 A 和 B，以及一个输出端口 C。通过对该模块的端口进行连线，可以将这个模块与其他的模块连接在一起，形成功能更复杂的电路。

4.2.1　定义模块

定义模块要使用关键字 module 和 endmodule，其语法格式为：

```
module 模块名(端口声明列表);
端口定义
逻辑功能描述
endmodule
```

模块名在一个设计中必须是唯一的，用以区别其他模块。对于模块的描述都必须写在关键字 module 和 endmodule 之间，且不允许模块中嵌套定义另外的模块。

教学课件
模块和端口

动画
模块和端口

模块中的逻辑功能描述主要由五个部分组成：变量声明、数据流描述语句、门级实例化描述语句、行为描述语句以及任务和函数。上述各个部分的描述可以以任意顺序出现，但是需要注意的是，虽然变量声明可以出现在任何位置，但是必须在该变量使用之前做声明。

4.2.2　定义端口

在 Verilog HDL 中定义端口有两种风格：普通风格和 ANSI C 风格。

用普通风格定义模块的端口，首先在模块名后面的端口声明列表中把所有的输入/输出端口列举出来（如果一个模块和外部没有任何连接关系，则可以没有端口声明列表，直接输入空括号就可以了），例如：

```
module     模块名 (端口名1,端口名2,…);
```

然后接下来需要对输入/输出端口进行定义,例如:

```
input      [位宽-1:0]  端口名1,端口名2;
output     [位宽-1:0]  端口名3;
inout      [位宽-1:0]  端口名4;
```

定义端口时使用关键字 input、output 和 inout 来分别指定该端口的方向为输入、输出或者双向。后面是可选的用中括号指定位宽的语句，然后是端口的名字。进行定义的端口必须首先在端口声明列表中出现过，否则视为语法错误。端口定义的一行可以定义多个输入/输出方向和位宽均相同的端口，多个端口的端口名用逗号隔开。

4.2.3　调用模块

如图 4-3 所示，定义好的模块可以看作是一个模板，使用这个模板可以创建一个对应的实际对象。当一个模块被调用时，Verilog HDL 可以根据模板创建一个唯一的模块对象，每个对象都有自己的名字、参数、端口连接关系等。使用定义好的模块模板创建对象的过程称为实例化（instantiation），创建的对象称为实例（instance）。

定义4位加法器模块

定义好的1位加法器的模板

```
module adder_1
    (i_A, i_B, i_Cin,
     o_S, o_Cout);
...
endmodule
```

u_fadder_1_1

u_fadder_1_2

实例化引用

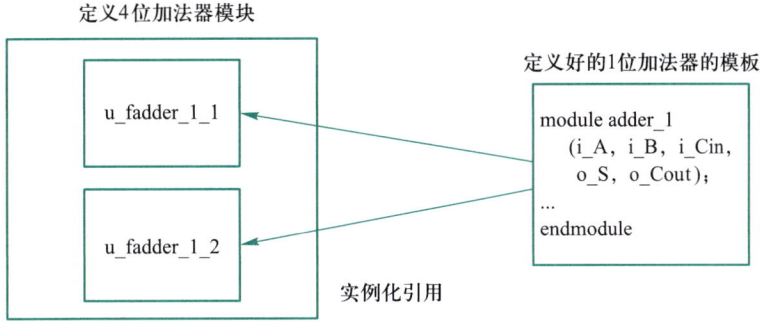

图 4-3　模块实例化示意图

【例 4-5】　利用 Verilog HDL 和层次化设计方法来设计一个 2 位全加器电路（2 位全加器由 2 个 1 位全加器构成）。

```
module fadder_2
    (
    i_A,
    i_B,
    i_Cin,
    o_S,
    o_Cout
);
    input  [1:0] i_A,i_B;          //输入端口 i_A,i_B
    input        i_Cin;            //输出端口 i_Cin
    output [1:0] o_S;              //输出端口 o_S
    output       o_Cout;          //输出端口 o_Cout
    wire         Cout_1;           //wire 型数据 Cout_1
    //实例化 2 个 1 位全加器
    fadder_1 u_fadder_1_1
    (
        .i_A(i_A[0]),
        .i_B(i_B[0]),
        .i_Cin(i_Cin),
        .o_S(o_S[0]),
        .o_Cout(Cout_1)
    );
    fadder_1 u_fadder_1_2
    (
        .i_A(i_A[1]),
        .i_B(i_B[1]),
        .i_Cin(Cout_1),
        .o_S(o_S[1]),
```

动画
半加器工作

动画
调用半加器实现全加器

动画
实例化调用机制

动画
模块实例化

```
        .o_Cout(o_Cout)
    );
  endmodule
//定义 1 个 1 位全加器
module fadder_1
    (
        i_A,
        i_B,
        i_Cin,
        o_S,
        o_Cout
    );
    input    i_A,i_B;        //输入端口 i_A,i_B
    input    i_Cin;          //输入端口 i_Cin
    output   o_S,o_Cout;     //输出端口 o_S,o_Cout
    //计算结果值:o_S=i_A ⊕ i_B ⊕ i_Cin
    assign   o_S=i_A ^ i_B ^ i_Cin;
    //计算进位值:o_Cout = (i_A ⊕ i_B)i_Cin+(i_A)(i_B)
    assign   o_Cout = (i_A ^ i_B) & i_Cin | i_A & i_B;
endmodule
```

微课
采用两种不同的设计方法设计全加器

动画
4位串行进位加法器工作过程

例 4-5 描述了一个 2 位二进制全加器，模块名为 fadder_ 2。而此 2 位全加器是通过调用 2 个 1 位全加器串联而成，以此类推很容易实现 4 位、8 位等全加器。可见设计成功一个单元电路后可以通过实例化调用多个该单元来实现更为复杂的电路系统，但是要注意的是，每个被调用的单元必须有一个唯一的名字，例如在例 4-5 中 2 个被调用单元的实例名分别是 "u_fadder_1_1" 和 "u_fadder_1_2"。

4.3 测试 Verilog HDL 模块

通常一个完整的 Verilog HDL 系统设计还应该包括测试模块。必须对设计进行全面测试以验证其功能正确与否，以便在进行芯片生产前及时发现问题并修改。在设计数字电路系统时，通常将测试模块和功能模块分开设计，其中测试模块也称测试台（testbench）。测试台同样可以用 Verilog HDL 来描述，这使得系统测试更容易。

微课
测试平台的工作原理

4.3.1 Verilog HDL 测试台的工作原理

微课
如何编写testbench

如图 4-4 所示，测试台是通过对设计部分施加激励，然后检查其输出正确与否来完成功能验证的。通过观测被测模块的输出信号

是否符合功能设计要求，就可以调试和验证数字系统的设计是否正确，如果发现问题则修改设计。

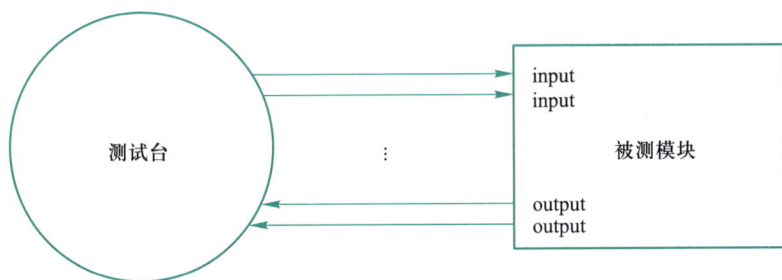

图 4-4 测试台工作原理

4.3.2 Verilog HDL 测试台实例

【例 4-6】 为例 4-1 中的 2 选 1 数据选择器 Verilog HDL 模块编写一个 testbench 文件。

```
`timescale 1ns/1ns
module mux_tp;
reg a,b,sel;
wire out;
    MUX21 m1(out,a,b,sel);                       //调用被测模块
    initial
    begin

        a=1'b0; b=1'b0; sel=1'b0;
    #5    sel=1'b1;
    #5  a=1'b1; sel=1'b0;
    #5    sel=1'b1;
    #5  a=1'b0; b=1'b1; sel=1'b0;
    #5    sel=1'b1;
    #5  a=1'b1; b=1'b1; sel=1'b0;
    #5    sel=1'b1;
    end
    initial $monitor($time,,,"a=%b b=%b sel=%b out=%b",a,b,sel,
out);
    endmodule
```

可见被测模块和测试台均是利用 Verilog HDL 编写的程序文件。

在例 4-6 中通过一条实例化调用语句 "MUX21 m1(out,a,b,sel);" 将被测模块 MUX21 调用到测试台中，initial 语句引导一个 begin—end 串行块，在串行块中为变量 a、b 和 sel 施加激励信号，被测模块的输出信号送入变量 out 中，a、b、sel 和 out 均被 $monitor 函数监视、输出。

4.3.3　仿真

如图 4-5 所示，Verilog HDL 编程与传统高级语言（如 C 语言）编程的不同之处在于，Verilog HDL 代码通常分别用于仿真和综合两个部分。仿真是指利用仿真工具，在 PC 上对 Verilog HDL 代码所描述的电路功能进行验证。仿真是完全在 PC 上进行的，通过软件完成。仿真工具提供很多功能强大的调试功能，如查看波形等，可以帮助设计者方便快捷地查找设计中的错误。

常见的仿真软件 ModelSim 是 Mentor 公司开发的，它支持 VHDL 和 Verilog HDL 以及它们的混合仿真，因此可以用例 4-6 所提供的测试文件代码对例 4-2 进行仿真测试。ModelSim 可以将整个程序分步执行，使设计者直接看到程序下一步要执行的语句，从而做到对程序的单步调试，极大地方便了程序员。ModelSim 因其强大的仿真功能而成为业界最通用的仿真器之一。

此外，值得注意的是，ModelSim 提供了几种不同的版本：SE、PE 和 OEM。其中集成在 Altera、Xilinx 和 Actel 等 FPGA 厂商设计工具中的均为 OEM 版本。

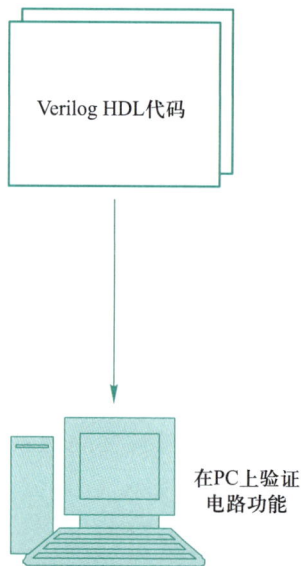

图 4-5　仿真示意图

利用 ModelSim 可以对设计模块进行功能仿真和时序仿真，其中功能仿真仅仅验证设计模块的基本逻辑功能，属于最基本的验证，其不需要布局布线后产生的时序信息；时序仿真又称后仿真，是对设计模块进行综合、布局布线后进行的仿真，其除了功能仿真时需要的文件以外，还需要网表文件和包含延时信息的文件。

利用 ModelSim 进行时序仿真时，需要综合、布局布线后产生的网表文件，测试激励文件，元件库以及时延信息的反标文件（通常为 sdf 文件）。对 Xilinx ISE 做相应设置后，这些文件通常可以在对设计模块进行编译的过程中自动生成。将这些文件导入 ModelSim 中后即可对设计模块进行时序仿真。

教学课件
Verilog HDL 基本
语法—数据类型

4.4　认识 Verilog HDL 数据类型及常量与变量

Verilog HDL 中有两大数据类型：线网类型和寄存器类型。

线网（net），表示 Verilog HDL 结构化元件之间的物理连线。除了 trireg 类型以外，所有的线网类型都不能存储数据值。线网的值由驱动源的值决定，比如与之相连的连续赋值操作或者一个门的输出。如果一个线网没有驱动源，则其默认值为 z。

寄存器（register），表示一个抽象的数据存储单元。它的值从一条赋值语句保存到下一条赋值语句，并且只能在 always 语句和 initial 语句中被赋值，其默认值为 x。

需要注意的是：自 1984 年 Verilog HDL 诞生以来，register 一词一直用来描述 Verilog HDL 中变量的一种类型。register 并不是一个关键词，只是一个数据类型（reg、integer、time、real 和 realtime）的名称。由于 register 容易与硬件中的寄存器（flip-flop）概念相混淆，因此 IEEE

1364—2001 Verilog HDL 参考手册中将 register 改为 variable。

Verilog HDL 中有常量和变量之分，常量和变量分别属于以上这些数据类型。

4.4.1 认识常量

顾名思义，常量是在程序运行过程中其值不能改变的量，以下对所使用的数字及其表达形式进行介绍。

1. x 和 z 值

Verilog HDL 中除 0 和 1 外，还有以下两种基本值：

x：逻辑值未知。

z：高阻。

其中，x 和 z 是不区分大小写的。

2. 整数

整数型常量有以下四种进制表现方式：二进制整数（b 或 B）；十进制整数（d 或 D）；十六进制整数（h 或 H）；八进制整数（o 或 O），其一般书写格式为：

［位宽］'［进制］［数值］

其中，位宽和进制均可缺省，但是不推荐这样写。双斜杠后给出明确的指定位宽和进制，使代码一目了然。若忽略进制，则默认为十进制数。例如：

```
4'b0010      //位宽为 4 的二进制数
3'B010       //位宽为 3 的二进制数,指定进制用大小写 b 均可
8'd100       //位宽为 8 的十进制数
8'h55        //位宽为 8 的十六进制数
5'o28        //位宽为 5 的八进制数
18           //十进制数
```

若要表示一个负数，则在数字前面加上负号"-"，但必须写在最前面。例如：

```
-8'd8        //十进制数 8 的补码(位宽为 8 的二进制数),表示负数
8'd-8        //非法数字
```

3. 参数

Verilog HDL 用参数来定义常量，用 parameter 定义一个标识符代表一个常量，称为符号常量，显然这是一种标识符形式的常量。

【例 4-7】 用 parameter 定义一个标识符符号常量。

```
'timescale 10ns/1ns
    module wave1;
    reg wave;
    parameter cycle=10;
    initial
      begin
            wave=0;
    #(cycle/2)  wave=1;
    #(cycle/2)  wave=0;
```

```
        #(cycle/2)  wave=1;
        #(cycle/2)  wave=0;
        #(cycle/2)  wave=1;
        #(cycle/2)  $finish;
    end
initial $monitor($time,,,"wave=%b",wave);
endmodule
```

例 4-7 中采用标识符 cycle 代表一个常量，能提高程序的可读性和可维护性，通过修改"parameter cycle=10;"中的数值可以实现调整测试波形周期的功能。

4.4.2　认识变量

变量是在程序运行过程中其值可以发生改变的量，以下对变量最常见的两种数据类型进行介绍。

1. 线网型

线网型分为很多种，其中以 wire 型及 tri 型最为常见。

wire 型的线网和 tri 型的线网在语法上是完全一样的。tri 型的线网可用于描述拥有多个驱动信号源的线网。

Verilog HDL 中输入/输出信号类型默认为 wire 型，wire 型信号可以是任何方程式的输入，作为输出信号时，最常见的是作连续赋值 assign 语句的输出，例如在例 4-8 中输出端口 sum 和 cout 默认为 wire 型，作为连续赋值语句"assign{cout,sum}=a+b+cin;"的输出。

【例 4-8】　用 Verilog HDL 数据流描述构建 4 位加法器。

```
module adder_4
    (
        input [3:0] a,
        input [3:0] b,
        input       cin,
        output [3:0] sum,
        output       cout
    );
    assign {cout,sum}=a+b+cin;
    //直接用'+'操作符对 a,b,cin 进行加运算


endmodule
```

2. reg 型

reg 型是 Verilog HDL 设计中最重要也最常见的一种类型。其表示一个抽象的数据存储单元，变量的值从一条赋值语句保持到下一条赋值语句。声明格式为：

reg［signed］［位宽］数据名 a,数据名 b,…,数据名 z;

其中，［signed］表示数值为有符号数（以二进制补码形式保存），省略时则表示变量被声明为

无符号数。例如：

```
reg reset;                    //1 位的寄存器 reset
reg [7:0] data;               //8 位的寄存器 data
reg signed [7:0] datain;      //8 位的有符号数寄存器 datain
```

reg 型数据的初始值（默认值）是 x。

所有在 always 和 initial 模块中被赋值的信号都必须是 reg 型。虽然 reg 型变量称为寄存器型变量，但并不意味着用 reg 型变量描述的电路一定会生成一个寄存器（flip-flop），对此问题，本节开始部分也有阐述。

当然 reg 型变量可以用来描述和生成时序逻辑电路，但是 reg 型变量也可以用来描述和生成组合逻辑电路。

【例 4-9】 利用 reg 型变量描述一个时序逻辑电路。

```
module DFF(Q,D,CLK);
output Q;
input D,CLK;

reg Q;
always @ (posedge CLK)
    begin
    Q <=D;
    end
endmodule
```

【例 4-10】 利用 reg 型变量描述一个组合逻辑电路。

```
module MUX21_2(out,a,b,sel);
input a,b,sel;
    output out;
    reg out;
    always@ (a or b or sel)
      begin
        if(sel==0) out=a;                //阻塞赋值
        else out=b;
      end
    endmodule
```

例如，在例 4-9 中 Q 被定义为一个 reg 型变量，而在例 4-10 中 out 也被定义为一个 reg 型变量，但是前者所生成的是时序逻辑电路 D 触发器，而后者所生成的是组合逻辑电路 2 选 1 数据选择器，这可以利用 EDA 工具中的网表查看功能进行求证，读者可以自行验证。

此外，Verilog HDL 中可以通过对 reg 型变量建立数组来对存储器建模，即 memory 型数据。其格式为：

```
reg   [n-1:0]存储器名  [m-1:0];
```

其中，m 定义了该存储器中存储单元的个数，而 n 定义了存储单元的大小。

3. reg 型和 wire 型的区别

reg 型是变量类型数据，wire 型是线网类型数据。reg 型变量只能在 always 和 initial 语句中赋值，而 wire 型线网只能用连续赋值语句赋值或者通过模块实例的输出端口赋值。在初始化以后，reg 型变量值为 x，而 wire 型线网的值为 z。wire 型线网可以被赋给强度值，但 reg 型变量不能。

教学课件
Verilog HDL基本
语法—表达式

4.5 ▶ 熟悉 Verilog HDL 操作符及表达式

表达式由操作数和操作符组成，用于根据操作符的意义计算出一个结果值。表达式在 Verilog HDL 设计中通常出现在赋值语句的等号右边，用来计算一个结果值并赋值给等号左边的变量。

4.5.1   了解操作数

操作数包含多种数据类型，但是某些语法结构要求特定类型的操作数。操作数通常可以是常数、整数、实数、wire 型变量、reg 型变量、time 型变量、参数、存储器、位选（向量 wire 或 reg 型数据的其中一位）、域选（向量 wire 或 reg 型数据的其中一组选定的位）、函数调用等。

4.5.2   了解操作符

Verilog HDL 中提供了类型众多的操作符。这些操作符大多和 C 语言中的操作符颇为相似。这些操作符按不同的意义可以分为算术、逻辑、关系、相等、按位、缩减、移位、拼接、条件几种类型。

1. 算术操作符

算术操作符按操作数个数可以分为双目操作符和单目操作符。

双目操作符对两个操作数进行算术运算，包括：

$$*（乘），/（除），+（加），-（减），**（求幂），\%（取模）$$

例如：

```
2 * 4    //等于8
9/2      //等于4,余数取整
1 +1     //等于2
7 - 3    //等于4
2 * * 3  //等于8
-9 % 4   //等于-1
9 % -4   //等于1,注意,取模运算取第一个操作数的符号
```

单目操作符包括+和-。这个时候它们表示操作数的正负，如：+2，-3。

注意：符号数与无符号数

一个表达式中如果既有符号数又有无符号数，则需要特别注意运算结果。因为只要其中一个操作数为无符号数，那么其他所有操作数也将被当作无符号数进行运算并且得到一个无符号数的运算结果。如果要进行有符号数的运算，则每一个操作数都必须为有符号数（其中无符号数可通过调用系统函数 $signed 转换为有符号数进行运算）。

2. 逻辑操作符

逻辑操作符包括逻辑与(&&)、逻辑或(‖)、逻辑非(!)，其中与、或是双目操作符，非是单目操作符。逻辑操作符真值表见表 4-1。

表 4-1 逻辑操作符真值表

a	b	! a	! b	a&&b	a‖b
真	真	假	假	真	真
真	假	假	真	假	真
假	真	真	假	假	真
假	假	真	真	假	假

逻辑操作符的计算结果是个 1 位的值：0 表示假，1 表示真，x 表示不确定。
例如：

```
a=2；b=0；
a && b        //等于逻辑值 0
a ‖ b         //等于逻辑值 1
! a           //等于逻辑值 0
! b           //等于逻辑值 1
```

注意：逻辑操作符的操作数

① 如果一个操作数的任意一位为 x 或 z，则其等价于 x，仿真器一般会作为假处理。
② 逻辑操作符可取变量或表达式作为操作数，非 0 的数值会当作逻辑 1 处理。

3. 关系操作符

关系操作符包括大于（>）、小于（<）、大于或等于（>=）和小于或等于（<=）。其计算结果为真（1）或假（0），其中一个操作数包含 x 或 z，则结果为 x，也就是说如果某个操作数的值不定，则关系是模糊的，返回值也是不定值。例如：

```
a=2；b=3
a<=b        //等于逻辑值 1
a<b         //等于逻辑值 1
a>=b        //等于逻辑值 0
a>b         //等于逻辑值 0
```

4. 相等操作符

相等操作符包括逻辑相等(==)、逻辑不等(!=)、全等(===)、非全等(!==)。其计算规则为：若比较结果为假，其值为 0，否则为 1。注意，在 == 和！= 中，操作数若包含 x 和 z，其值为 x；而在 === 和！== 中，操作数若包含 x 和 z，则会按照字符值严格比较，其值非 0 即 1，不会出现 x。例如：

```
a=1; b=0; c=3'b1x1; d=3'b1x1;
a==b    //等于逻辑值 0
a! =b   //等于逻辑值 1
c==a    //等于逻辑值 x
c===d   //等于逻辑值 1
c! ==d  //等于逻辑值 0
```

注意：求反号、双等号、三等号之间不能有空格。

5. 按位操作符

按位操作符包括反（~）、与（&）、或（|）、异或（^）、同或（^~，~^）。其中 ~ 是单目操作符，其余是双目操作符。如果两个操作数位宽不等，则先用 0 向左扩展较短操作数，使之与较长的操作数位宽相等，再进行操作。按位操作符真值表见表 4-2。

表 4-2　按位操作符真值表

&	0	1	x/z
0	0	0	0
1	0	1	x
x/z	0	x	x

|	0	1	x/z
0	0	1	x
1	1	1	1
x/z	x	1	x

^	0	1	x/z
0	0	1	x
1	1	0	x
x/z	x	x	x

^~ / ~^	0	1	x/z
0	1	0	x
1	0	1	x
x/z	x	x	x

~	结果
0	1
1	0
x/z	x

例如：

```
a=4'b1010,b=4'b1101;
~a          //等于 4'b0101
a&b         //等于 4'b1000
a |b        //等于 4'b1111
a^b         //等于 4'b0111
a^~b        //等于 4'b1000
```

6. 缩减操作符

缩减操作符包括缩减**与**（&）、缩减**与非**（~&）、缩减**或**（|）、缩减**或非**（~|）、缩减**异或**（^）、缩减**同或**（~^,^~）。其全部为单目操作符。

缩减操作符的运算规则与按位操作符类似，但不同之处在于，缩减操作符对一个操作数的所有位逐位地从左至右两两进行运算，最后得到一个 1 位的运算结果，其中 & 与 ~&，| 与 ~|，^与 ~^和^的计算结果相反。

例如：

```
a=4'b0101;
&a     //等于逻辑值 0
|a     //等于逻辑值 1
^a     //等于逻辑值 0
```

7. 移位操作符

移位操作符包括右移（>>）、左移（<<）、算术左移（<<<）、算术右移（>>>）。移位操作符将位于操作符左侧的操作数向左或向右移位，移位的次数由操作符右侧的操作数表示，且右侧的操作数被认为是一个无符号数，若其为 x 或 z，则移位结果为 x。对逻辑移位来说，产生的空余位由 0 来填充；对算术移位来说，左移运算由 0 填充，右移运算则由其符号位来填充。

例如：

```
a=4'b0111;
b=-10;
a>>2     //等于 4'b0001
a<<1     //等于 4'b1110
b>>>3    //等于-2
```

8. 拼接操作符

拼接操作符用于将多个操作数拼接到一起，组成一个新的操作数，其中每个操作数都必须有确定的位宽。格式如下：

```
{操作数 1,操作数 2,操作数 3,…,操作数 n}
```

例如：

```
a=1'b0; b=3'b001; c=2'b11;
{a,b,c,4'b0111}    //等于 10'b0001110111
```

若需多次拼接同一个操作数，重复拼接次数可用常数指定，格式为：

```
{重复次数{操作数}}
```

例如：

```
{3{b}}    //等于 9'b001001001
```

位拼接还可以用嵌套的方式来表达，例如：

```
{b,3{a,b}}    //等同于{b,a,b,a,b,a,b}
```

9. 条件操作符

条件操作符共有 3 个操作数，是唯一的三目操作符。它根据条件表达式的值从两个表达式中选择一个表达式作为输出结果，格式如下：

```
条件表达式? 真表达式:假表达式;
```

运算时首先计算条件表达式的值，若为真（逻辑 1），则执行真表达式，反之则执行假表达式。如果为 x，真假表达式都会被进行计算，然后对两个结果逐位比较，取相等值，而不等值由 x 代替。

条件表达式常用于数据流建模中的条件赋值，作用类似于多路选择器。

例如：

```
assign databus=enable? dout:8b'z;
```

另外条件操作符可以嵌套使用，例如：

```
assign databus=enable?(select? dout1:dout2):8'bz;
```

10. 操作符的优先级

操作符优先级见表 4-3。

表 4-3　操作符优先级

操作符	优先级
+,-,!, ~ ,&, ~ &,^,^~ , ~^,|, ~|（单目操作符）	最高

续表

操作符	优先级
＊＊	↑
＊,／,％	
＋,－（双目操作符）	
<<<,>>>,<<,>>	
<,<=,>,>=	
==,! =,===,! ==	
&	
^,^~ , ~^（双目操作符）	
|（双目操作符）	
&&	
‖	
?:	
{}{}{}	最低

提示：利用小括号改变操作符的优先级

小括号可以改变默认优先级，对于复杂的表达式，建议用小括号，以避免混淆。

4.6 掌握 Verilog HDL 描述语句

Verilog HDL 设计的最终目标是实现硬件系统，而 EDA 工具则是实现这一目标的必要条件。在 Quartus II 软件环境下 Verilog HDL 的设计流程与原理图输入法的设计流程基本相同，包括设计输入、设计编译、设计仿真、引脚锁定、编程配置和测试验证等过程，这在第 3.2 节中已经述及。

前面章节主要阐述了 Verilog HDL 中最基本的概念，例如变量和表达式。这些编程概念与高级编程语言（如 C 语言）很相似，这也是 Verilog HDL 的优势之处，即使电路设计者可以使用类似于 C 语言的高级语言来设计功能复杂的数字电路系统。利用 Verilog HDL 的表达式，可以很轻松地设计出复杂的运算电路逻辑。此外，Verilog HDL 还提供高层次的控制、条件判断等语句，称为 Verilog HDL 描述语句。

在学习完本节后，你将能够初步利用 Verilog HDL 描述真实常见的电路结构和功能（如加法器，计数器等）。

4.6.1 赋值语句

在 Verilog HDL 中信号赋值提供两种基本方式：过程赋值（procedural assignment）和连续赋值（continuous assignment）。

过程赋值是在 initial 语句或 always 语句中对变量进行赋值，只能对寄存器、整数等变量进行赋值。这些变量在被赋值后，值保持不变，直到下一个过程赋值语句为它们赋新的值。过程赋值语句只

教学课件
过程赋值语句

微课
Verilog逻辑设计
基础三

有在被执行的时刻才会起赋值作用，没有进行赋值时，即使右边表达式的值发生变化，过程赋值语句左边变量的值也不变化。而连续赋值语句总是保持有效状态，其右边表达式的值变化后，左边变量的值会立刻发生改变，即赋值过程是连续的。

1. 过程赋值之阻塞赋值语句

阻塞赋值语句用"="作为赋值符。阻塞赋值语句按顺序执行，在下一条语句执行之前，上一条赋值语句必须执行完毕。

例如：

```
reg a,b;
initial begin
    a=1'b0; b=1'b0;
    #10 a=1'b1;//用阻塞赋值语句对 a 赋新值,a 变为 1 后才执行后面的语句
        b=a;    //由于 a 的值已经变为 1,因此 b 的值也变为 1
end
```

该代码中 b 的值在仿真时刻 10 的最终值为 1，因此前面对 a 赋值使用了阻塞赋值，即对 a 的赋值过程要阻塞后面语句的执行，直到 a 得到新的值为止。因此，当执行对 b 的赋值时，a 的值已经变为 1，所以 b 的值也为 1。由于对 b 的赋值也使用的是阻塞赋值，因此若 b 后面还有赋值语句，当这些赋值语句执行时，b 的值也已经变为 1 了。

2. 过程赋值之非阻塞赋值语句

非阻塞赋值语句用"<="作为赋值符。非阻塞赋值语句不会阻塞同一个块语句中其他语句的执行。注意非阻塞赋值语句的赋值符与关系操作符的小于或等于符号是一样的，它在不同的语法环境下被解释成不同的语法含义。例如：

```
reg a,b;
initial begin
    a=1'b0; b=1'b0;
    #10 a<=1'b1;//用非阻塞赋值语句赋值,赋值还未完成就开始执行后面语句
        b<=a;    //由于对 a 的赋值还未完成,因此 b 的值还是 0
end
```

对前面的代码稍做修改，若在仿真时刻 10 对 a 和 b 的赋值使用非阻塞赋值语句，则 b 将得到不同的值。由于在对 a 赋新值的时候使用了非阻塞赋值语句，因此对 a 的赋值过程的执行不会阻塞后面语句的执行。这样做带来的结果是，对 b 的赋值与对 a 的赋值从仿真运行效果的角度来看是同时执行的，因此在将 a 的值赋值给 b 时，a 的值还是仿真时刻 0 得到的 0 值，因此在仿真时刻 10 结束时，b 的值还是 0。

3. 连续赋值语句

Verilog HDL 的连续赋值语句是进行数据流描述的基本语法。它表示对线网的赋值，且赋值发生在任意右侧信号发生变化时。连续赋值语句右侧表达式的值发生变化后，左侧变量的值在同一时刻发生相应改变，即值的传播在该表达式是"连续"的，没有时间上的间隔。因此，连续赋值语句的功能等价于门级描述，可以用来进行组合逻辑的建模，但是其描述形式比门级

描述层次更高，使用起来更加方便、灵活。

连续赋值语句必须以关键词 assign 开头，并出现在与门单元实例化相同的代码层次。其语法如下：

assign［延迟］wire 型变量＝表达式；

提示：另外一种包含 assign 关键字的语法

Verilog HDL 行为描述语法中也有以 assign 开头的赋值语句，称为过程连续赋值（procedural continuous assignment）语句。过程连续赋值语句出现在 always 或者 initial 语句之中，其功能与连续赋值语句没有直接关系，且不可综合。

关键词 assign 后面可以添加可选的延迟参数，用于在仿真中模拟组合逻辑的门延迟。等号左侧的变量必须是 wire 型变量，不能是 reg 型变量。

动画
Verilog HDL 连续
赋值机制

```
//连续赋值语句举例

//左侧表达式必须是 wire 型变量
wire out,in1,in2;
assign out=in1 & in2;

//表达式中的变量也可以是 reg 型变量
reg in_reg1,in_reg2;
assign out=in_reg1 | in_reg2;

//连续赋值语句支持多位宽信号的赋值
wire [3:0] data,data_i1,data_i2;
assign data=data_i1 ^ data_i2;
```

连续赋值语句也可以在变量声明的时候对变量赋值，类似于 C 语言中在变量声明的同时对变量赋初值。称这种赋值方式为隐式连续赋值。隐式连续赋值不需要用到关键词 assign，只需要在变量声明时，将等号和表达式直接添加在变量名后面。

```
//隐式连续赋值举例

//隐式连续赋值同样只支持 wire 型变量
wire in1,in2;
wire out=in1 & in2;

//也支持多位宽的直接运算
reg [3:0] data_i1,data_i2;
wire [3:0] data=data_i1 ^ data_i2;
```

利用连续赋值语句，对信号进行数学和逻辑运算的实现不需要逐个实例化预定义的基础门单元，而是利用 Verilog HDL 的表达式。Verilog HDL 表达式提供了丰富的操作符，可以在高层次对数据进行各种运算。表达式的运算结果则通过连续赋值语句赋值到组合逻辑的输出信号。此外，Verilog HDL 的表达式还允许多位宽操作数的直接运算，而门单元只能连接位宽为 1 的端口信号。因此，一个连续赋值语句，往往可以实现需要几十个甚至上百个预定义门单元才能实现的功能，大大简化了数字电路的设计，使设计人员可以专注于算法的设计和优化。

4.6.2 块语句

块语句通常用来将两条或者多条过程赋值语句组合在一起，使其在格式上更像一条语句。

教学课件
顺序块和并行块

块语句可以分为两种：一种是 begin…end 语句，块里面的语句顺序执行，称为顺序块；另一种是 fork…join 语句，块里面的语句并行执行，称为并行块。顺序块与 C 语言中的大括号类似，而并行块在 C 语言中没有类似的定义。

1. 顺序块

顺序块中的各条语句是按顺序执行的，前一条语句执行完后才能执行后一条语句，所以每条语句的延迟值是对前一条语句的仿真时间而言的。其格式如下：

```
begin
    语句1;
    语句2;
    ……
end
```

例如：

```
reg a,b,c,d;
initial begin
    a=1'b0;              //仿真时刻 0 完成
    #5   b=1'b1;         //仿真时刻 5 完成
    #10   c=1'b0;        //仿真时刻 15(10+5)完成
    #15   d=1'b1;        //仿真时刻 30(15+10+5)完成
end
```

注意：上例中的四条语句先后顺序如果发生改变，则相应每条赋值语句的执行时刻也将随之改变，因为在顺序块中使用延迟语句，表示的是该语句在上一条语句执行完成后延迟多少仿真时间才执行。

2. 并行块

并行块中的语句是并行执行的，一旦仿真进入并行块，则块里面的所有语句都同时从并行块被调用的仿真时刻开始执行。若使用延迟语句，则每条语句的延迟值都是相对于并行块开始执行的仿真时刻而言的，与前后语句的执行顺序无关。其格式如下：

```
fork
    语句 1;
    语句 2;
    ......
join
```

例如：

```
reg a,b,c,d;
initial fork
    a=1'0;              //仿真时刻 0 完成
    #5   b=1'b1;        //仿真时刻 5 完成
    #10   c=1'b0;       //仿真时刻 10 完成
    #15   d=1'b1;       //仿真时刻 15 完成
join
```

因为是并行执行，上例中四条赋值语句的先后顺序并不影响仿真结果。每条语句的延迟都是从 fork…join 语句被调用时开始计算的，即从仿真 0 时刻开始计算的。

3. 嵌套块

块语句可以嵌套，顺序块与并行块可以混合使用。例如：

```
......
reg a,b,c,d,e,f;
initial begin
    a=1'0;              //仿真时刻 0 完成
    #5 b=1'b1;          //仿真时刻 5 完成
    #10 c=1'b0;         //仿真时刻 15(10+5) 完成
    //嵌套定义并行块,块中的语句都从仿真时刻 15 开始执行,或开始推算延迟
    fork
        #12 e=1'b1;     //仿真时刻 27(12+10+5) 完成
        #6 f=1'b0;      //仿真时刻 21(6+10+5) 完成
    join
    //并行块在其中所有语句执行完成后退出,因此该并行块消耗了 12 个仿真时间
    #15   d=1'b1;       //仿真时刻 42(15+12+10+5) 完成
end
```

4. 命名块

块语句可以被命名，称为命名块。在命名块中可以声明局部变量，但只能在块内使用。命名块可以被其他语句调用，如 disable 语句。

4.6.3   条件语句与多路分支语句

1. 条件语句

条件语句可以根据某个判定条件来确定后面的语句是否执行。条件语句使用的关键字为 if 和 else，其语法格式如下：

```
if (条件表达式)
    条件为真执行的语句;
```

或：

```
if (条件表达式)
    条件为真执行的语句;
else
    条件为假执行的语句;
```

或：

```
if (条件表达式1)
    条件为真执行的语句1;
else if (条件表达式2)
    条件为真执行的语句2;
else if (条件表达式3)
    条件为真执行的语句3;
……
else
    条件为假执行的语句;
```

if 或 else 下面可以有一条语句，也可以有多条语句。如有多条语句，则必须使用 begin…end 或 fork…join 块来封装成一条语句。

下面给出几个简单的条件语句的实例代码：

```
initial
    //如果 enable 值为 1,则将 data 的值赋给 q
    if (enable) q=data;
```

从上面的例子可以看到，条件语句需要出现在 initial 或者 always 模块中，通常用于对赋值语句进行条件控制。再如：

```
initial
    //如果 a 等于 b,flag 输出 1,反之输出 0
if (a==b)
    flag=1'b1;
```

```
else
    flag=1'b0;
```

下面再看一个带有 else if 的例子：

```
always @ (posedge clk)
    if (control_flag==0) beign
        result=a+b;                    //执行加法操作
        $display("ADD operation");
    end
    else if (control_flag==1) begin
        result=a-b;                    //执行减法操作
        $display("SUB operation");
    end
    else if (control_flag==2) begin
        result=a |b;                   //执行或操作
        $display("OR operation");
    end
    else begin
        result=a & b;                  //执行与操作
        $display("AND operation");
    end
```

上述代码在 clk 信号出现上升沿时（值从 0 变为 1），通过判断 control_flag 的当前值来对 a 和 b 变量进行不同的运算，以得到不同的 result 值，同时打印出当前执行的是什么操作。最后一个 else 包含了当 control_flag 不为 0、1 和 2 以外的所有情况（如 control_flag 等于 3 或 4 等）。

另外，if 语句中可以嵌套一个或多个 if 语句。比如：

```
if (条件表达式1)
    if (条件表达式2)
        条件为真执行的语句2；
    else
        条件为假执行的语句2；
else
    条件为假执行的语句1；
```

请注意 if 与 else 的配对关系，else 总是与它之前的最近一个没有 else 的 if 配对。尤其在 if 嵌套的语句中，配对关系易混淆，需注意区分以避免逻辑错误。

2. 多路分支语句

前面所讨论的条件语句实际上也可以实现多路分支的语句功能，但是当分

教学课件
多路分支语句

支特别多的时候，if…else 的形式使用起来就很不方便。下面介绍一种更简便的方法：使用 case 语句。

case 语句的关键字为 case、default 和 endcase。其格式如下：

```
case (表达式 )
    分支表达式 1:语句 1;
    分支表达式 2:语句 2;
    ……
    default:默认语句;
endcase
```

在执行 case 语句时，首先计算表达式的值，然后按顺序将它与各个分支表达式的值进行比较，当找到相等的分支表达式后，执行对应的语句，最后跳出 case 语句。如果表达式的值和所有分支表达式的值都不相等，则执行 default 分支的默认语句。若没有 default 分支，则直接退出。例如：

```
reg [1:0] control_flag;
initial
    case (control_flag)
        2'b00:result=a+b;    //执行加法操作
        2'b01:result=a-b;    //执行减法操作
        2'b10:result=a |b;   //执行或操作
        default:result=a & b; //执行与操作
    endcase
```

case 语句也需要出现在 initial 或 always 语句模块中。上例中，根据 control_ flag 值的不同来执行相应不同的语句，default 将包含除了之前已列举的表达式的值以外的所有情况。

注意：多路分支语句使用注意事项

① 每一条分支语句可以是一条或一组语句，如果是一组语句应该用 begin…end 或fork…join 组合为块语句。

② default 可以省略，但是最多只能有一个 default。

③ 每一条分支表达式的值必须不相同，否则会出现矛盾。

④ 表达式的位宽必须相等才能进行准确比较。

⑤ 与 C 语言中 case 语句不同的是，Verilog HDL 中的 case 语句在执行了某个分支时会直接退出，而不像在 C 语言中还需要调用 break 语句。

除了上面提到的 case 语句外，多路分支语句还有另外两种形式，关键字分别为 casex 和 casez。使用 casex 和 casez 语句时的语法形式与 case 语句相同，只是关键字不同，而且对表达式做比较的方式也有一些差别（主要针对 x 和 z 值）。

在 case 语句中，x 和 z 值是作为字符值比较的，也就是说，x 只和 x 匹配相等，z 只和 z 匹配相等。而在 casez 中，z 值会被认为是无关位，也就是和任意值都匹配相等；在 casex 中，z 和 x 值都会被认为是无关位，和任意值都匹配相等。例如：

```
reg[3:0] control_flag;
initial
    case (control_flag)
        4'b00xx:result=a+b;      //执行加法操作
        4'b01xx:result=a-b;      //执行减法操作
        4'b10xx:result=a|b;      //执行或操作
        default:result=a & b;    //执行与操作
    endcase
```

上例中如果 control_flag 值为 4'b10xz，则执行**或**操作。

它们都可以根据给定条件执行不同的分支语句，有些情况下两种语句可以实现同样的电路，但本质上仍然存在着差别。

if…else 语句带有优先级，而 case 语句则没有，是并行的关系。在嵌套的 if…else 语句中，每一个条件判断是一种层层递进的形式，最前面的 if 判断语句具有最高的优先级。在 case 语句中，各个条件判断则是一种并列形式，与条件表达式的顺序无关。

4.6.4　循环语句

Verilog HDL 中有四种类型的循环语句：while、for、repeat 和 forever。它们都只能在 initial 或 always 语句模块中使用。

1. while 循环语句

while 循环语句的关键字为 while，其格式为：

```
while(条件表达式)
    语句;
```

当条件表达式为真时，则循环执行里面的语句；当条件表达式为假时，则中止循环并跳出 while。当循环语句为一组语句时，需要用 begin…end 或 fork…join 块语句组合成一条语句。

注意：循环语句的条件表达式

当 while 循环语句的条件表达式的值为 x 或 z 时，将被当作假（逻辑 0）处理。

例如：

```
integer i;
reg [31:0] data;
initial begin
    data=32'b1101_0011_0101_1000_1101_0011_0101_1000;
    i=0;
    while (i<32) begin  //当 i 小于 32 时,执行循环语句,即从 0 到 31 循环 32 次
    $display("data[%d] is %d",i,data[i]);
        i=i+1;          //每循环一次 i 自加 1
```

```
        end
    end
```

上例中用 while 循环语句将变量 data 每一位的值都打印显示出来。

注意：循环语句运行的仿真时间

如果循环语句中的各个执行语句不包含时序控制语句，如延迟语句，则各个循序语句虽然依次执行，但是它们都在同一仿真时间运行。例如上例中打印 data 值的语句，全部都在仿真时刻 0 完成。如果在上例后面添加一个时序控制语句，如：

```
                initial #1 data=32'h00000000;
```

由于对 data 的再次赋值在仿真时刻 1 完成，所以运行上例，打印出的 data 的值还与原来相同。

2. for 循环语句

for 循环语句的关键字为 for，格式为：

```
for (初始条件表达式；终止条件表达式；控制变量表达式 )
    语句；
```

for 循环语句的运行方式与 C 语言中的 for 语句相同，即首先执行初始条件表达式，然后每次开始新的循环时计算终止条件表达式，如果终止条件表达式的值为真，则执行 for 循环中的语句一次。执行完一次循环后，无条件执行控制变量表达式，然后重新开始下一次循环。如果终止条件表达式的值为假，则结束循环，跳出 for 循环语句。

一般最简单的 for 循环语句应用形式如下：

```
for (循环变量赋初值；循环结束条件；循环变量增值 )
    语句；
```

同样，若 for 循环语句下面需要运行多个语句，则必须用 begin…end 或 fork…join 组合为块语句。可以把上面 while 循环语句的例子改写为 for 循环语句，新的代码如下：

```
integer i;
reg [31:0] data;
initial begin
    data=32'b1101_0011_0101_1000_1101_0011_0101_1000;
    for (i=0; i<32; i=i+1)
    //当 i 小于 32 时,执行循环语句,即从 0 到 31 循环 32 次
        $display("data[% d] is % d",i,data[i]);
end
```

运行该实例，打印出的结果与上面 while 循环的例子相同。

此外 for 循环语句常用于对数组变量赋初值，例如：

```
integer i;
reg [31:0] ram [7:0];
```

```
initial
    //在仿真时刻 0 将存储器数组变量 ram 的值赋为全 0
    for (i=0; i<8; i=i+1)
        ram[i]=32'h00000000;
```

注意：for 循环语句的使用注意事项

for 循环语句一般用于具有固定开始和结束条件的循环。如果只有一个可执行循环的条件，建议使用 while 循环语句。此外，在 Verilog HDL 中没有自加或自减语句，因此，对变量进行递增或递减时，不能使用类似于 i++ 的语句，而需要写成 i=i+1。

3. repeat 循环语句

repeat 循环语句的关键字为 repeat，其格式为：

```
repeat (循环次数表达式)
    语句;
```

repeat 循环的最大特点是执行固定次数的循环，它不能根据某个条件表达式来决定循环执行与否。其中循环次数必须是一个常量、变量或者表达式。同样，如果一次循环需要执行多条语句，则需要用 begin…end 或 fork…join 组合为块语句。例如：

```
integer i,result;
initial begin
    i=0; result=0;
        //利用 repeat 执行累计操作
    repeat (32) begin         //循环 32 次
        i=i+1;
        result=result+i;     //result 等于 1+2+3+…+32
    end
    //打印出 result 的值,为 1+2+3+…+32=528
    $display("result=%d",result)
end
```

注意：repeat 循环次数

当循环次数为一个变量或表达式时，循环次数是循环开始执行时变量或表达式的值，且不随变量值在循环运行时的改变而改变，例如：

```
integer i,cnt;
initial begin
i=0;
    cnt=5;
    repeat (cnt) begin
        cnt=cnt+1;
```

```
        i = i+1;
    end
    $ display("i=% d",i);


end
```

运行上述代码，将打印出 i 的值为 5。由此可以看出，虽然 cnt 的值在循环运行时不断改变，但是由于调用 repeat 语句时 cnt 的值为 5，因此该循环只执行 5 次。

4. forever 循环语句

forever 循环语句的关键字为 forever，其格式为：

```
forever
    语句;
```

forever 循环是永久循环，不需要任何条件表达式，也不做任何计算与判断。forever 循环语句无条件地做无限次循环，直到仿真结束。同样，循环语句如果有多条，需要用 begin…end 或 fork…join 组合为块语句。

通常情况下，forever 循环语句用来生成周期性的波形信号，例如：

```
reg clock;
initial begin
    clock=0;
    //产生周期为 100 的时钟信号,直到仿真结束
    forever #50 clock = ~clock;
end
```

提示：forever 循环语句和 always 语句的区别

always 语句的运行机制和 forever 循环语句相同，即都是不停地自我调用运行，直到仿真结束。上述例子的功能用 always 语句也可以实现：

```
reg clock;
initial clock=0;
always #30 clock = ~clock;
```

always 语句和 forever 循环语句的区别主要是语法使用上的，即 always 语句可以出现在模块功能定义的最顶层，而 forever 循环语句必须出现在 initial 或者 always 语句模块之内。此外，always 语句结合时序控制语句可以写成可综合的电路代码，而 forever 循环语句通常是不能综合的。

4.6.5   结构语句

结构语句包含两种：initial 语句和 always 语句。它们也是行为描述方式的基本语句，所有行为描述的其他语句（如过程赋值语句）必须包含在这两种语句当中。

每个 initial 或 always 语句模块在仿真时都是一个独立的执行过程，它们是并行的，这与 C 语言有很大不同。这些语句在代码中的定义顺序与其执行顺序没有关系，每个执行过程都从仿真时刻 0 同时开始。

此外，initial 和 always 语句不能相互嵌套使用。

1. initial 语句

一条 initial 语句从仿真时刻 0 开始执行，但是只执行一次。如果 initial 语句中包含了多条行为语句，那么需要用 begin…end 将其组合成块语句，如果只包含了单条行为语句则不必使用 begin…end。

一个模块中可以有多个 initial 语句，它们都是从仿真时刻 0 同时开始并行执行的。

因为 initial 语句具有只执行一次的特点，它一般被用于初始化变量，产生模块输入激励等目的。例如：

```
reg a,b,c;
//initial 中只有一条赋值语句,可直接写出
initial
    a=1'b0;
//initial 中含有多条赋值语句,需要用 begin…end 组合起来
initial begin
    b=1'b0;
    c=1'b0;
end
```

上例中用 initial 语句对变量 a、b、c 作了初始化。这两条 initial 语句会从仿真时刻 0 同时开始执行，将初始值 0 赋给以上 3 个变量。由于没有时序控制语句的出现，因此 3 个变量的赋值都在同一仿真时间完成，且不分先后。

如果在其中某条语句前加上时序控制语句"#延迟时间"，那么相关赋值过程会在前面的赋值语句完成后，经过指定的延迟时间之后再执行，且指定的延迟时间不同，则执行的时刻不同。通过这种方式可以生成特定的激励波形，如下例所示。

```
reg [3:0] a;
initial begin
    a=4'b0000;
    #5 a=4'b0001;
    #5 a=4'b0011;
    #5 a=4'b0010;
    #5 a=4'b0110;
end
```

上例中 a 信号值的变化过程如图 4-6 所示。

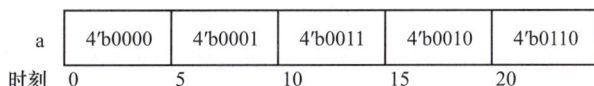

a	4'b0000	4'b0001	4'b0011	4'b0010	4'b0110

时刻 0　　　　5　　　　10　　　　15　　　　20

图 4-6　使用 initial 语句产生信号值的变化

2. always 语句

类似于 initial 语句，各个 always 语句同样是从仿真时刻 0 开始并行执行的，但不同之处在于 always 语句在执行完所有内部的语句后会立刻从头开始重新执行，并循环往复，一直到仿真结束。因为 always 语句循环执行这一特性，通常需要给它加上时序控制，否则它会变成一个无限循环过程，从而造成仿真死锁，如：

```
always  a = ~a;  //错误的 always 语句使用方式,产生仿真死锁
```

上例中的 always 语句会生成一个没有时间延迟的循环跳变过程，造成仿真死锁，即仿真永远停留在时刻 0，不能向前进行。但是，可以在 always 后面加上一个时序控制语句，从而使其变成一条有意义的语句，如：

```
always #50 a = ~a;  //延迟 50 个仿真时间单位,再执行对 a 的赋值操作
```

在这个例子中，always 语句从仿真时刻 0 起，每隔 50 个仿真时间单位执行一次对信号 a 取反的操作，于是生成一个周期为 100 个仿真时间单位的无限连续方波。如果将此信号在仿真时刻 0 赋予一个初值，则可以生成时钟信号，这也是用来描述时钟的常用方法，例如：

```
//结合 initial 语句在变量 a 上产生一个方波信号
reg a;
initial a = 0;
always #50 a = ~a;
```

4.6.6　task 和 function 说明语句

1. task 和 function 说明语句的区别

① 函数中不能包含时序控制语句，如@ （）、#10 等。对函数的调用，必须在同一仿真时刻返回。而任务可以包含时序控制语句，任务的返回时间和调用时间可以不同。

② 在函数中不能调用任务，而在任务中可以调用其他任务和函数。但在函数中可以调用其他函数或函数自身（递归调用）。

③ 函数必须包含至少一个端口，且在函数中只能定义 input 端口。任务可以包含 0 个或任何多个端口，且可以定义 input、output 和 inout 端口。

④ 函数必须返回一个值，而任务不能返回值，只能通过 output 端口来传递执行结果。

函数的目的是在同一仿真时刻响应输入信号，并且返回一个计算结果。而任务由于可以包含时序控制语句，因此有多种用途，并且可以返回多个结果。但是，任务的结果返回只能通过 output 或 inout 端口来实现。任务是一个独立的过程赋值语句，而函数通常作为一个表达式来调用。

2. task 说明语句

任务可以在 always 或者 initial 模块中的任意过程语句中被调用。如果传给任务的变量值和任务完成后接收结果的变量已定义，就可以用一条语句启动任务，任务完成以后控制就返回启动过程。如任务内部有定时控制，则启动的时间可以与控制返回的时间不同。任务可以启动其他的任务，其他任务又可以启动别的任务，可以启动的任务数是没有限制的。不管有多少任务启动，只有当所有的启动任务完成以后，控制才能返回。

　　此外，需要注意的是，任务的调用可以包含一个参数列表，参数列表中的各个参数将按照其在任务中的定义顺序，依次传递给任务中相对应的端口变量。其传递规则类似于用顺序端口连接方式来实例化子模块，任务调用时，仿真的运行控制转移到任务模块中。当任务结束后，仿真控制权才回归到任务调用之后的下一条语句。在一个任务中，可以启动另外一个任务，而新启动的任务又可以再次启动新的任务。当所有的任务在该仿真时刻运行完毕时，仿真运行控制权才转移回来。

　　定义任务的语法如下：

```
task 任务名;
    端口声明和变量定义;

    一个或多个过程语句;

endtask
```

　　任务的调用语法如下：

```
    任务名 (参数 1,参数 2,参数 3,…);
```

　　参数列表用于定义需要与任务端口相连接的信号。下面的例子说明如何定义一个任务和调用任务。

```
//任务定义举例
task adder_task;
    //任务端口定义,也可以定义 inout 端口
    input  [7:0] i_opa;
    input  [7:0] i_opb;
    input  [7:0] i_opc;
    output [7:0] o_sum;
    //任务变量定义,变量的作用范围仅限于该任务,即从变量定义到 endtask
    reg [7:0] sum_tmp;
    reg       carry_tmp;
    //若任务中有多个过程语句,则需要使用 begin…end 将它们组合起来
    begin
    {carry_tmp,sum_tmp}=i_opa+i_opb;
    o_sum=i_opc+sum_tmp+carry_tmp;
    end
endtask
```

　　上述代码描述了一个进行不带进位输出的 3 输入加法运算的任务。

```
//任务调用举例

reg [7:0] opa,opb,opc;
```

```
reg [7:0] out;
initial begin
    #0   opa=8'h01; opb=8'h02; opc=8'h2; out=8'h00;
    #10 adder_task(opa,opb,opc,out);
        $display("time %2d:out=%h",$time,out);
end
```

从上例中可见，任务调用时，参数列表中的变量将按任务的端口定义顺序与任务的各个端口依次相连。任务的输出端口必须连接到能够在过程赋值语句等号左侧出现的变量类型，通常为 reg 型变量。wire 型变量不能连接到任务的输出端口。

3. function 说明语句

任务的调用是一个完整的语句，而函数的目的是返回一个用于表达式的值，也就是说函数的调用通常出现在赋值语句的等号右侧，函数的返回值可能用于表达式的进一步计算。

定义函数的语法如下：

```
function [返回值类型或宽度]<函数名>;
    <输入端口声明和变量定义>;


    <一个或多个过程语句>;


endfunction
```

需要指出的是，由于函数中不能包含时序控制语句，因此函数的调用和返回总是在同一仿真时刻。函数通常用于实现一个组合逻辑的功能。在下例中函数将这个组合逻辑的功能定义为一个模块，可以在多个表达式中反复调用，以减少代码量，提高编程效率。

```
module binary_decoder_2_4_func();
    //以各种参数调用函数 dec_2_4,并且用 $display 打印译码结果
    initial begin
        $display("dec=%b",dec_2_4(1'b1,2'b00));
        $display("dec=%b",dec_2_4(1'b1,2'b01));
        $display("dec=%b",dec_2_4(1'b1,2'b10));
        $display("dec=%b",dec_2_4(1'b1,2'b11));
        $display("dec=%b",dec_2_4(1'b0,2'b11));
        $finish;
    end
    //定义函数,该函数实现 2 线-4 线二进制译码的功能
    function [3:0] dec_2_4;
        input        i_en;
```

```
        input [1:0] i_dec;
        begin
          if (i_en)
              case (i_dec)
                  2'b00:dec_2_4 =4'b0001;
                  2'b01:dec_2_4 =4'b0010;
                  2'b10:dec_2_4 =4'b0100;
                  2'b11:dec_2_4 =4'b1000;
                  default:
                      dec_2_4 =4'bxxxx;
              endcase
          else
              dec_2_4 =4'b0000;
        end
    endfunction
endmodule
```

4. 常用的系统任务

（1） $ display 和 $ write 任务

格式如下：

```
$ display (格式控制参数,参数 1,参数 2,…);
$ write (格式控制参数,参数 1,参数 2,…);
```

　　显然，这两个系统任务的作用是输出信息，即将参数按照给定的格式输出。这两个任务的作用基本相同，但是 $ display 在自动输出后进行换行，而 $ write 任务却不是这样，如果想在一行里输出多个信息，可以使用 $ write 任务。

　　格式控制参数部分是由双引号括起来的字符串，它包括两种信息，一种是格式说明，格式说明总是以字符%开头，表 4-4 给出了常见格式控制字符及描述；另一种是需要原样输出的普通字符，其中一些特殊字符可以通过转义字符来输出，见表 4-5。

表 4-4　常见格式控制字符及描述

格式控制字符	描述
%h 或%H	以十六进制形式输出
%d 或%D	以十进制形式输出
%o 或%O	以八进制形式输出
%b 或%B	以二进制形式输出
%c 或%C	以 ASCII 字符形式输出
%v 或%V	输出信号的驱动强度

续表

格式控制字符	描述
%m 或%M	输出当前模块的层次化名
%s 或%S	以字符串形式输出
%t 或%T	以当前时间格式输出
%u 或%U	以原格式输出，并且只包含 0、1 两种值
%z 或%Z	以原格式输出，包含 0、1、x、z 四种值
%e 或%E	将 real 类型变量以指数形式输出
%f 或%F	将 real 类型变量以十进制输出
%g 或%G	将 real 类型变量以指数或者十进制形式输出，仿真器将选择显示得最短的格式来输出

表 4-5   转义字符及描述

转义字符	描述
\n	输出换行符
\t	输出 tab 符号
\\	输出\符号
\"	输出"符号
\ddd	输出 1~3 位八进制所指定的字符
%%	输出%符号

下面举例说明：

```
module disp;
    reg [31:0] rval;
    pulldown (pd);
    initial begin
        rval=101;
        $display("rval=% h hex % d decimal",rval,rval);
        $display("rval=% o octal \nrval=% b bin",rval,rval);
        $display("rval has % c ascii character value",rval);
        $display("pd strength value is % v",pd);
        $display("current scope is % m");
        $display("% s is ascii value for 101",101);
        $display("simulation time is % t", $time);
    end
endmodule
```

该例的仿真输出结果为：

```
        rval=00000065 hex        101 decimal
        rval=00000000145 octal
```

```
rval=00000000000000000000000001100101 bin
rval has e ascii character value
pd strength value is StX
current scope is disp
    e is ascii value for 101
simulation time is  0
```

（2）打开文件和关闭文件

文件可以用系统任务 $ fopen 打开，用系统任务 $ fclose 关闭。

在对任务文件进行读写操作时，都必须先将文件打开，并且获取一个文件描述符，这与 C 语言编程时的情况相同。$ fopen 和 $ fclose 任务分别用来打开和关闭某个文件，其语法格式如下：

```
［多通道描述符］= $ fopen(<文件名>);
［文件描述符］= $ fopen(<文件名>,<打开方式>);


$ fclose([多通道描述符]);
$ fclose([文件描述符]);
```

（3）写文件

用于写文件的系统任务主要有 $ fdisplay、$ fwrite、$ fmonitor 等。

$ fdisplay、$ fwrite 和 $ fmonitor 任务的语法格式如下：

```
$ fdisplay ([文件或多通道描述符],格式控制参数,参数1,参数2,…);
$ fwrite ([文件或多通道描述符],格式控制参数,参数1,参数2,…);
$ fmonitor ([文件或多通道描述符],格式控制参数,参数1,参数2,…);
```

Verilog HDL 中还有很多常用的系统函数和任务，感兴趣的同学可以参阅 Verilog HDL 参考手册。

4.7　设计 Verilog HDL 仿真环境

在用 Verilog HDL 进行芯片设计时，不仅要编写芯片本身的代码，还要设计测试文件（testbench 的代码），来对芯片的功能进行测试。此外，芯片中还包含很多模拟模块，以及第三方厂商提供的不带 RTL 代码的 IP 模块。这些模块都不能用前面介绍的可综合的语法来描述，而是需要用一些更高层次的语法来描述它的功能，使其在仿真中拥有和实际电路相同的功能行为。具体工作原理以及仿真验证方法在第 4.3 节中已经有所阐述，这里不再赘述。

本节将讲述如何利用 Verilog HDL 描述仿真模型，构建 testbench 仿真测试环境，对 Verilog HDL 代码进行功能仿真。

4.7.1　设计时钟发生器

进行 Verilog HDL 仿真时，也可以利用 Verilog HDL 的行为描述语法设计一个与晶振功能相同的时钟发生器。这个时钟发生器可以在仿真开始后周期性地产生时钟信号，用于驱动后续电路的时序逻辑。但是这个模块只具有产生时钟的仿真功能，不能被综合。

下例是利用 Verilog HDL 设计一个时钟发生模块。时钟周期可通过参数 period 调节，占空比为 50%。

```verilog
module clock_gen
  #(
        parameter period=10
  )
  (
        output reg o_clk
  );

  initial
      //设置时钟的初始值
      o_clk=1'b0;

  //每隔半个时钟周期,时钟信号反转一次
  always #(period/2) o_clk= ~o_clk;

endmodule
```

其中的 initial 语句用来在仿真时刻 0 给时钟赋初始值。可以自行选择时钟信号刚开始时为高电平还是低电平。而 always 语句用来每隔半个时钟周期，对时钟寄存器变量进行一次电平翻转。对于本例所示的仿真电路，o_clk 每隔 5 个仿真时间单位改变一次，因此形成了一个周期为 10，占空比为 50% 的时钟信号。

4.7.2　设计一个完整的 testbench

生成的时钟信号通常连接到芯片设计的时钟端口，以驱动芯片按预先设计的时序进行工作。此外，芯片模块通常还包含一个复位端口和其他的数据输入端口。复位端口与一个复位信号相连接。复位信号用于在仿真刚开始的时候对芯片进行复位，复位完成后一直保持无效，直到仿真结束或者需要进行第二次复位。而数据输入信号按照一定的协议向芯片端口加载测试激励，用来驱动芯片完成其预定功能。

这里将介绍一个完整的 testbench。这个 testbench 包含一个用 initial 语句描述的简单的顺序加载测试激励的模块，以及一个用来判断芯片输出结果的模块。

用 Verilog HDL 设计一个完整的 testbench，对带异步复位端口的寄存器模块进行自动测试。其中调用了两个模块：dff_asyn_reset 模块是被测试的带异步复位端口的寄存器模块；clock_gen 模块是 4.7.1 节中设计的时钟发生器模块。

```verilog
module dff_asyn_reset_tb ();

    wire clk;
    wire dout;
    reg rst_n;
    reg din;
    reg flag_data_check;//该标志位用来表示是否进行输出数据检查

    clock_gen #(15) cgen
    (
        .o_clk(clk)
    );

    dff_asyn_reset dff1
    (
        .i_clk(clk),
        .i_rst_n(rst_n),
        .i_din(din),
        .o_dout(dout)
    );
    //加载输入激励
    initial begin
        //初始化仿真模型的寄存器变量
        #0   rst_n=1'b1; din=1'b0; flag_data_check=1'b0;
        //开始进行复位,复位时间视系统要求而定
        #50 rst_n=1'b0;
        #50 rst_n=1'b1;
        //复位完成,向数据输入端口加载激励
        #10 din=1'b1; flag_data_check=1'b1;
        //再次加载新的激励
        #50 din=1'b0; flag_data_check=1'b1;
            #50 $finish;
    end
    //自动检测输出数据
always @ (posedge clk) begin
        if (flag_data_check) begin
            #1 if (din! =dout)
```

```
                    $display("error:output wrong data:dout=% b,din=% b",
                    dout,din);
                else
                    $display("ok:output correct data:dout=din=% b",dout);
                flag_data_check=1'b0;
            end
        end

endmodule
```

在上例所示的代码中，利用 initial 语句，按照仿真时间顺序给输入数据添加激励。仿真刚开始通常要先给复位端口信号 rst_n 添加激励，使被测模块进入复位状态。复位完成后，被测模块退出复位状态开始正常工作。此时，给被测模块的数据输入端口添加激励，并且在合适的时候调用 $finish 系统函数结束仿真。在该例中，还用一个 always 语句来自动检测被测对象的

输出值是否正确。当标志变量 flag_data_check 有效时，该语句检查被测寄存器的数据输出端口 dout，看是否和先前添加的输入值相等。如果不相等，则通过 $display 系统函数在仿真器的控制台上打印错误信息。

微课
Verilog逻辑设计
基础五

项目小结

深入学习 Verilog HDL 的基本语法形式、数据类型，及表达式的运算规则，并结合实例加深理解。

对于基本语法形式，需要理解记忆其常用的关键字，标识符的选取需要结合实际意义，并辅以注释，以提高代码的可读性。对于数据类型，首先需要理解逻辑值的概念，这也是数字电路中的几种基本状态。reg 型和 wire 型是 Verilog HDL 设计中最为常见和重要的两种数据类型，除了语法规则和赋值形式上的不同，还应该结合实例，着重从综合后映射的硬件电路形式来理解两者的区别。对于表达式，它是表达 Verilog HDL 数值计算的基本形式，各种操作符的运算规则是重点，其对应的操作数和运算结果的数据类型及其位宽也需要注意。

Verilog HDL 形式与 C 语言颇为相似，但是需要注意 Verilog HDL 设计中涉及对其实际电路形式和结构的考虑，这与 C 语言是完全不一样的。尤其对于数据类型定义和表达式的应用切不可单单从语法意义上去理解，要结合后续章节的实例加以理解。

思考练习

1. 声明一个 8 位的向量寄存器，其被赋值为 –2，请写出每一位存储的数值。

2. 请用二进制、八进制、十六进制表示十进制数 237，并使用 "_" 以增加可读性。

3. 请选取一个数据类型，并指定位宽，用以完整存储字符串 "hi, well done" 的内容，对照 ASCII 码表，指出每一位保存的数值。

4. 请问以下的标识符是否合法：Data、$Data、1Data、_Data。

5. 请用表达式（不能用条件操作符）写一个 2 选 1 的选择逻辑。

6. 假定声明两个 reg 型变量 a[1:0]、b[1:0]，请用表达式写出比较逻辑，相等输出 1，不等输出 0。

7. 如何对存储器赋值？

8. 请说出 "reg [3:0] data"; 和 "reg data [3:0];" 之间的区别，以及如何分别将其每一位赋值为 0。

9. 请写出以下表达式的值：

3 ** 2（　　）

11 % 3（　　）

a = 2'b1z, b = 2'b1z

a == b（　　）

a === b（　　）

a | b（　　）

(a === b)? a == b : 1'b0（　　）

-4 + 1 & 3 & 3 ~^ 14（　　）

10. 给上例中最后一个表达式加上小括号，改写成如下几种形式，请问其表达式的值没有改变的是（　　）。

A. -(4+1 & 3) & 3 ~^ 14

B. -4+(1 & 3 & 3 ~^ 14)

C. -(4+1) & 3 & 3 ~^ 14

D. (-4+1 & 3) & 3 ~^ 14

11. 有如下一段语句，请问参数 a 的值为（　　）。

```
......
integer i;
parameter a = i;
......
```

A. 0

B. 1

C. a 的值取决于变量 i 被赋予的值

D. 此语句非法

12. 有如下一段语句，请问其最后的表达式的值为（　　）。

```
reg [3:0] a;
reg [5:0] b;
......
a = 4'b1101;
b = 6'b110100;
......
a & b;
```

13. 有如下一段语句，请问要想在模块例化中改变参数 Width 为 8，如何实现 (　　　)。

```
module abc (x,y);
    parameter Width =1;
......
endmodule

module();
    ();
    efg abc(x,y);
endmodule
```

A. defparam 　　　abc. Width =8；
B. parameter 　　　Width =8；
C. defparam 　　　efg. Width =8；
D. parameter 　　　efg. Width =8；

实训任务

1. 设计一个时钟信号，周期为 20 个时间单位，占空比为 30%。
2. 请对一个位宽为 8，地址范围为 64 的寄存器数组进行初始化，将所有位设置为 1。
3. 请描述如下电路模型：在每一个时钟上升沿检查输入信号 pwd（位宽为 8），如果其值为 55H 或者 AAH，输出信号 flag 为 1，并显示 pwd 的值；否则 flag 为 0，并显示 "error！"。

用硬件描述语言对电路进行表达和设计是 EDA 技术中最基本和最重要的方法。本项目以若干简单、完整而典型的基本数字单元电路设计为例，介绍了使用 Verilog HDL 设计电路的方法，使读者从整体上把握 Verilog HDL 程序的基本结构和设计特点，并进一步掌握使用 Verilog HDL 设计电路的具体步骤和方法。

动画
组合逻辑电路特点

5.1 设计组合逻辑电路

组合逻辑在任何时刻的输出信号仅取决于当时的输入信号。传统方法中，基本组合逻辑电路由普通逻辑门或者专用芯片完成，对于规模较大的数字电路设计来说既花费时间又浪费资源。采用 Verilog HDL 可以从行为、功能上对器件进行描述，从而简化设计。本节主要介绍运算电路、编码/译码电路、数据选择/比较电路及三态门等组合电路的 Verilog HDL 描述。

5.1.1 设计运算电路

动画
组合逻辑电路分析步骤

常用的运算电路主要有加法器、减法器和乘法器，用于完成多位二进制数的算术运算。下面以加法器和乘法器为例进行说明。

1. 半加器

半加器有两个二进制的输入端 a 和 b 以及一位和输出端 s 与一位进位输出端 co。半加器网表电路图如图 5-1 所示。用 Verilog HDL 描述半加器的程序见例 5-1。

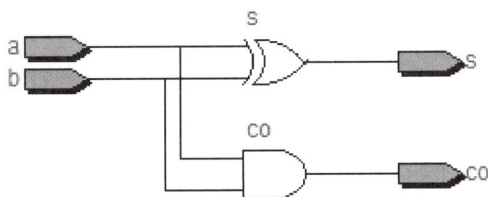

动画
组合逻辑电路设计步骤

图 5-1 半加器网表电路图

【例 5-1】 用 Verilog HDL 描述半加器。

```
module halfadder (a,b,s,co);
    input a,b;              //加数与被加数输入
    output s,co;           //和与进位输出
    assign s=a^b;
    assign co=a&b;
endmodule
```

微课
如何避免 latch 的产生

2. 全加器

（1）原理图方式

采用原理图设计方法可以由两个半加器构成一个全加器。具体方法为：建立名为 f_adder 的工程，使用例 5-1 中的半加器代码新建文本输入文件，通过编译后选择 File→Creat/Update→Creat Sysbol Files for Current File 命令，为半加器 Verilog HDL 设计文件生成元件符号，然后新建原理图文件，在原理图中调用半加器与**或**门电路符号作相应电路连接。最终得到的全加器电路图如图 5-2 所示。

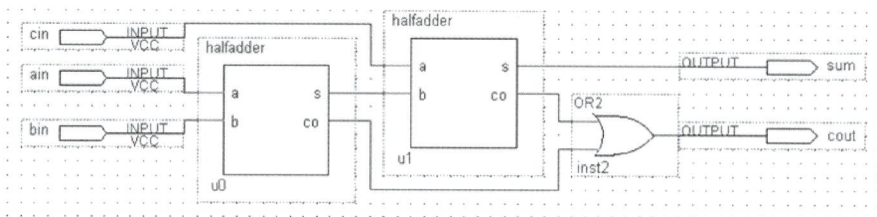

图 5-2　全加器电路图

（2）HDL 描述方式

基于半加器的描述，若采用 COMPONENT 语句和 PORT MAP 语句就很容易编写出描述全加器的程序。全加器的 Verilog HDL 程序见例 4-5。

3. 多位加法器

被加数 a 和加数 b 均为 8 位二进制数，输出 s 为 9 位二进制数（含进位输出）。用 Verilog HDL 描述多位加法器的程序见例 5-2。

【例 5-2】　用 Verilog HDL 描述多位加法器。

```
module adder8bit (a,b,cin,s);
  input [7:0] a,b;
  input cin;
  output [8:0] s;
  assign s=a+b+cin;  //输出中含进位输出位
endmodule
```

4. 8 位乘法器

8 位乘法器的元件符号如图 5-3 所示，a[7..0]和 b[7..0]是被乘数和乘数输入端，q[0..15]是乘积输出端。用 Verilog HDL 描述的 8 位乘法器程序见例 5-3。

【例 5-3】　用 Verilog HDL 描述 8 位乘法器。

```
module mul (a,b,q);
  parameter s=8;
  input [s-1:0] a,b;
  output [2*s-1:0] q;
  assign q=a*b;
endmodule
```

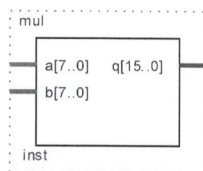

图 5-3　8 位乘法器的元件符号

8 位乘法器电路的仿真波形如图 5-4 所示。

动画
乘法器仿真

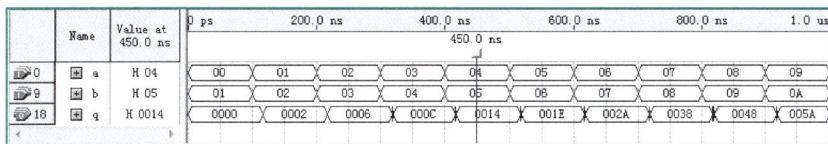

图 5-4　8 位乘法器电路的仿真波形

微课
Verilog 组合逻辑
电路设计一

5.1.2　设计编码器

编码器是将 2^N 个分离的信息代码以 N 个二进制码来表示，常运用于影音压缩或通信方面，以达到精简传输量的目的。可以将编码器看成压缩电路，而将译码器看成解压缩电路。传送数据前先用编码器压缩数据后再传送出去，在接收端则由译码器将数据解压缩，还原其原来的数据。这样，在传送过程中，就可以 N 个数码来代替 2^N 个数码的数据量，从而提升传输效率。

1. 一般编码器设计

如果没有特别说明，各编码输入端无优先区别。图 5-5 是 8 线–3 线编码器的外部端口示意图，有了外部端口示意图，就能够进行 ENTITY 的定义，再根据表 5-1 所示的编码器真值表，使用查表法就可以轻松描述结构体了。

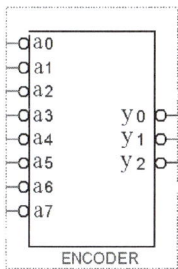

图 5-5　8 线–3 线
编码器的外部
端口示意图

表 5-1　8 线–3 线编码器真值表

输入								二进制编码输出		
a0	a1	a2	a3	a4	a5	a6	a7	y2	y1	y0
1	1	1	1	1	1	1	0	1	1	1
1	1	1	1	1	1	0	1	1	1	0
1	1	1	1	1	0	1	1	1	0	1
1	1	1	1	0	1	1	1	1	0	0
1	1	1	0	1	1	1	1	0	1	1
1	1	0	1	1	1	1	1	0	1	0
1	0	1	1	1	1	1	1	0	0	1
0	1	1	1	1	1	1	1	0	0	0

8 线–3 线编码器的 Verilog HDL 程序见例 5-4。

【例 5-4】　用 Verilog HDL 描述 8 线–3 线编码器。

```
module ch_8_3(a,y);
  input [7:0] a;      //输入
  output [2:0] y;     //输出
  reg [2:0] y;
  always@ (a)
```

动画
一般编码器仿真

```
begin
  case(a)
    8'b1111_1110:y<=3'b000;
    8'b1111_1101:y<=3'b001;
    8'b1111_1011:y<=3'b010;
    8'b1111_0111:y<=3'b011;
    8'b1110_1111:y<=3'b100;
    8'b1101_1111:y<=3'b101;
    8'b1011_1111:y<=3'b110;
    8'b0111_1111:y<=3'b111;
    default:y<=3'b000;
  endcase
end
endmodule
```

8 线–3 线编码器电路的仿真波形如图 5–6 所示。

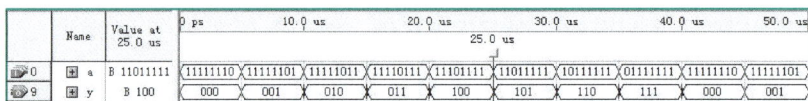

图 5–6　8 线–3 线编码器电路的仿真波形

2. 优先编码器设计

优先编码器常用于中断的优先级控制，例如，74LS148 是一个 8 位输入、3 位输出的优先编码器。当其某一个输入有效时，就可以输出一个对应的 3 位二进制编码；而当同时有几个输入有效时，将输出优先级最高的那个输入所对应的二进制编码。

该优先级编码器真值表见表 5–2。表中的 X 项表示任意项，它可以是 0，也可以是 1。input（0）的优先级最高，input（7）的优先级最低。

表 5–2　优先级编码器真值表

输入								输出		
input（7）	input（6）	input（5）	input（4）	input（3）	input（2）	input（1）	input（0）	y2	y1	y0
X	X	X	X	X	X	X	0	1	1	1
X	X	X	X	X	X	0	1	1	1	0
X	X	X	X	X	0	1	1	1	0	1
X	X	X	X	0	1	1	1	1	0	0
X	X	X	0	1	1	1	1	0	1	1
X	X	0	1	1	1	1	1	0	1	0
X	0	1	1	1	1	1	1	0	0	1
0	1	1	1	1	1	1	1	0	0	0

8 线–3 线优先编码器的 Verilog HDL 程序见例 5–5。

【例 5–5】　用 Verilog HDL 描述 8 线–3 线优先编码器。

```
module ch8_3 (in,y);
```

```
input [7:0] in;    //编码输入端 in,低电平有效
output [2:0] y;    //编码输出端 y
reg [2:0] y;
always @ (in)
  if (in[0]==0)  y<=3'b111;  //使用 if-else 语句实现优先编码功能
  else if (in[1]==0)  y<=3'b110;
  else if (in[2]==0)  y<=3'b101;
  else if (in[3]==0)  y<=3'b100;
  else if (in[4]==0)  y<=3'b011;
  else if (in[5]==0)  y<=3'b010;
  else if (in[6]==0)  y<=3'b001;
  else  y<=3'b000;
endmodule
```

8 线-3 线优先编码器电路的仿真波形如图 5-7 所示。

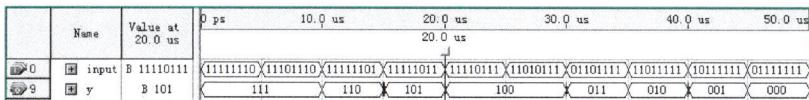

图 5-7　8 线-3 线优先编码器电路的仿真波形

5.1.3　设计译码器

译码器是把输入的数码解出其对应的数码,如果有 N 根二进制选择线,则最多可以译码转换成 2^N 个数据。译码器也经常被应用在地址总线或用作电路的控制线,像只读存储器(ROM)中便利用译码器来进行地址选择。

3 线-8 线译码器是最常用的一种译码电路,其外部端口示意图如图 5-8 所示,它有 3 个二进制输入端 A、B、C 和 8 个译码输出端 Y0 ~ Y7。对输入 A、B、C 的值进行译码,就可以确定输出端 Y0 ~ Y7 的哪一个有效(低电平),从而达到译码的目的。另外,为方便译码器的控制或便于将来扩充用,在设计时常常会增加一个使能输入端 EN。3 线-8 线译码器的真值表见表 5-3,可以直接用查表法来进行设计。在 Verilog HDL 中,WITH…SELECT、CASE…WHEN 及 WHEN…ELSE 这类指令都是执行查表或对应动作的能手。

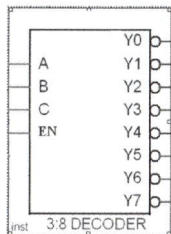

图 5-8　3 线-8 线
译码器外部
端口示意图

表 5-3　3 线-8 线译码器真值表

使能	二进制输入端			译码输出端							
EN	C	B	A	Y0	Y1	Y2	Y3	Y4	Y5	Y6	Y7
0	X	X	X	1	1	1	1	1	1	1	1
1	0	0	0	0	1	1	1	1	1	1	1
1	0	0	1	1	0	1	1	1	1	1	1
1	0	1	0	1	1	0	1	1	1	1	1
1	0	1	1	1	1	1	0	1	1	1	1

使能	二进制输入端			译码输出端							
EN	C	B	A	Y0	Y1	Y2	Y3	Y4	Y5	Y6	Y7
1	1	0	0	1	1	1	1	0	1	1	1
1	1	0	1	1	1	1	1	1	0	1	1
1	1	1	0	1	1	1	1	1	1	0	1
1	1	1	1	1	1	1	1	1	1	1	0

用 if…else 语句和 case 语句描述 3 线–8 线译码器的 Verilog HDL 程序分别见例 5–6 和例 5–7。

【例 5–6】　用 Verilog HDL 描述 3 线–8 线译码器（用 if…else 语句）。

```
module decoder3_8 (a,b,c,en,y);
  input a,b,c,en;
  output [7:0] y;//译码输出端
  reg [7:0] y;
  wire [2:0] data_in;//信号
  assign data_in={c,b,a};
  always @ (data_in or en)
    begin
      if(en==1)
        if(data_in==3'b000) y<=8'b11111110;
        else if(data_in==3'b001)y<=8'b11111101;
        else if(data_in==3'b010)y<=8'b11111011;
        else if(data_in==3'b011)y<=8'b11110111;
        else if(data_in==3'b100)y<=8'b11101111;
        else if(data_in==3'b101)y<=8'b11011111;
        else if(data_in==3'b110)y<=8'b10111111;
        else if(data_in==3'b111)y<=8'b01111111;
        else y<=8'bxxxxxxxx;
      else
        y<=8'b11111111;
    end
endmodule
```

动画
译码器电路的仿真

动画
数据类型转换函数
实现3线—8线译码器

3 线–8 线译码器电路的仿真波形如图 5–9 所示。

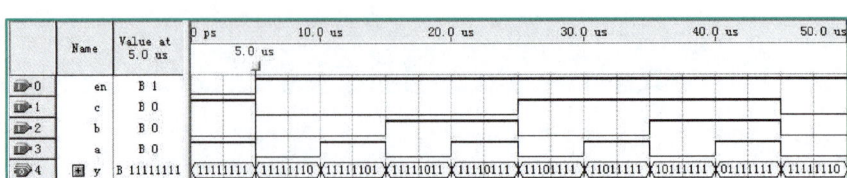

图 5–9　3 线–8 线译码器电路的仿真波形

【例 5–7】　用 Verilog HDL 描述 3 线–8 线译码器（用 case 语句）。

```
module decoder3_8 (a,b,c,en,y);
  input a,b,c,en;
  output [7:0] y;//译码输出端
  reg [7:0] y;
  wire [2:0] data_in;//信号
  assign data_in={c,b,a};
  always @ (data_in or en)
    begin
      if(en==1)
        case (data_in )
          3'b000:y<=8'b11111110;
          3'b001:y<=8'b11111101;
          3'b010:y<=8'b11111011;
          3'b011:y<=8'b11110111;
          3'b100:y<=8'b11101111;
          3'b101:y<=8'b11011111;
          3'b110:y<=8'b10111111;
          3'b111:y<=8'b01111111;
          default:y<=8'bxxxxxxxx;
        endcase
      else
        y<=8'b11111111;
    end
endmodule
```

在本节中用到的两种描述语句 if…else 和 case 都是顺序执行语句。

5.1.4　设计数据选择器

数据选择器可以从多组数据来源中选取一组送入目的地。它的应用范围相当广泛，从组合逻辑的执行到数据路径的选择，经常可以看到它的踪影。另外，在如时钟、计数定时器等的输出显示电路中都可以利用多路选择器设计扫描电路来分别驱动输出装置（通常为七段数码显示管、点矩阵或液晶面板）以降低功耗。有时也希望把两组没有必要同时观察的数据，共享一组显示电路以降低成本。

数据选择器的结构是 2^N 根输入线，会有 N 根地址线及一根输出线配合。现以一个 4 选 1 数据选择器为例进行说明，其真值表见表 5-4，外部端口示意图如图 5-10 所示。

表 5-4　4 选 1 电路真值表

选择输入		数据输入				数据输出
B	A	D0	D1	D2	D3	Y
0	0	0	X	X	X	0

续表

选择输入		数据输入				数据输出
B	**A**	**D0**	**D1**	**D2**	**D3**	**Y**
0	0	1	X	X	X	1
0	1	X	0	X	X	0
0	1	X	1	X	X	1
1	0	X	X	0	X	0
1	0	X	X	1	X	1
1	1	X	X	X	0	0
1	1	X	X	X	1	1

描述 4 选 1 数据选择器的方法有许多种，例如在一个进程中使用 if 语句，或者在一个进程中使用 case 语句，或者使用结构简单的三目运算符号?。现用 if 语句对它进行描述，就可以得到如例 5-8 所示的程序。

【例 5-8】   用 Verilog HDL 描述 4 选 1 数据选择器（使用 if 语句）。

图 5-10   4 选 1 数据选择器外部端口示意图

```
module mux4(data1,data2,data3,data4,a,b,y);
    input data1,data2,data3,data4;//数据输入
    input a,b;//选择输入
    output y;//数据输出
    reg y;
    always @   (data1 or data2 or data3 or data4 or b or a)
      if(! b)
        begin
          if(! a)
            y=data1;
          else
            y=data2;
        end
      else
  begin
        if (! a)
          y=data3;
        else
          y=data4;
      end
endmodule
```

动画
多路选择器功能

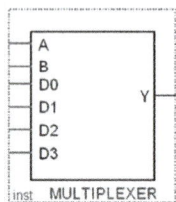

4 选 1 数据选择器电路的仿真波形如图 5-11 所示。

在进程中使用 case 语句描述会使程序更加清晰易读。例 5-9 是用 case 语句描述的 4 选 1 数据选择器。而例 5-10 是用三目运算符号?:描述的 4 选 1 数据选择器。

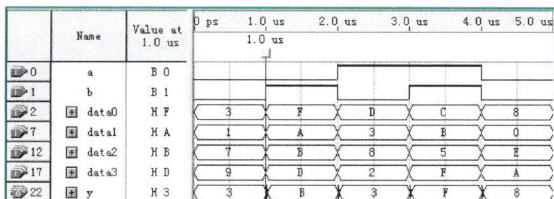

图 5-11　4 选 1 数据选择器电路的仿真波形

【例 5-9】　用 Verilog HDL 描述 4 选 1 数据选择器（使用 case 语句）。

```
module mux4(data1,data2,data3,data4,a,b,y);
  input data1,data2,data3,data4;//数据输入
  input a,b;//选择输入
  output y;//数据输出
  reg y;
  always @ (data1 or data2 or data3 or data4 or a or b)
    case({b,a})
      2'b00:y<=data1;
      2'b01:y<=data2;
      2'b10:y<=data3;
      2'b11:y<=data4;
    endcase
endmodule
```

【例 5-10】　用 Verilog HDL 描述 4 选 1 数据选择器（使用三目运算符?:）。

```
module mux4(data1,data2,data3,data4,a,b,y);
  input data1,data2,data3,data4;//数据输入
  input a,b;//选择输入
  output y;//数据输出
  reg y;
  always @ (data1 or data2 or data3 or data4 or b or a)
    y=b? a? data4:data3:a? data2:data1;
endmodule
```

5.1.5　设计数据比较器

数据比较器主要用于比较两个二进制数的大小或是否相等的电路。例 5-11 是多位比较器的 Verilog HDL 描述。待比较的两个数 a 和 b 均为 8 位二进制数，输出信号 a_equal_b、a_greater_b 和 a_less_b 为 1，依次表示 a=b、a>b 和 a<b。

【例 5-11】　用 Verilog HDL 描述多位比较器。

```
module comparator (a,b,a_equal_b,a_greater_b,a_less_b);
  input [7:0] a,b;//待比较数
  output a_equal_b,a_greater_b,a_less_b;//比较结果输出
```

```
reg[2:0] Y;
assign {a_equal_b,a_greater_b,a_less_b}=Y;
always@ (a or b)
  begin
    if(a>b)
      Y<=3'b010;//大于
    else if(a==b)
      Y<=3'b100;//相等
    else
      Y<=3'b001;//小于
  end
endmodule
```

5.1.6　设计三态门及总线缓冲器

1. 三态门电路

三态门电路一般用于双向口、多路数据竞争总线或者多路选择电路。三态门电路如图 5–12 所示。它具有一个数据输入端 din，一个数据输出使能端 en 和一个数据输出端 dout。当 en＝1 时，dout＝din；当 en＝0 时，dout＝Z（高阻）。三态门真值表见表 5–5，用 Verilog HDL 描述三态门电路见例 5–12。

表 5–5　三态门真值表

数据输入	输出使能	数据输出
din	en	dout
X	0	Z
0	1	0
1	1	1

动画
三态门电路

图 5–12　三态门电路

【例 5–12】　用 Verilog HDL 描述三态门电路。

```
module tri_gate(din,en,dout);
  input din,en;//数据输入与输出使能端
  output dout;//数据输出端
  reg dout;
  always@ (din,en)
    if (en)
      dout=din;
    else
      dout=1'bz;
endmodule
```

三态门电路的仿真波形如图 5–13 所示。

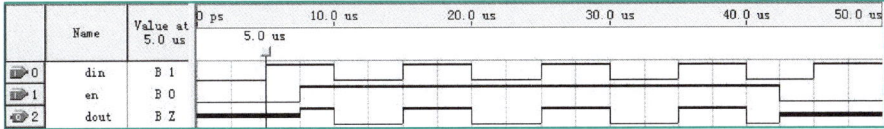

图 5-13　三态门电路的仿真波形

2. 双向总线缓冲器

双向总线缓冲器用于对数据总线的驱动和缓冲。典型的双线总线缓冲器有两个 8 位数据输入/输出端 a 和 b，一个使能端 en 和一个方向控制端 dir。当 en=1 时该总线驱动器选通，若 dir=1，则信号由 a 传至 b；反之由 b 传至 a。例 5-13 是双向总线缓冲器的 Verilog HDL 程序。

【例 5-13】　用 Verilog HDL 描述双向总线缓冲器。

```verilog
module tri_bibuffer(a,b,en,dr);
  inout [7:0] a,b;        //数据输入/输出端
  input en,dr;            //使能与方向控制端
  reg [7:0]a,b;
  always@ (a,b,dr)
    begin
      if(dr&en)
        b<=a;            //信号由 a 传至 b
      else
        b<=1'bz;
    end
  always@ (a,b,dr)
    begin
      if(! dr&en)
        a<=b;            //信号由 b 传至 a
      else
        a<=1'bz;
    end
endmodule
```

双向总线缓冲器电路的仿真波形如图 5-14 所示。

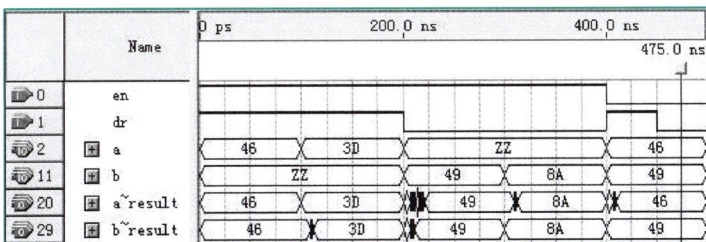

图 5-14　双向总线缓冲器电路的仿真波形

5.2 设计时序逻辑电路

时序逻辑电路任一时刻的输出信号不仅取决于当时的输入信号，还取决于电路的原来状态，一般由组合电路和存储电路两部分组成。时序逻辑电路的重要标志是具有时钟脉冲 Clock，在时钟脉冲上升沿或下降沿的控制下，时序逻辑电路才能发生状态变化。Verilog HDL 提供了测试时钟脉冲敏感边沿的函数，为时序逻辑电路的设计带来了极大的方便。

5.2.1 设计触发器

触发器是构成时序逻辑电路的基本元件，常用的触发器包括 RS、JK、D 和 T 等类型，这里以 D 触发器和 JK 触发器为例，介绍触发器的设计。

1. D 触发器

上升沿触发的 D 触发器电路符号如图 5-15 所示，它有一个数据输入端 D，一个时钟输入端 CLK 和一个数据输出端 Q，其真值表见表 5-6。

表 5-6 D 触发器真值表

数据输入端	时钟输入端	数据输出端
D	**CLK**	**Q**
X	0	不变
X	1	不变
0	↑	0
1	↑	1

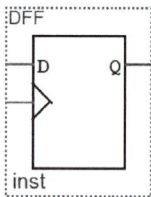
图 5-15 D 触发器电路符号

从表 5-6 中可以看到，D 触发器的输出端只有在时钟脉冲的上升沿到来后，输入端 D 的数据才传递到输出端 Q。用 Verilog HDL 描述 D 触发器的程序见例 5-14。

【例 5-14】 用 Verilog HDL 描述 D 触发器。

```
module dff1(d,clk,q);
  input clk,d;            //时钟与数据输入端
  output q;               //数据输出端
  reg q;
  always@ (posedge clk)   //检测时钟信号变化
    q<=d;
endmodule
```

程序中描述的是上升沿触发，如果要改成下降沿触发，只要将条件改为 always@（negedge clk）即可。

2. 异步复位 D 触发器

异步复位 D 触发器电路符号如图 5-16 所示。它和一般的 D 触发器的区别是多了一个复位

输入端 CLR。当 CLR=0 时，其 Q 端输出被强迫置为 0，因此 CLR 又称清零输入端。用 Verilog HDL 描述异步复位 D 触发器的源程序见例 5-15。

【例 5-15】 用 Verilog HDL 描述异步复位 D 触发器。

```verilog
module dff2(d,clk,q,clr);
    input clk,d,clr;          //时钟,数据输入与清零端
    output q;
    reg q;
    always @ (posedge clk or negedge clr)
        begin
            if(! clr)        //实现复位
              q<=0;
            else
              q<=d;
        end
endmodule
```

3. 异步复位/置位 D 触发器

异步复位/置位 D 触发器电路符号如图 5-17 所示。除了前述的 D、CLK 和 Q 端外，还有复位输入端 CLR 和置位输入端 PRN。当 CLR=0 时复位，使 Q=0；当 PRN=0 时置位，使 Q=1。异步复位/置位 D 触发器的 Verilog HDL 程序见例 5-16。

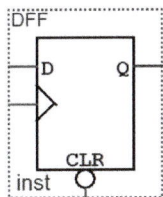

图 5-16 异步复位 D 触发器电路符号　　图 5-17 异步复位/置位 D 触发器电路符号

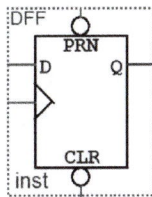

【例 5-16】 用 Verilog HDL 描述异步复位/置位 D 触发器。

```verilog
module dff3(d,clk,q,clr,prn);
    input d,clk,clr,prn;
    output q;
    reg q;
    always @ (posedge clk or negedge clr or negedge prn)
      begin
          if(! prn)          //异步置位
            q<=1;
          else if(! clr)     //异步清零
            q<=0;
          else
            q<=d;
```

```
    end
endmodule
```

从例 5-16 可以看到，置位的优先级最高，复位次之，时钟最低。这样，当 PRN=0 时，无论 CLR 和 CLK 都是什么状态，Q 一定被置为 1。

4. JK 触发器

带有复位/置位功能的 JK 触发器电路符号如图 5-18 所示。JK 触发器的输入端有置位输入端 PRN，复位输入端 CLR，控制输入端 J 和 K 以及时钟输入端 CLK；输出端有正向输出端 Q 和反向输出端 QB。JK 触发器的真值表见表 5-7。带有复位/置位功能 JK 触发器的 Verilog HDL 程序见例 5-17。

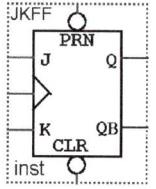

图 5-18   带有复位/置位功能 JK 触发器电路符号

表 5-7   JK 触发器真值表

输入端					输出端	
PRN	CLR	CLK	J	K	Q	QB
0	1	X	X	X	1	0
1	0	X	X	X	0	1
0	0	X	X	X	X	X
1	1	↑	0	1	0	1
1	1	↑	1	1	翻　转	
1	1	↑	0	0	Q_0	$\overline{Q_0}$
1	1	↑	1	0	1	0
1	1	0	X	X	Q_0	$\overline{Q_0}$

表中，Q_0 表示原状态不变；翻转表示改变原来状态：原来为 0 则变成 1；原来为 1 则变成 0。

【例 5-17】   用 Verilog HDL 描述 JK 触发器。

```
module jkf(prn,clr,clk,j,k,q,qb);
    input prn,clr,clk,j,k;
    output q,qb;
    reg q;
    wire qb;
    assign qb=~q;
    always@(posedge clk or negedge clr or negedge prn)
        if(!prn)
            q<=1;      //置位
        else if(!clr)
            q<=0;      //复位
        else
          begin
            case({j,k})
            2'b00:q<=q;
            2'b01:q<=1'b0;
```

```
        2'b10:q<=1'b1;
        2'b11:q<= ~ q;
        default:q<=q;
      endcase
   end
endmodule
```

JK 触发器电路的仿真波形如图 5-19 所示。

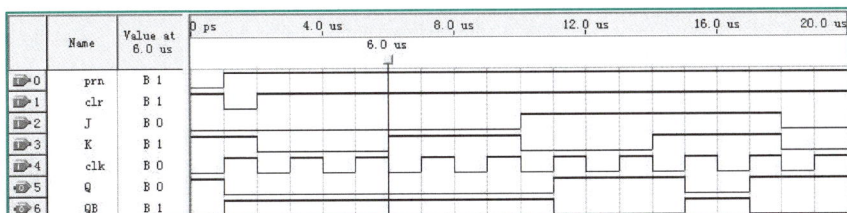

图 5-19 *JK* 触发器电路的仿真波形

5.2.2 设计锁存器

寄存器一般由多位触发器连接而成。从功能上说，寄存器通常可分为锁存器和移位寄存器两种。

锁存器是一种重要的数字电路部件，常用来暂时存放指令、参与运算的数据或运算结果等。它是数字测量和数字控制中常用的部件，是计算机的主要部件之一。锁存器的主要组成部分是具有记忆功能的双稳态触发器。一个触发器可以储存一位二进制代码，要储存 *N* 位二进制代码，就要有 *N* 个触发器。

锁存器用于寄存一组二进制代码，广泛应用于各类数字系统中。例 5-18 是用 Verilog HDL 描述 8 位锁存器。

【例 5-18】 用 Verilog HDL 描述 8 位锁存器。

```
module register(d,clk,q);
  input [7:0]d;
  input clk;
  output [7:0]q;
  reg [7:0]q;
  always@ (clkord)
    begin
      if(clk)
      q=d;
  end
```

微课
Verilog时序逻辑
电路设计一

5.2.3 设计移位寄存器

移位寄存器除了具有存储代码的功能以外，还具有移位功能。所谓移位功能，是指寄存器里存储的代码能在移位脉冲的作用下依次左移或右移。因此，移位寄存器不但可以用来寄存代码，还可用来实现数据的串并转换、数值的运算以及数据处理等。例 5–19 是用 Verilog HDL 描述 8 位的移位寄存器，使其具有左移一位或右移一位、并行输入和同步复位的功能。

【例 5–19】 用 Verilog HDL 描述 8 位移位寄存器。

```verilog
module shift_reg(clk,data,qout,shift_left,shift_right,mode,reset);
    input clk,shift_left,shift_right,reset;
    input [1:0] mode;
    input [7:0] data;
    output [7:0] qout;
    reg [7:0] qout;
        always @ (posedge clk)
            if(reset)            //同步复位功能的实现
                qout=8'b00000000;
            else
            case(mode)
                2'b01:qout<={shift_right,data[7:1]};    //右移一位
                2'b10:qout<={data[6:0],shift_left};     //左移一位
                2'b11:qout<=data;                       //并行输入
                default:;
            endcase
endmodule
```

8 位移位寄存器电路的仿真波形如图 5–20 所示。

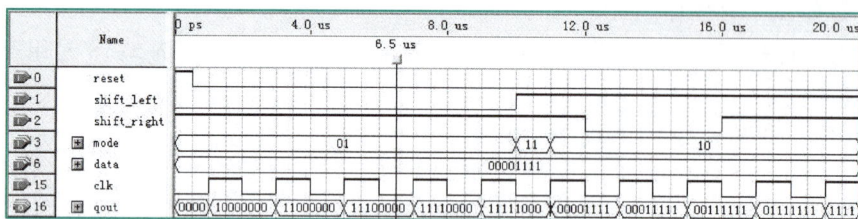

图 5–20 8 位移位寄存器电路的仿真波形

5.2.4 设计计数器

计数器是在数字系统中使用最多的时序电路，它不仅能用于对时钟脉冲计数，还可以用于分频、定时、产生节拍脉冲和脉冲序列以及进行数字运算等。计数器是一个典型的时序电路，分同步计数器和异步计数器两种，分析计数器能更好地了解时序电路的特性。

1. 同步计数器设计

所谓同步计数器，就是在时钟脉冲（计数脉冲）的控制下，构成计数器的各触发器状态同时发生变化的一类计数器。

（1）六十进制计数器

六十进制计数器常用于时钟计数。众所周知，用一个 4 位二进制计数器可构成 1 位十进制

计数器，而 2 位十进制计数器连接起来可以构成一个六十进制的计数器。六十进制计数器的外部端口示意图如图 5-21 所示。该图中 bcd1wr 和 bcd10wr 与 datain 配合，以实现对六十进制计数器的个位和十位值的预置操作。应注意，在对个位和十位进行预置操作时，输入端 datain 是公用的，因而个位和十位的预置操作必定要串行进行。利用 Verilog HDL 描述六十进制计数器的程序见例 5-20 和例 5-21。

【例 5-20】　用 Verilog HDL 描述六十进制计数器（方法 1）。

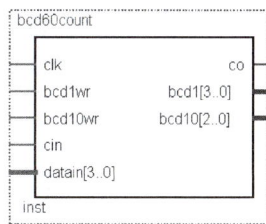

图 5-21　六十进制计数器
外部端口示意图

```verilog
module bcd60count (bcd1,bcd10,co,datain,bcd1wr,
                   bcd10wr,cin,clk);
    output [3:0]bcd1;
    output [2:0]bcd10;
    output co;
    input[3:0] datain;
    input cin,clk,bcd1wr,bcd10wr;
    reg[6:0] qout;
    always @ (posedge clk or posedge bcd1wr or
            posedge bcd10wr)//上升沿时刻计数,异步置数
      begin
        if(bcd1wr)
          qout[3:0]=datain;//异步置数个位
          else if(bcd10wr)
          qout[6:4]=datain[2:0];//异步置数十位
        else if(cin)
          begin
            if(qout[3:0]==9)//低位是否为9,是则往下执行
              begin
                qout[3:0]=0;//低位清零并判断高位是否为5
                if(qout[6:4]==5)
                  qout[6:4]=0;//高位为5则将高位清零
                else
                  qout[6:4]=qout[6:4]+1;//加1,BCD进位
              end
            else
              qout[3:0]=qout[3:0]+1;
          end
      end
    assign co=((qout==8'h59)&cin)? 1:0;//产生进位输出信号
    assign {bcd10,bcd1}=qout;
endmodule
```

【例 5-21】 用 Verilog HDL 描述六十进制计数器（方法 2）。

```
module counter60(bin,cy60,ec,clr,cp,s);
  output[5:0] bin;      //二进制输出
  output cy60;          //计数 60 进位信号
  input ec,cp,clr,s;    //使能,时钟,清零,输出启动信号
  reg[5:0] qout_t;
  always @ (posedge cp or posedge clr )//计数 60
    begin
      if(clr)
          qout_t=0;                   //异步复位
        else if(ec)
          qout_t=qout_t+1;            //计数值加 1
    end
  assign cy60=((qout_t==6'h3B)&ec)? 1:0;   //产生进位输出信号
  assign bin=s? qout_t:8'h00;              //输出二进制计数值
endmodule
```

六十进制计数器（方法 2）电路的仿真波形如图 5-22 所示。

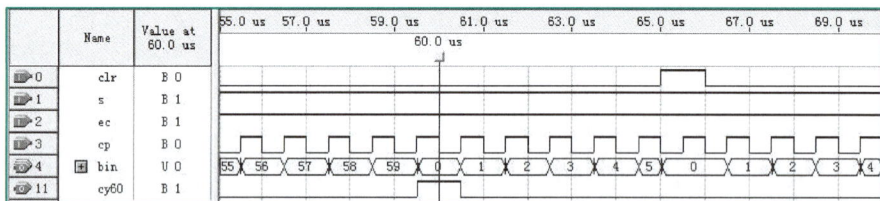

图 5-22   六十进制计数器（方法 2）电路的仿真波形

（2）可逆计数器

所谓可逆计数器，就是根据计数控制信号的不同，在时钟脉冲作用下，计数器可以进行加 1 或者减 1 操作的一种计数器。可逆计数器有一个特殊的控制端 DIR。当 DIR=1 时，计数器进行加 1 操作；当 DIR=0 时，计数器进行减 1 操作。表 5-8 是一个 3 位可逆计数器真值表，它的 Verilog HDL 描述如例 5-22 所示。

表 5-8   3 位可逆计数器真值表

输入端		输出端		
DIR	CP	Q_2	Q_1	Q_0
X	X	0	0	0
1	↑	计数器加 1 操作		
0	↑	计数器减 1 操作		

【例 5-22】 用 Verilog HDL 描述 3 位二进制可逆计数器。

```
module count3(q,cp,dir);
```

```
input cp,dir;//时钟输入端口与计数方向控制端口
output [2:0]q;
reg [2:0]q;
  always@ (posedge cp )
    begin
      if(dir)
        q=q+1;//正计数,+1
      else
        q=q-1;//逆计数,-1
    end
endmodule
```

编写可逆计数器 Verilog HDL 程序时,在语法上,就是把加法和减法计数器合并,使用一个控制信号决定计数器做加法或减法运算。在本例中,利用控制信号 DIR 可以让计数器的计数动作加 1 或减 1。

2. 异步计数器设计

异步计数器又称行波计数器,它将低位计数器的输出作为高位计数器的时钟信号,一级一级串行连接起来就构成了一个异步计数器。异步计数器与同步计数器的不同之处在于时钟脉冲的提供方式。由于异步计数器采用行波计数,从而使计数延迟增加,在要求延迟小的领域受到了很大限制。尽管如此,由于它的电路简单,仍有广泛的应用。

图 5-23 是用 Verilog HDL 描述的一个由 8 个触发器构成的异步计数器,其 Verilog HDL 程序见例 5-23,采用元件例化方式生成。与上述同步计数器的不同之处主要表现在对各级时钟脉冲的描述上,这一点请读者在阅读程序时多加注意。

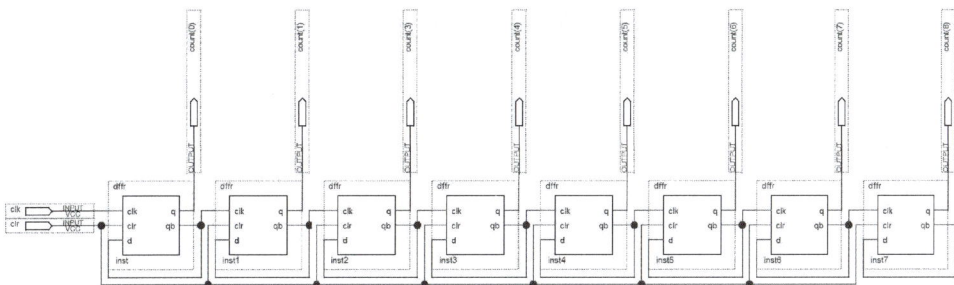

图 5-23　8 位异步计数器原理图

【例 5-23】　用 Verilog HDL 描述由 8 个触发器构成的 8 位二进制异步计数器。

```
module dffr(d,clk,q,qb,clr);        //待例化元件
  input d,clk,clr;
  output q,qb;
  reg q;
  assign qb=!q;
    always @ (posedge clk or negedge clr)
      begin
```

```
        if(!clr)
           q<=0;
         else
           q<=d;
       end
endmodule

module rplcont(clk,clr,count);  //顶层文件设计
   input clk,clr;
   output [7:0] count;
   wire [8:0] count_in_bar;
   assign count_in_bar[0]=clk;
   generate//循环例化
      genvar i;
         for(i=0;i<=7;i=i+1)
           begin:dff_queues
             dffr(.clk(count_in_bar[i]),.clr(clr),.d(count_in_bar[i+1]),
               .q(count[i]),.qb(count_in_bar[i+1]));//例化语句
           end
      endgenerate
endmodule
```

5.3 ▶ 设计状态机

状态机（finite state machine，FSM）的基本结构如图 5-24 所示。除了输入、输出信号外，状态机还包含一组寄存器记忆状态机的内部状态。状态机寄存器的下一个状态及输出，不仅同输入信号有关，而且还与寄存器的当前状态有关。状态机可以被认为是组合逻辑和寄存器逻辑的特殊组合。组合逻辑部分又可分为状态译码器和输出译码器，状态译码器确定状态机的下一个状态，即确定状态机的激励方程；输出译码器确定状态机的输出信号，即确定状态机的输出方程。状态寄存器用于存储状态机的内部状态。

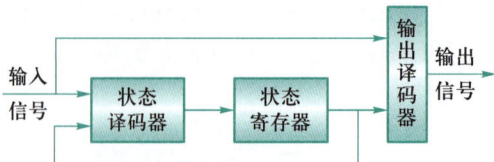

图 5-24　状态机的基本结构

状态机的基本操作有两种：① 状态机的内部状态转换。状态机经历一系列状态，下一个状态由状态译码器根据当前状态和输入条件决定。② 产生输出信号序列。输出信号由输出译

码器根据当前状态和输入条件确定。

用输入信号决定下一个状态也称为"转移"。除了转移之外,复杂的状态机还具有重复和历程功能。从一个状态转移到另一个状态称为控制定序,而决定下一个状态所需的逻辑称为转移函数。

在产生输出信号的过程中,根据是否使用输入信号可以确定状态机的类型。其中,米利(Mealy)状态机和摩尔(Moore)状态机是两种典型的状态机。摩尔状态机的输出信号只是当前状态的函数,而米利状态机的输出信号一般是当前状态和输入信号的函数。对于这两类状态机,控制定序都取决于当前状态和输入信号。大多数实用的状态机都是同步的时序电路,由时钟信号触发进行状态的转换。时钟信号同所有的边沿触发的状态寄存器和输出寄存器相连,使状态的改变发生在时钟的上升沿或下降沿。

在数字系统中,那些输出信号取决于过去的输入信号和当前的输入信号部分都可以作为有限状态机。有限状态机的全部"历史"都反映在当前状态上。当给状态机一个新的输入时,它就会产生一个输出信号。输出信号由当前状态和输入信号共同决定,同时状态机也会转移到下一个新状态。状态机中,其内部状态存放在寄存器中,下一个状态的值由状态译码器中的一个组合逻辑——转移函数产生,状态机的输出信号由另一个组合逻辑——输出函数产生。

建立有限状态机主要有两种方法:状态转移图(状态图)和状态转移表(状态表)。它们是等价的,相互之间可以转换。

状态转移图如图 5-25 所示,图中每个椭圆表示状态机的一个状态,而箭头表示状态之间的一个转换,引起转换的输入信号及当前输出信号表示在转换箭头上。如果能够写出状态机的状态转移图,就可以使用 Verilog HDL 的状态机语句对它进行描述。

摩尔状态机和米利状态机的表示方法不同,摩尔状态机的状态译码输出信号写在状态圈内,米利状态机的状态译码输出信号写在箭头旁,如图 5-26 所示。

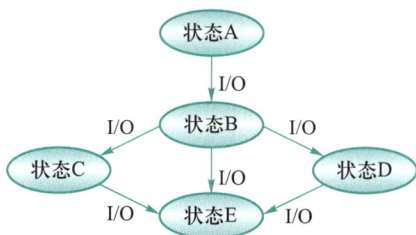

图 5-25　状态转移图

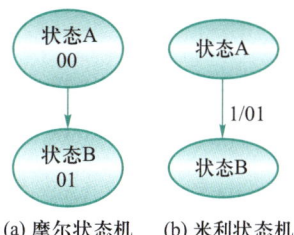

图 5-26　摩尔和米利状态机
(a) 摩尔状态机　(b) 米利状态机

状态转移表见表 5-9。表中的行列出了全部可能的输入信号组合和内部状态以及相应的次状态和输出信号,因此状态表规定了状态机的转换函数和输出函数。然而,状态表不适合具有大量输入信号的系统,因为随着输入信号的增加其状态数和系统的复杂性会显著增加。

表 5-9　状态转移表

现态	输入	次态	输出
$S_0 \sim S_n$	$I_0 \sim I_m$	$S_0 \sim S_n$	$Q_0 \sim Q_P$

状态转移图、状态转移表这两种有限状态机的建立方法是等价的,都描述了同一硬件结构,它们之间可以相互转换,但各有优缺点,分别适用于不同场合。

5.3.1　设计摩尔状态机

摩尔状态机输出信号只与当前状态有关，与输入信号的当前值无关，是严格的现态函数。在时钟脉冲的有效边沿作用后的有限个门延后，输出信号达到稳定值。即使在时钟周期内输入信号发生变化，输出信号也会保持稳定不变。从时序上看，摩尔状态机属于同步输出状态机。摩尔有限状态机最重要的特点就是将输入信号与输出信号隔离开来。例 5-24 就是一个典型的摩尔状态机实例，其状态机的状态图如图 5-27 所示。

【例 5-24】 用 Verilog HDL 描述摩尔状态机。

```verilog
module moore (reset,clk,datain,dataout);
  input   reset,clk;
  input   datain;
  output [3:0]dataout;
  reg    [3:0]dataout;
  reg    [3:0] nextstate,currentstate;
//用热活码设置表示状态
  parameter  s1=4'b0001,
             s2=4'b0010,
             s3=4'b0100,
             s4=4'b1000;
  always@ (posedge clk or negedge reset)
    if(!reset)//异步复位
      currentstate<=s1;
    else
      currentstate<=nextstate;//状态转换
  always@ (currentstate or datain)
    begin
      case(currentstate)//当检测到时钟上升沿时执行 case 语句
        s1:nextstate=(datain==1)? s2:s1;
        s2:nextstate=(datain==0)? s3:s2;
        s3:nextstate=(datain==1)? s4:s3;
        s4:nextstate=(datain==0)? s1:s4;
        default:nextstate=4'bxxxx;
      endcase
    end
  always@ (reset or currentstate)//组合逻辑过程
    begin
      if(!reset)
        dataout=4'b0001;
```

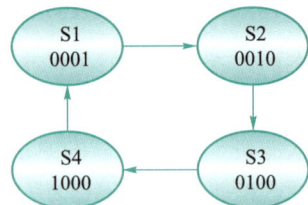

图 5-27　摩尔状态机的状态图

```
    else
      case(currentstate)  //确定当前状态值
        s1:dataout=4'b0001;//对应状态 S1 的数据输出为"0001"
        s2:dataout=4'b0010;
        s3:dataout=4'b0100;
        s4:dataout=4'b1000;
        default:dataout=4'b0000;
      endcase
    end
endmodule
```

例 5-24 的 Verilog HDL 描述中包含了 3 个 always 区块，也就是 3 个过程。图 5-28 是例 5-24 的工作时序图，由图可见，状态机在异步复位信号后 state = s1，在第 500ns 有效时钟上升沿到来时，state = s1，datain = 1，从而 state 由 s1 转换为 s2，输出 dataout = 0010，即使在 500ns 后的一个时钟周期内输入信号发生变化，输出信号也会维持稳定不变。

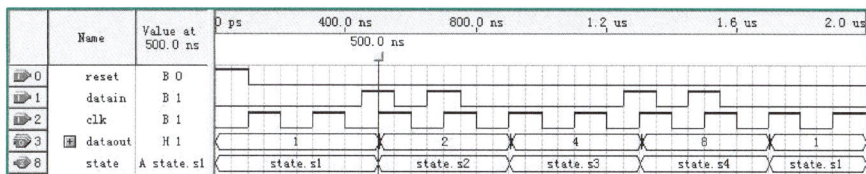

图 5-28　摩尔状态机的工作时序图

5.3.2　设计米利状态机

米利状态机的输出信号是现态和所有输入信号的函数，随输入信号的变化而随时发生变化。从时序上看，米利状态机属于异步输出状态机，它不依赖于时钟信号。例 5-25 就是一个典型的米利状态机实例，其状态图如图 5-29 所示。

【例 5-25】　用 Verilog HDL 描述米利状态机。

```
module mealy (reset,clk,datain,dataout);
  input reset,clk;
  input datain;
  output [3:0] dataout;
  reg [3:0] dataout;
  reg [3:0] nextstate,currentstate;
//用热活码设置表示状态
  parameter  s1=4'b0001,
             s2=4'b0010,
             s3=4'b0100,
             s4=4'b1000;
  always @ (posedge clk or negedge reset)
```

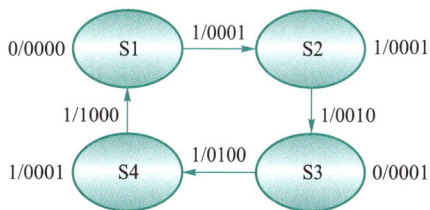

图 5-29　米利状态机的状态图

```
        if(! reset)//异步复位
          currentstate<=s1;
        else
          currentstate<=nextstate;//状态转换
    always@ (currentstate or datain)
      begin
        case(currentstate)//当检测到时钟上升沿时执行 case 语句
          s1:nextstate=(datain==1)? s2:s1;
          s2:nextstate=(datain==0)? s3:s2;
          s3:nextstate=(datain==1)? s4:s3;
          s4:nextstate=(datain==0)? s1:s4;
          default:nextstate=4'bxxxx;
        endcase
      end
    always@ (reset or currentstate or datain)//组合逻辑过程
      if(! reset)
        dataout=0;
      else
        case(currentstate)   //确定当前状态值
          s1:dataout=(datain==1)? 4'b0010:4'b0001;
          s2:dataout=(datain==0)? 4'b0100:4'b0010;
          s3:dataout=(datain==1)? 4'b1000:4'b0100;
          s4:dataout=(datain==0)? 4'b0001:4'b1000;
          default:dataout=4'b0000;
        endcase
endmodule
```

例 5-25 的 Verilog HDL 描述中包含了 3 个 always 区块，也就是 3 个过程。图 5-30 是例 5-25 的工作时序图，由图可见，状态机在异步复位信号来到时，datain=1，输出 dataout=0001，在 clk 的有效时钟上升沿到来前，datain 发生了变化，由 1→0，输出 dataout 随即发生变化，由 0001→0000，反映了米利状态机属于异步输出状态机，即它不依赖于时钟的鲜明特点。

米利状态机的 Verilog HDL 结构要求至少有两个进程，或者是一个状态机进程加一个独立的并行返值语句。

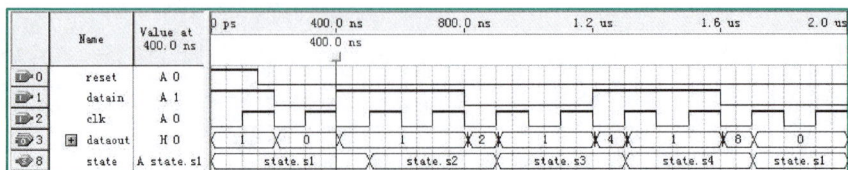

图 5-30 米利状态机的工作时序图

5.4　设计存储器

半导体存储器的种类很多，从功能上可以分为只读存储器（read only memory，ROM）和随机存储器（random access memeory，RAM）两大类。

5.4.1　设计只读存储器

只读存储器在正常工作时从中读取数据，不能快速地修改或重新写入数据，适用于存储固定数据的场合。例 5-26 是一个容量为 16×8 位的 ROM 的例子，该 ROM 有 4 位地址信号 addr[0]～addr[3]、8 位数据输出信号 data[0]～data[7] 及使能 en，如图 5-31 所示。

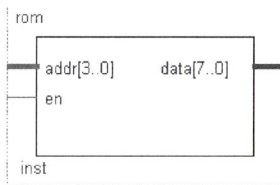

图 5-31　16×8 位的 ROM 端口示意图

【例 5-26】　用 Verilog HDL 描述 16×8 位的 ROM。

```
module rom(addr,data,en);
   output[7:0] data;//8 位数据信号
   input[3:0] addr;//地址信号
   input en;//读使能低电平有效
   reg[7:0]mem[0:15];//宽 8 位,深度 16
   assign  data=(en==0)? mem[addr]:8'hzz;
   initial//初始化
     begin
        mem[0]=8'b10101001;     mem[1]=8'b11111101;
        mem[2]=8'b11101000;     mem[3]=8'b11011100;
        mem[4]=8'b10111001;     mem[5]=8'b11000010;
        mem[6]=8'b11000101;     mem[7]=8'b00000100;
        mem[8]=8'b11101100;     mem[9]=8'b10001010;
        mem[10]=8'b11001111;    mem[11]=8'b00110100;
        mem[12]=8'b11000001;    mem[13]=8'b10011111;
        mem[14]=8'b10100101;    mem[15]=8'b01011100;
     end
endmodule
```

16×8 位的 ROM 电路的仿真波形如图 5-32 所示。

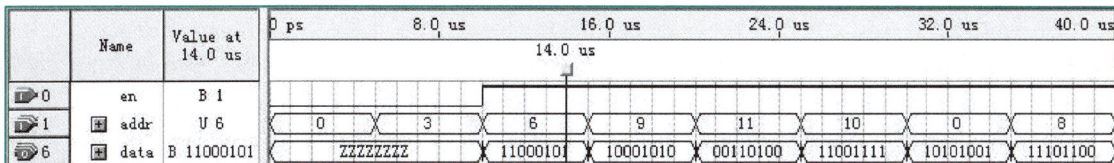

图 5-32　16×8 位的 ROM 电路的仿真波形

5.4.2   设计随机存储器

RAM 和 ROM 的主要区别在于 RAM 描述上有读和写两种操作，而且在读写上对时间有较严格的要求。例 5-27 是一个 8×8 位 RAM 的 Verilog HDL 描述实例，该 RAM 有 3 位地址信号 addr［0］ ～ addr［2］、8 位数据输入 datain［0］ ～ datain［7］、8 位数据输出 dataout［0］ ～ dataout［7］、读信号 rd、写信号 wr 及片选信号 cs，如图 5-33 所示。

【例 5-27】   用 Verilog HDL 描述 8×8 位的 RAM。

```
module ram(datain,addr,dataout,cs,rd,wr);
  input [2:0] addr;//地址信号
    input cs;//片选信号
    input rd;//读信号
    input wr;//写信号
    input [7:0] datain;//数据输入端
    output [7:0] dataout;//数据输出端
    reg [7:0] memory [0:7];   //宽8位,深度8
    assign dataout=(cs&rd)? memory[addr]:8'bz;//读操作
    always @ (posedge wr )
      if(cs==1)
        memory[addr]=datain;//写操作
endmodule
```

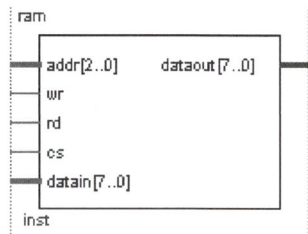

图 5-33   8×8 位的 RAM
端口示意图

8×8 位的 RAM 电路的仿真波形如图 5-34 所示。

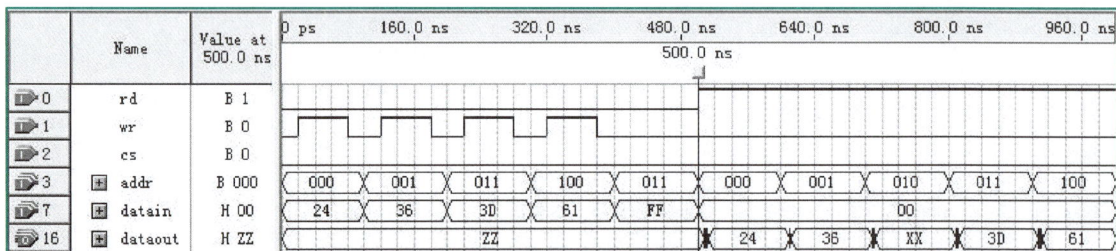

图 5-34   8×8 位的 RAM 电路的仿真波形

项目小结

主要以实例方式实际操作理解如何使用 Verilog HDL 进行基本数字单元逻辑电路的设计，内容有：① 组合逻辑电路设计，包括运算电路、编码器、译码器、数据选择器、数据比较器、三态门及总线缓冲器等电路的设计；② 时序逻辑电路设计，包括触发器、锁存器、移位寄存器、计数器等电路的设计；③ 状态机的设计，包括摩尔状态机和米利状态机的设计；④ 存储器的设计，包括只读存储器和随机存储器的设计。这些基本单元电路既可以作为独立的电路使用，也可以在设计比较复杂的数字系统时作为底层模块调用。

思考练习

1. 用 Verilog HDL 设计一个 8 位二进制全加器。

2. 用 Verilog HDL 设计一个 16 选 1 数据选择器。

3. 用 Verilog HDL 设计一个 9 位偶校验电路。要求当输入数据 1 的个数为偶数时输出为 0，否则输出为 1。

4. 用 Verilog HDL 设计一个带三态输出的 2 输入端同或逻辑门。

5. 已知 10 线−4 线优先编码器功能表（见表 5−10），试用 Verilog HDL 进行设计。

表 5−10 10 线−4 线优先编码器功能表

D9	D8	D7	D6	D5	D4	D3	D2	D1	D0	Y3	Y2	Y1	Y0
0	×	×	×	×	×	×	×	×	×	0	0	0	0
1	0	×	×	×	×	×	×	×	×	0	0	0	1
1	1	0	×	×	×	×	×	×	×	0	0	1	0
1	1	1	0	×	×	×	×	×	×	0	0	1	1
1	1	1	1	0	×	×	×	×	×	0	1	0	0
1	1	1	1	1	0	×	×	×	×	0	1	0	1
1	1	1	1	1	1	0	×	×	×	0	1	1	0
1	1	1	1	1	1	1	0	×	×	0	1	1	1
1	1	1	1	1	1	1	1	0	×	1	0	0	0
1	1	1	1	1	1	1	1	1	0	1	0	0	1

6. 已知 4 线−10 线译码器功能表（见表 5−11），试用 Verilog HDL 进行设计。

表 5−11 4 线−10 线译码器功能表

D	C	B	A	Y9	Y8	Y7	Y6	Y5	Y4	Y3	Y2	Y1	Y0
0	0	0	0	1	1	1	1	1	1	1	1	1	0
0	0	0	1	1	1	1	1	1	1	1	1	0	1
0	0	1	0	1	1	1	1	1	1	1	0	1	1
0	0	1	1	1	1	1	1	1	1	0	1	1	1
0	1	0	0	1	1	1	1	1	0	1	1	1	1
0	1	0	1	1	1	1	1	0	1	1	1	1	1
0	1	1	0	1	1	1	0	1	1	1	1	1	1
0	1	1	1	1	1	0	1	1	1	1	1	1	1
1	0	0	0	1	0	1	1	1	1	1	1	1	1
1	0	0	1	0	1	1	1	1	1	1	1	1	1

7. 用 Verilog HDL 设计一个带异步清零（低电平有效）、上升沿触发的 *JK* 触发器。

8. 用 Verilog HDL 设计一个带异步清零（低电平有效）、同步置位（低电平有效）、下降沿触发的 *D* 触发器。

9. 移位寄存器电路如图 5-35 所示，试用 Verilog HDL 进行设计。

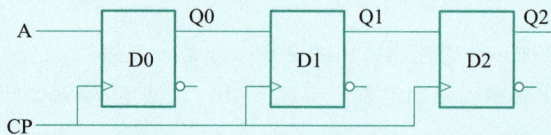

图 5-35 移位寄存器

10. 用 Verilog HDL 设计一个带异步清零（低电平有效）的同步 4 位二进制加、减计数器。

实训任务

任务 1 设计 1 位二进制全加器

1. 实训目的

（1）熟悉 Quartus Ⅱ 的 Verilog HDL 文本设计流程全过程。

（2）掌握 1 位二进制全加器的设计、仿真和硬件测试。

（3）学会用 Verilog HDL 设计一个 1 位二进制全加器。

2. 实训原理

1 位二进制全加器能够完成两个 1 位二进制数的加法运算，并且考虑低位来的进位。全加器有两个 1 位二进制的输入端和一个进位输入端，以及 1 个和输出端和一个进位输出端。

3. 实训内容及步骤

（1）分析 1 位全加器的工作原理。

（2）用 Verilog HDL 设计 1 位全加器。

（3）利用 Quartus Ⅱ 完成 1 位全加器的文本编辑输入（full adder. v）和检错、编译、仿真测试等步骤。

（4）引脚锁定以及硬件下载测试。按锁定好的引脚连接电路，三个输入信号接三个开关，两个输出端接两个 LED，然后进行编译、下载和硬件测试，即在实验系统上进行硬件测试，验证本项设计的功能。

4. 实训报告要求

（1）根据以上的实验内容写出实验报告，包括程序设计、软件编译、仿真分析、硬件测试等详细实验过程。

（2）给出程序分析报告、仿真波形图及其分析报告。

（3）写出设计心得体会。

任务 2 设计七段显示译码器

1. 实训目的

（1）熟悉 Quartus Ⅱ 的 Verilog HDL 文本设计流程全过程。

（2）掌握七段显示译码器的设计、仿真和硬件测试。

（3）学会用 Verilog HDL 设计一个七段显示译码器。

2. 实训原理

通常使用的七段 LED 显示器为"8"字形，另外，还有一个发光二极管用来显示小数点。在七段 LED 显示器中，通常将各段发光二极管的阴极或阳极连在一起作为公共端，这样可以使驱动电路简单些，其中将各段发光二极管阳极连在一起的称为共阳极 LED 显示器，用低电平驱动；将各段发光二极管阴极连在一起的称为共阴极 LED 显示器，用高电平驱动。七段 LED 显示器显示原理及外形结构如图 5−36 所示。

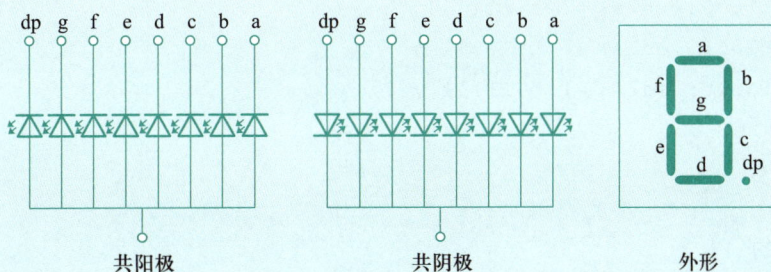

图 5−36　七段 LED 显示器显示原理及外形结构

显示译码器将用于显示的 BCD 码数据进行译码。其实质就是一个七段译码器，将显示控制电路输入的 BCD 码数据进行译码，注意共阳极与共阴极 LED 显示器的译码结果相反。

3. 实训内容及步骤

（1）分析七段显示译码器的工作原理。

（2）用 Verilog HDL 设计七段显示译码器。

（3）利用 Quartus II 完成七段显示译码器的文本编辑输入和检错、编译、仿真等步骤。

（4）引脚锁定以及硬件下载测试。引脚锁定后进行编译、下载和硬件测试实验，即在实验系统上进行硬件测试，验证本项目设计的功能。

4. 实训报告要求

（1）根据以上的实验内容写出实验报告，包括程序设计、软件编译、仿真分析、硬件测试等详细实验过程。

（2）给出程序分析报告、仿真波形图及其分析报告。

（3）写出设计心得体会。

5. 参考程序

```
module leddecode (bcd_data,a,b,c,d,e,f,g);
  input [3:0] bcd_data;
  output a,b,c,d,e,f,g;
  reg [6:0] led7s;
  assign {g,f,e,d,c,b,a}=led7s;
  always @ (bcd_data)
    case(bcd_data)
      4'b0000:led7s<=7'b0111111;
      4'b0001:led7s<=7'b0000110;
```

```
    4'b0010:led7s<=7'b1011011;
    4'b0011:led7s<=7'b1001111;
    4'b0100:led7s<=7'b1100110;
    4'b0101:led7s<=7'b1101101;
    4'b0110:led7s<=7'b1111101;
    4'b0111:led7s<=7'b0000111;
    4'b1000:led7s<=7'b1111111;
    4'b1001:led7s<=7'b1101111;
    default:led7s<=7'b0111111;
  endcase
endmodule
```

任务 3 设计带异步清零的 D 触发器

1. 实训目的

（1）熟悉 Quartus Ⅱ 的 Verilog HDL 文本设计流程全过程。

（2）掌握带异步清零的 D 触发器的设计、仿真和硬件测试。

（3）学会用 Verilog HDL 设计一个带异步清零的 D 触发器。

2. 实训原理

带异步清零的 D 触发器和一般 D 触发器的区别是多了一个复位输入端 CLR。异步清零指的是当 CLR 有效时，不论 D 和 CLK 输入怎样的信号，其 Q 端输出都被强迫置为 0。CLR 又称清零输入端或复位输入端。

3. 实训内容及步骤

（1）分析带异步清零的 D 触发器。

（2）用 Verilog HDL 设计带异步清零的 D 触发器。

（3）利用 Quartus Ⅱ 完成带异步清零的 D 触发器的文本编辑输入和检错、编译、仿真测试等步骤。

（4）引脚锁定以及硬件下载测试。引脚锁定后进行编译、下载和硬件测试，即在实验系统上进行硬件测试，验证本项设计的功能。

4. 实训报告要求

（1）根据以上的实验内容写出实验报告，包括程序设计、软件编译、仿真分析、硬件测试和详细实验过程。

（2）给出程序分析报告、仿真波形图及其分析报告。

（3）写出设计心得体会。

任务 4 设计同步十进制计数器

1. 实训目的

（1）熟悉 Quartus Ⅱ 的 Verilog HDL 文本设计流程全过程。

（2）掌握同步 8421 BCD 码十进制计数器的设计、仿真和硬件测试。

（3）学会用 Verilog HDL 设计一个同步 8421 BCD 码十进制计数器。

2. 实训原理

十进制计数器的特点是"逢十进一"。同步 8421 BCD 码十进制计数器的输出是 8421 BCD

码，代表十进制数的 0 ~9。

用 Verilog HDL 设计一个具有异步清零、同步置数功能的同步 8421 BCD 码十进制计数器。其输入端有：时钟输入端 CP、异步清零控制输入端 R、同步置数控制输入端 S、同步置数 4 位数据输入端：DATA0 ~DATA3；计数器溢出指示输出端 CO、计数输出端 Q0 ~Q3。

3. 实训内容及步骤

（1）分析同步 8421 BCD 码十进制计数器。

（2）用 Verilog HDL 设计同步 8421 BCD 码十进制计数器。

（3）利用 Quartus Ⅱ 完成同步 8421 BCD 码十进制计数器的文本编辑输入和检错、编译、仿真测试等步骤。

（4）引脚锁定以及硬件下载测试。引脚锁定后进行编译、下载和硬件测试，即在实验系统上进行硬件测试，验证本项设计的功能。

4. 实训报告要求

（1）根据以上的实验内容写出实验报告，包括程序设计、软件编译、仿真分析、硬件测试等详细实验过程。

（2）给出程序分析报告、仿真波形图及其分析报告。

（3）写出设计心得体会。

5. 参考程序

```verilog
module count10 (cp,s,r,data,Q,co);
  input cp,s,r;
  input [3:0]data;
  output co;
  output reg [3:0]Q;
  assign co=(Q==9)? 1'b1:1'b0;
  always@ (posedge s,posedge r,posedge cp)
      if(s)
        Q<=data;
      else if (r)
        Q<=0;
      else if (Q==9)
        Q<=0;
      else
        Q<=Q+1;
endmodule
```

项目6 设计小型数字系统

EDA 技术是一门实践性很强的课程，它包含内容多，涉及知识面广。本项目为综合项目，由几个较为典型的 EDA 设计项目组成，涉及定制元件、状态机的应用及 A/D 转换与 LCD 显示等接口电路的设计，可以作为课程设计选题、毕业设计课题或课外科技活动训练项目。

微课
秒表设计—按键
消抖方案

微课
秒表设计二—按键
消抖实现

微课
秒表设计五—功能
实现

动画
数码管工作原理

6.1 设计数字钟

数字钟是一个典型的数字系统，其设计与实现方法比较多。数字钟的基本结构就是各种进制计数器的组合，如六十、十二和二十四进制计数器等。这些计数器再辅以其他的逻辑控制电路，如时间校正电路、复位电路、报警电路等，就构成了具有实用功能的数字钟。

6.1.1 设计要求

利用 Verilog HDL 设计一个数字钟，使其具有如下基本功能：

（1）能够实现时、分、秒计时，并以数字形式显示，时、分、秒各占 2 位。

（2）小时为二十四进制，分和秒为六十进制。

（3）能够通过按键调整时间和复位。

（4）可以进行整点报时。

（5）能够输出用于 6 位数码管动态扫描显示的控制信息。

6.1.2 设计方案

数字钟实际上是对一个标准的秒信号（1 Hz）进行计数并显示的电路，整个系统大致包括秒信号发生器、秒计数器、分计数器、时计数器、译码及扫描显示电路、校时电路和报时电路等几个组成部分。其系统组成框图如图 6-1 所示。

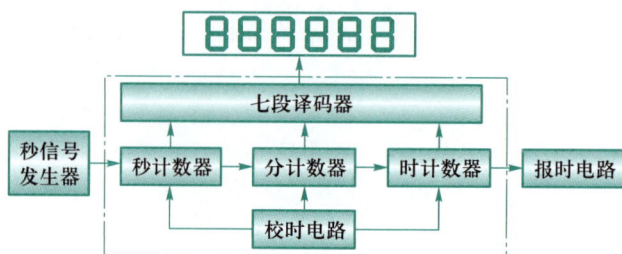

图 6-1 数字钟的系统组成框图

6.1.3 设计模块

1. 秒计数器模块

如图 6-2 所示，秒计数器模块实质上是一个六十进制计数器。clk 作为秒计数器模块的输入时钟信号；reset 为复位端口；bcd1 和 bcd10 分别为秒计数器的个位和十位 BCD 码输出端口；co 为进位端，为分计数器提供计数脉冲。其相应的 Verilog HDL 程序如下：

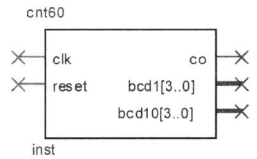

```
module cnt60(clk,reset,co,bcd1,bcd10);
    input clk;
    input reset;
    output reg co;
    output[3:0] bcd1;                                    --个位
    output[3:0] bcd10;                                   --十位
    reg[3:0] bcd1t,bcd10t;
    assign bcd1 =bcd1t;
    assign bcd10 =bcd10t;
    always@ (posedge clk,posedge reset)                  --复位进程
    if(reset ==1)
      begin
        bcd1t<=0;
        bcd10t<=0;
      end
    else if(bcd1t<4'd9)                                  --个位计数
        bcd1t<=bcd1t+1;
    else if(bcd10t<4'd5)                                 --十位计数
        begin
            bcd10t<=bcd10t+1;
            bcd1t<=0;
          end
    else begin
        bcd10t<=0;
        bcd1t<=0;
        end

    always@ (posedge clk)                                --秒进位
    if(bcd1t ==4'd9&bcd10t ==4'd5)
        co<=1;
    else
        co<=0;
```

图 6-2　秒计数器模块

cnt60

```
clk          co
reset     bcd1[3..0]
          bcd10[3..0]
```

inst

```
endmodule
```

2. 分计数器模块

分计数器模块和秒计数器模块均为六十进制计数器，参考程序如秒计数器。

3. 时计数器模块

如图 6-3 所示，时计数器模块实质上是一个二十四进制计数器。clk 为时计数器的脉冲输入端，reset 为复位端口，bcd1 和 bcd10 分别为时计数器的个位和十位输出端口。其相应的 Verilog HDL 程序如下：

```
module cnt24(clk,reset,bcd1,bcd10);
    input clk;
    input reset;
    output[3:0] bcd1;                    --个位
    output[3:0] bcd10;                   --十位
      reg[3:0] bcd1t,bcd10t;
      assign bcd1 =bcd1t;
      assign bcd10 =bcd10t;
       always@ (posedge clk,posedge reset)  --复位
       if(reset ==1)
         begin
           bcd1t<=0;
            bcd10t<=0;
          end
        else if(bcd1t ==4'd3 &bcd10t ==4'd2)--时计数到 23 清零,否则加 1 计数
               begin
                    bcd1t<=0;
                     bcd10t<=0;
                  end
        else if(bcd1t ==4'd9)
               begin
                  bcd10t<=bcd10t+1;
                  bcd1t<=0;
                 end
      else
          bcd1t<=bcd1t+1;
endmodule
```

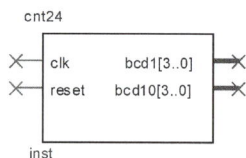

图 6-3　时计数器模块

动画
小时计数器模块仿真

4. 译码及扫描显示模块

根据系统显示的要求，本设计需要 6 个数码管。数码管一般分为共阴极和共阳极两种基本类型。显示的方法一般有两种：一种是静态显示，另一种是动态显示。

静态显示是指显示某一字符时，数码管的相应段恒定导通或是截止。静态显示时，较小的

驱动电流就可以获得一个较高的显示亮度，但每一个数码管都需要一个七段译码器来驱动，这种方式占用的 I/O 资源比较多，因此数码管较多时一般采用动态扫描方式。

动态扫描显示是指轮流点亮各个数码管，即将所有数码管的段输入信号连接在一起，通过位控信号选通其中一个数码管并把段数据写入，因此每一个时刻只有一个数码管是点亮的。为了能持续看到数码管显示的内容，必须对数码管进行扫描，即依次并循环点亮各个数码管，利用人眼的视觉暂留及发光器件的余辉效应，在合适的扫描频率下，人眼就会看到多个数码管同时点亮。

译码及扫描显示模块如图 6-4 所示。其中 clk 为动态扫描信号，din0、din1、din2、din3、din4、din5 分别为秒计数器、分计数器和时计数器的个位与十位 BCD 码输入信号，sg 为七段数码管的输出，bt 为数码管的位控信号。

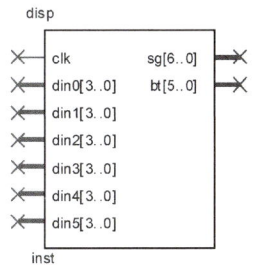

图 6-4　译码及扫描显示模块

译码及扫描显示模块的 Verilog HDL 程序如下：

```verilog
module disp(clk,din0,din1,din2,din3,din4,din5,smg_cs,smg_sel,smg_d);
    input clk;
     input[3:0] din0,din1,din2,din3,din4,din5;
    output smg_cs;
    output[2:0] smg_sel;
    output[7:0] smg_d;
     reg[2:0] smg_sel;
     reg[7:0] smg_d;
     reg[2:0] sel=0;
     reg[2:0] smg_sl;
    reg[3:0] disp;
assign smg_cs=1;
always@ (posedge clk)                 --扫描显示
 begin
    sel<=sel+1;
    case (sel)
    3'b001:begin disp<=din5;smg_sl<=3'b000;end
    3'b010:begin disp<=din1;smg_sl<=3'b111;end
    3'b011:begin disp<=din2;smg_sl<=3'b110;end
    3'b100:begin disp<=din3;smg_sl<=3'b101;end
    3'b101:begin disp<=din4;smg_sl<=3'b001;end
    3'b110:begin disp<=din0;smg_sl<=3'b100;end
     default:disp<=4'b1010;
    endcase
    smg_sel<=smg_sl;
                    end
```

动画
扫描显示模块仿真

微课
秒表设计三—数码管静态显示

微课
秒表设计四—数码管动态显示

```
always@ (disp)                  --七段显示译码
 case(disp)
 4'b0000:smg_d<=8'b00111111;
 4'b0001:smg_d<=8'b00000110;
 4'b0010:smg_d<=8'b01011011;
 4'b0011:smg_d<=8'b01001111;
 4'b0100:smg_d<=8'b01100110;
 4'b0101:smg_d<=8'b01101101;
 4'b0110:smg_d<=8'b01111101;
 4'b0111:smg_d<=8'b00000111;
 4'b1000:smg_d<=8'b01111111;
 4'b1001:smg_d<=8'b01101111;
 default:smg_d<=8'b00000000;
 endcase
endmodule
```

5. 校时模块

由计数器的计数过程可知，正常计数时，当秒计数器计数到 59，再来一个脉冲，秒计数器清零，而进位信号作为分计数器的计数脉冲，使分计数器计数加 1。若将秒进位脉冲和 1 Hz 的秒脉冲信号通过 1 个 2 选 1 的选择器，以 sel 选择输出信号，当 sel 为高电平时，输出秒进位脉冲，那么数字钟正常计时；当 sel 为低电平时，输出 1 Hz 的秒脉冲，那么分计数器就对 1 Hz 的脉冲进行计数，由此构成分校时电路。时校时电路的原理与分校时电路相同。校时模块如图 6-5 所示，相应的 Verilog HDL 程序如下：

```
module mux2(clk_1,cntclk,sel,clkout);
    input clk_1;
    input cntclk;
    input sel;
    output reg clkout;
     always@ (clk_1,cntclk,sel)
        if(sel==0)
           clkout<=cntclk;
         else
           clkout<=clk_1;
endmodule
```

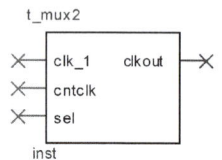

图 6-5 校时模块

6. 分频模块

在该系统的设计过程中，要用到两个频率的脉冲信号：1 Hz 的脉冲信号作为秒计数信号，1 kHz 的脉冲信号作为动态扫描信号，同时也作为报警信号的频率。本项目中，这两个信号是通过 10 MHz 的系统工作频率经过分频得到的。分频模块如图 6-6 所示，其相应的 Verilog HDL 程序如下：

```
module div(clk,clk_1,clk_1k);
```

```
input clk;
output clk_1;
output clk_1k;
 reg clk_1,clk_1k;
 reg[14:0]cnt1;
 reg[24:0]cnt2;

always@ (posedge clk)   //分频得到1kHz
 if (cnt1==15'd24999)
    begin
       cnt1<=0;
       clk_1k<=~clk_1k;
     end
    else
       cnt1<=cnt1+1;

always@ (posedge clk)   //分频得到1Hz
    if(cnt2==25'd24999999)
       begin
         cnt2<=0;
         clk_1<=~clk_1;
        end
      else
         cnt2<=cnt2+1'b1;
```

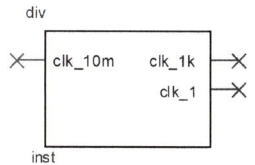

图 6-6   分频模块

```
endmodule
```

7. 报时模块

当时钟到达整点时，扬声器发出报警信号。该电路为一个**与门**电路，当分进位输出脉冲为高电平 1 时，扬声器响起。

8. 顶层模块设计

将上述各底层模块按图 6-7 所示连接构成顶层模块，完成数字钟电路的设计。

6.1.4 仿真分析

秒（分）计数器模块的仿真波形如图 6-8 所示。从图中可以看出：当计数值到达 59 之后，再来一个时钟上升沿，计数器从零重新开始计数，并且 co 输出一个上升沿，为分（时）计数器提供时钟脉冲。任何时刻，只要复位信号 reset 有效，计数器立即归 0。

时计数器模块的仿真波形如图 6-9 所示。从图中可知，当计数值到达 23 之后，再来一个时钟的上升沿，重新从 0 开始计数。

译码及扫描显示模块的仿真波形如图 6-10 所示。由图可见，当扫描脉冲信号频率为 1 kHz

时，若将时间设定为 19：47：32，那么位控端口 bt 按 111110→111101→111011→110111→
101111→011111 变化，段控端口 sg 依次输出"2""3""7""4""9""1"的 7 段显示码，经
过 6 个时钟信号后循环进行，实际看起来所有的数码管都同时在点亮。

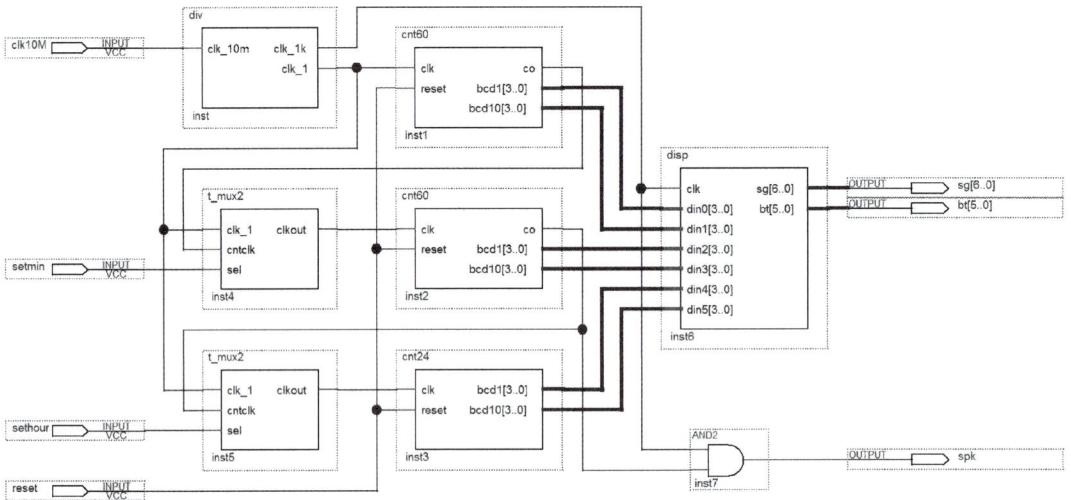

图 6-7   数字钟顶层模块

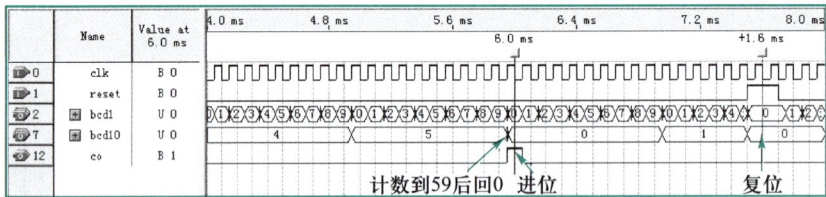

图 6-8   秒（分）计数器模块的仿真波形

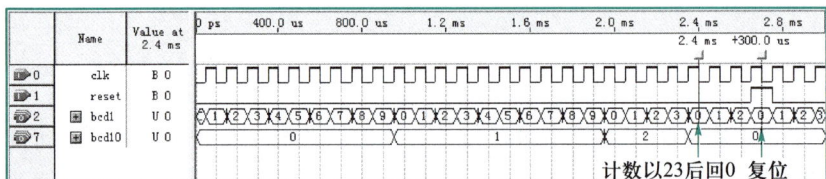

图 6-9   时计数器模块的仿真波形

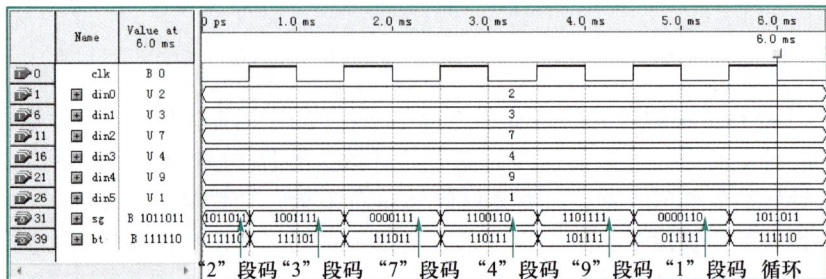

图 6-10   译码及扫描显示模块的仿真波形

6.2 设计数字频率计

频率测量在科学研究和实际应用中非常重要，数字频率计是用数字显示被测信号（正弦波、方波或其他周期性变化信号）频率的仪器。如配以适当的传感器，可以对多种物理量进行测量，因此数字频率计是一种应用比较广泛的测量仪器。

6.2.1　设计要求

设计一个 4 位简易频率计，测量给定信号的频率，并用十进制数字显示，具体指标为：

（1）测量范围，分 4 挡（用数码管读数×挡位）：

① ×1 挡，1 Hz～9.999 kHz，闸门时间为 1 s；

② ×10 挡，10 Hz～99.99 kHz，闸门时间为 0.1 s；

③ ×100 挡，100 Hz～999.9 kHz，闸门时间 10 ms；

④ ×1 000 挡，1 000 Hz～9 999 kHz，闸门时间 1 ms。

（2）显示方式：4 位十进制数。

（3）用动态扫描方式输出显示控制信号。

6.2.2　设计方案

频率计的基本原理是用一个频率稳定度高的信号源作为基准时钟，对比测量其他信号的频率。通常情况下计算每秒内待测周期信号的个数，此时闸门时间为 1 s。闸门时间也可以大于或小于 1 s，闸门时间越长，得到的频率值就越准确，但每测量一次频率的时间间隔也越长。通过改变基准时钟信号的频率或设置控制按键对同一基准时钟信号选择不同分频可以改变闸门时间长短。数字频率计的组成框图如图 6–11 所示。

根据频率的定义和频率测量的基本原理，测定信号的频率必须有能够产生闸门信号的控制电路、统计闸门时间内脉冲个数的计数电路、对计数结果进行保存的锁存电路，以及将测量结果送出的显示控制电路等。这里闸门时间通过挡位选择按键对外部基准时钟信号进行不同的分频获得，外部基准时钟信号同时作为显示电路的扫描信号。因此，4 位十进制频率计的核心部分由分频电路、测频控制电路、十进制计数器、锁存电路以及显示控制电路组成。

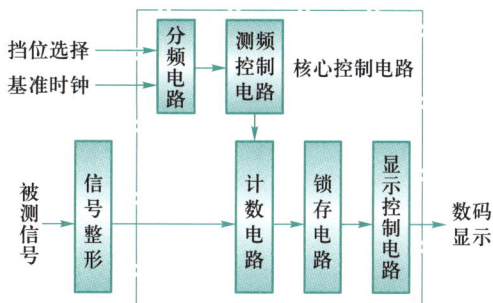

图 6–11　数字频率计组成框图

6.2.3　设计模块

1. 测频控制模块

频率计的关键是产生测量频率控制时序的测频控制信号发生器。假设基准时钟信号 clk 的频率为 1 Hz，2 分频后即可产生一个脉宽为 1 s 的时钟信号 cnt_en，以此作为闸门信号对计数器进行使能控制。当 cnt_en 信号为高电平时，允许计数；当 cnt_en 由高电平变为低电平时，输出计数锁存信号 load，并将计数结果送入锁存器保存；另外还要在下次 cnt_en 信号上升沿到来之前产生用于将各计数器清零的复位信号 rst_cnt，为下次测频计数做准备。测频控制模块如图 6-12 所示，其相应的 Verilog HDL 程序如下：

```
module ftctrl(clk,cnt_en,rst_cnt,load);
    output cnt_en,rst_cnt,load;
    input clk;
    reg cnt_en,rst_cnt,load;
    wire  div2clk;
    always @ (posedge clk)
        Div2clk = ~ div2clk;                //1 Hz 时钟 2 分频

    assign rst_cnt = ~ (clk |div2clk);      //产生复位信号
    assign load = ~ div2clk;                //产生锁存信号
    assign cnt_en = div2clk;                //产生计数信号
endmodule
```

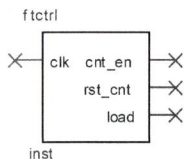

图 6-12　测频控制模块

2. 计数模块

计数模块由 4 个十进制计数器组成，采用同步时钟使能。测频控制模块产生的闸门信号 cnt_en 作为计数模块控制使能输入 en，rst_cnt 作为计数模块的清零输入 clr，待测信号接最低位计数器的输入 clk，进位 co 接后级计数器的输入。计数模块如图 6-13 所示，其相应的 Verilog HDL 程序如下：

```
module count10(dout,co,en,clr,clk);
    output[3:0] dout;
    output cout;
    input en,clr,clk;
    reg[3:0] dout;
    always @ (posedge clk or posedge clr)
      begin
        if(clr)   dout =0;
        else
          if(en)
            begin
            if(dout ==9)   dout =0;
              else
            dout =dout +1;
      end
      end
    assign  co =((dout ==9)&en)? 1:0;
```

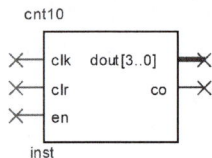

图 6-13　计数模块

```
endmodule
```

3. 锁存模块

设置锁存器的目的是使显示的数据稳定，不会由于周期性的清零信号而不断闪烁。当锁存信号 load 的上升沿到来时，输出信号等于输入信号，其他情况下输出信号保持不变。锁存模块 load 接测频控制模块的锁存信号 load，din 接 4 个十进制计数器输出信号，其接口电路如图 6-14 所示，其相应的 Verilog HDL 程序如下：

```
module reg(dout,din,load);
    output[3:0] dout;
    input[3:0] din;
    input load;
    reg[3:0] dout;
```

图 6-14　锁存模块

```
always @ (posedge load)
    begin  dout=din;  end
endmodule
```

动画
频率计锁存模块仿真

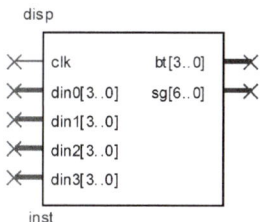

4. 显示模块

关于数码管动态显示方法在 6.1 节中已提及，本节不再赘述。这里要使用 4 个数码管，因此显示控制电路在扫描时钟信号 clk 的控制下输出 1110→1101→1011→0111 循环变化的位控信号 bt（低电平有效）来分别选中 4 个数码管；在位控信号选中一个数码管的情况下同步送出相应的七段码 sg[6..0]，在该选中的数码管中显示数码，然后接着选中其他数码管显示字符。显示模块如图 6-15 所示，其相应的 Verilog HDL 程序如下：

```
module disp(clk,din0,din1,din2,din3,bt,sg);
    input clk;
    input[3:0] din0,din1,din2,din3;
    output[3:0] bt;
    output[6:0] sg;
    reg[6:0] sg;
    reg[3:0] bt=0;
    reg[3:0] num;
    reg[1:0] cnt;
always@ (posedge clk)
 begin
 if(cnt==2'b00)  cnt<=2'b00;
 else  cnt<=cnt+2'b01;
end

always@ (din0,din1,din2,din3,cnt)
begin
  case(cnt)
```

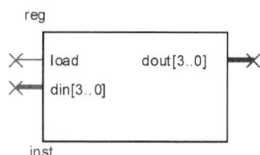

图 6-15　显示模块

```
  2'b00:begin bt=4'b1110;num<=din3;end
  2'b01:begin  bt=4'b1101;num<=din2;end
  2'b10:begin  bt=4'b1011;num<=din1;end
  2'b11:begin  bt=4'b0111;num<=din0;end
  default:begin bt=4'b1111;num<=4'b1011;end
 endcase

end

always@ (num)
 case(num)
 4'b0000:sg<=8'b00111111;
 4'b0001:sg<=8'b00000110;
 4'b0010:sg<=8'b01011011;
 4'b0011:sg<=8'b01001111;
 4'b0100:sg<=8'b01100110;
 4'b0101:sg<=8'b01101101;
 4'b0110:sg<=8'b01111101;
 4'b0111:sg<=8'b00000111;
 4'b1000:sg<=8'b01111111;
 4'b1001:sg<=8'b01101111;
 default:sg<=8'b00000000;
 endcase
endmodule
```

5. 分频模块

该模块的主要作用是选择不同的分频进而改变闸门时间以切换频率测量范围。clk_1k 为外部 1 kHz 的基准时钟信号，keyin 为挡位选择按键，当 keyin 的值为 11 时，基准信号不分频；为 10 时，对基准信号进行 10 分频，得到频率为 100 Hz 的脉冲信号；为 01 时，对 100 Hz 的脉冲信号再进行 10 分频，得到频率为 10 Hz 的脉冲信号；为 00 时，对 10 Hz 的脉冲信号进一步进行 10 分频，得到频率为 1 Hz 的脉冲信号。

分频模块如图 6-16 所示，其相应的 Verilog HDL 程序如下：

```
module switch(clk_1k,keyin,clkout);
    input clk_1k,keyin;
    output reg clkout;
    wire  clk_100,clk_10,clk_1;
     reg[2:0] cnt0,cnt1,cnt2;

    always@ (posedge clk_1k)
      if(cnt0==3'd4)
```

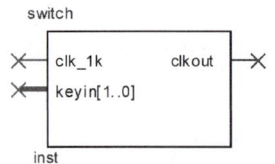

图 6-16 分频模块

```
                    begin
                    clk_100<=~clk_100;
                    cnt0<=0;
                    end
                else
                    cnt0<=cnt0+1;


        always@ (posedge clk_100)
          if(cnt1==3'd4)
                    begin
                    clk_10<=~clk_10;
                    cnt1<=0;
                    end
                else
                    cnt1<=cnt1+1;


        always@ (posedge clk_10)
          if(cnt1==3'd4)
                    begin
                    clk_1<=~clk_1;
                    cnt2<=0;
                    end
                else
                    cnt2<=cnt2+1;
    always@ (keyin,clk_1k,clk_100,clk_10,clk_1)
      if(keyin==0)
                    clkout=clk_1;
        else if(keyin==1)
                    clkout=clk_10;
        else if(keyin==2)
                    clkout=clk_100;
            else
                    clkout=clk_1k;
endmodule
```

动画
频率计挡位选择
模块

6. 顶层模块

通过使用上述模块的例化元件，将分频电路的输出 clkout 接到测频控制电路的 clk 端，将测频控制电路输出的复位信号 rst_cnt 和闸门信号 cnt_en 分别接到 4 个十进制计数器的清零端 clr 和使能端 en，而将锁存信号 load 接到锁存器的锁存控制端 load，再将 4 个计数器的输出信号 dout[3..0] 分别接到 4 个锁存器的信号输入端 din[3..0]。外部 1 kHz 的基准时钟信号加到分频电路的 clk_1k 端，同时作为显示电路的动态扫描信号，待测信号 clk_in 接计数器的最低位，最后将锁存器的输出送到显示模块即可实现 4 位十进制数字频率计的设计，如图 6-17 所示。

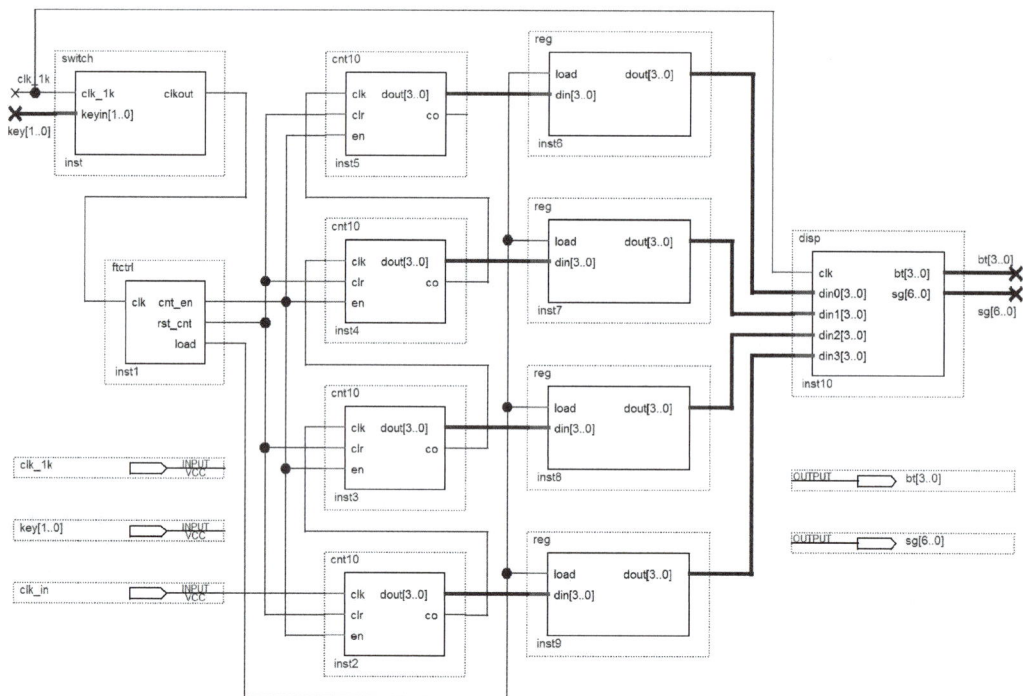

图 6-17　数字频率计顶层模块图

6.2.4　仿真分析

测频控制模块的仿真波形如图 6-18 所示。从图中可以看出，若基准时钟频率为 1 Hz 时，经过测频控制电路会产生三个控制信号：脉宽为 1 s 的闸门信号 cnt_en 作为计数器的使能输入，下一测频计数周期到来之前的复位清零信号 rst_cnt 以及本次计数结束下次计数开始之前的锁存信号 load，符合测频控制模块的设计要求。

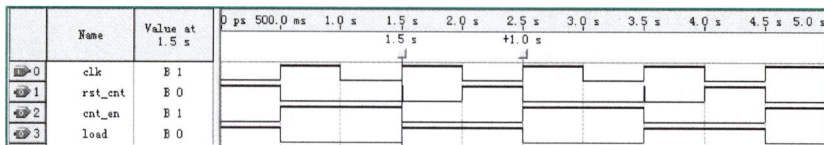

图 6-18　测频控制模块的仿真波形

计数模块的仿真波形如图 6-19 所示。在使能输入端 en 为高电平时，对输入的信号脉冲

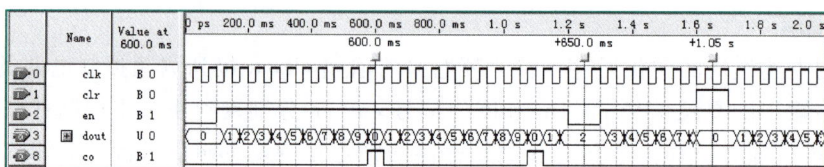

图 6-19　计数模块的仿真波形

clk 进行十进制计数，并向高位计数器输出进位脉冲 co，当复位信号 clr 有效（高电平）时，计数输出为 0，符合一位十进制计数器的设计要求。

锁存模块的仿真波形如图 6-20 所示。可以看到在锁存信号 load 的第 4 个下降沿附近即 2 s 前后输入信号由 0000 变为 1011，但输出信号保持不变，直到 load 的下一个上升沿到来时，输出信号 dout 才接收输入信号 din 的值。也就是说，只有在 load 的上升沿到来时才会接收输入数据，其他情况下，不论输入信号如何变化，输出信号均保持不变。

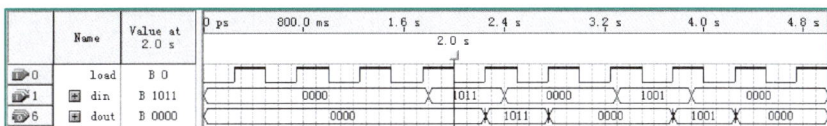

图 6-20　锁存模块的仿真波形

分频模块的仿真波形图如图 6-21 所示。可以看到：当输入脉冲信号频率为 1 kHz 时，在 200～500 ms 的范围内应该有 300 个脉冲，此时 keyin = 01，clkout 输出了 3 个脉冲，正好是 1 kHz 的 100 分频；而在 500～700 ms 的范围内应该有 200 个脉冲，此时 keyin = 10，clkout 输出了 20 个脉冲，正好是 1 kHz 的 10 分频；其他情况类似。

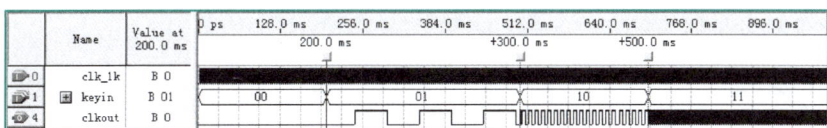

图 6-21　分频模块的仿真波形

顶层模块的仿真波形如图 6-22 所示。这里选择基准时钟信号频率为 1 kHz，待测信号 clk_in 频率为 25 kHz。挡位选择键值 key 为 11，测频范围为 1 kHz～9 999 kHz。可以看到数码管的位控信号 bt 从 1110→1101→1011→0111 循环变化时，段控信号 sg 从 6D→5B→3F→3F 循环变化，对应数码管的个位、十位、百位、千位分别显示 5、2、0、0 这 4 个数字，即测得的信号频率为 25×1 kHz，与待测信号的频率一致。

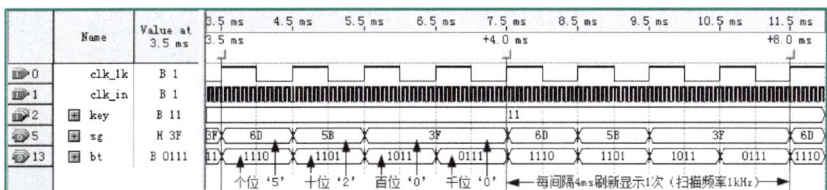

图 6-22　顶层模块的仿真波形

需要注意的问题是：该频率计是一个简易的频率计，频率的准确度 $\Delta f_x / f_x \leqslant 10^{-3}$ 比较低，而且测量的精度随被测信号频率的下降而降低，在使用中有较大的局限性。可以采用图 6-23 所示的原理来提高测量的准确度和精度。其基本方法是通过软件控制实际闸门时间为非固定值，而是一个与被测信号有关的值，且刚好是被测信号的整数倍。在计数允许时间内，同时对标准信号和被测信号进行计数，再通过运算得到被测信号的频率。

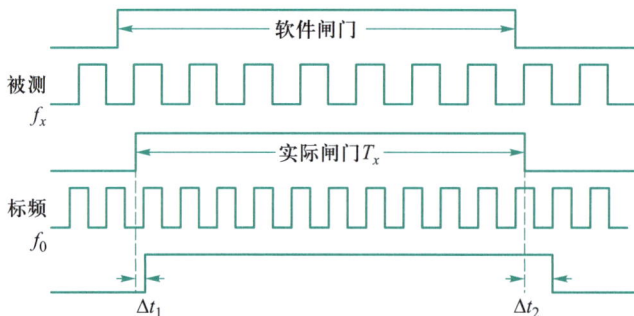

图 6-23　高精度频率计测量原理图

6.3　设计函数信号发生器

智能函数信号发生器一般是指能自动产生正弦波、三角波、锯齿波和方波等函数信号波形的电路和仪器，它与示波器、电压表、频率计等仪器一样，是最普通、最基本、应用最广泛的电子仪器之一，在电子技术实验、自动控制系统和其他科研领域，几乎所有的电参量的测量都需要用到函数信号发生器。

6.3.1　设计要求

设计一个智能函数信号发生器，能够以稳定的频率产生正弦波、三角波、锯齿波和方波，并能够通过按键选择输出 4 种不同种类的函数波形，同时具有系统复位功能。

6.3.2　设计方案

智能函数信号发生器主要由两大部分电路组成，即函数信号发生电路和函数信号选择电路。其中函数信号发生电路包括产生正弦波、三角波、锯齿波和方波 4 种不同函数波形的模块，如图 6-24 所示。

函数信号发生电路要产生 4 种不同的波形，就要针对每种函数波形设计对应的电路模块。虽然每个模块的输入和输出设置相同，但不同的函数信号发生器模块对信号的处理方式不同。对于三角波、锯齿波和方波 3 种比较规则的波形，可以用程序直接产生；而对于正弦波，则可以使用宏模块实现。

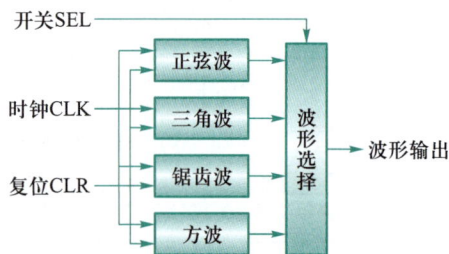

图 6-24　函数信号发生器组成框图

6.3.3　设计模块

1. 正弦波产生模块

正弦波的产生可用图 6-25 所示电路实现，其中 XHQ_Cout 是 LPM 计数器，XHQ_ROM 是只读存储器。ROM 中保存正弦波信号的数据，其地址由 8 位加法计数器 XHQ_Cout 提供。在时钟信号的控制下，计数器输出 q[7..0] 在 00000000 ~ 11111111 范围内循环变化，使 ROM 输出周期性变化的正弦波形信号数据。为此需要先设计计数器 XHQ_Cout 和只读存储器 XHQ_ROM。

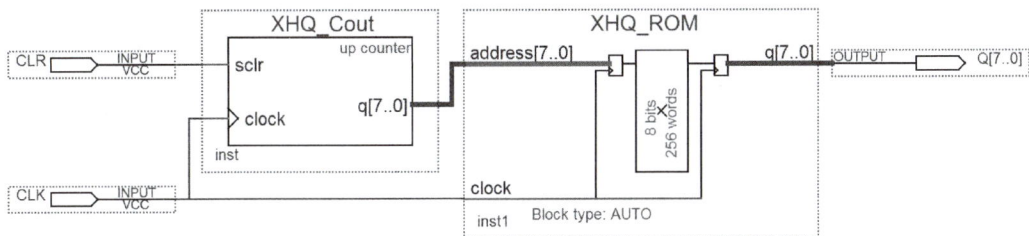

图 6-25 正弦波产生原理图

（1）定制 LPM 计数器

① 新建工程文件后，选择 Tools→MegaWizard Plug-In Manager... 命令，在弹出的图 6-26 所示 MegaWizard Plug-In Manager［page 1］对话框中单击 `Next >` 按钮，接着弹出图 6-27 所示的 Mega-Wizard Plug-In Manager［page 2a］对话框。

② 在图 6-27 所示对话框的左侧列表框中选择 Arithmetic 分支下的 LPM_COUNTER（计数器）元件，在右侧选择输出文件的类型并确定文件存

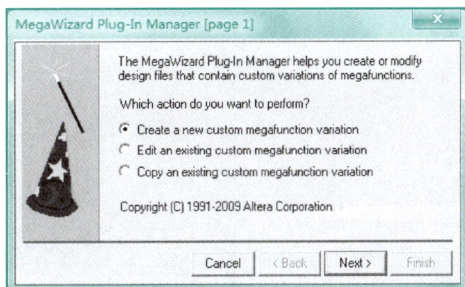

图 6-26 MegaWizard Plug-In Manager［page 1］对话框

储的路径及文件名。然后单击 `Next >` 按钮，弹出图 6-28 所示的 MegaWizard Plug-In Manager-LPM_COUNTER［page 3 of 7］对话框。

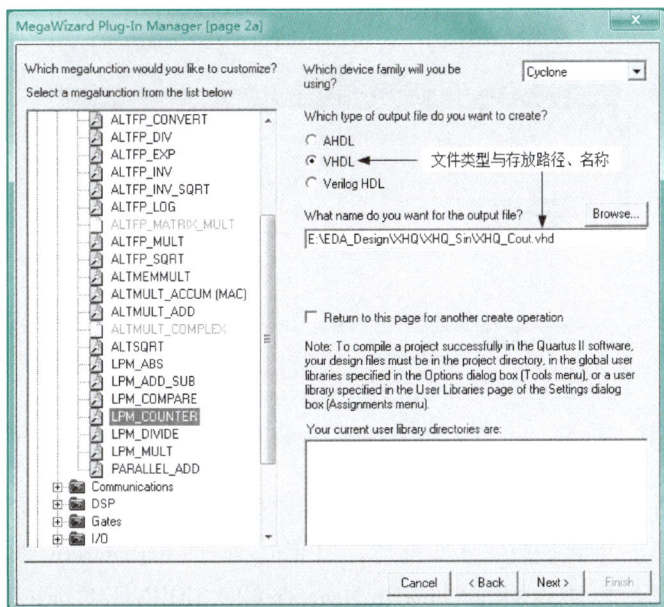

图 6-27 MegaWizard Plug-In Manager［page 2a］对话框

③ 在图 6-28 所示的计数器参数设置对话框中，设置计数器的 q 输出位为 8 bits，时钟输入 clock 为上升沿（Up only）有效。然后单击 `Next >` 按钮，弹出图 6-29 所示的 MegaWizard Plug-In Manager-LPM_COUNTER［page 4 of 7］对话框。

④　在图6-29所示对话框中选择计数器类型为二进制（Plain binary），其他输入/输出端口如时钟使能（Clock Enable）、计数使能（Count Enable）、进位输入（Carry-in）、进位输出（Carry-out）均不设置。然后单击 Next > 按钮，弹出图6-30所示 MegaWizard Plug-In Manager-LPM_COUNTER［page 5 of 7］对话框。

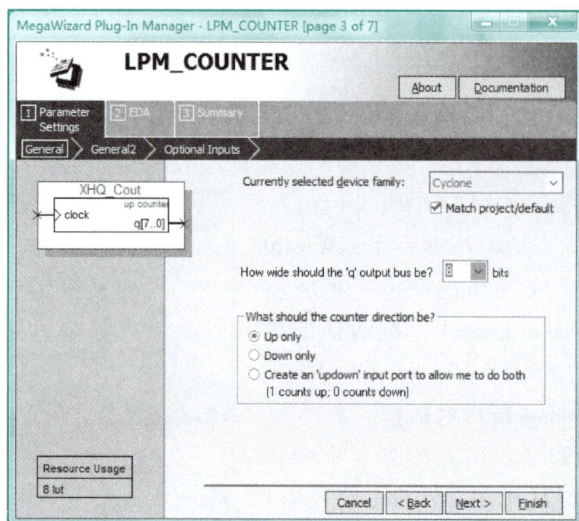

图6-28　MegaWizard Plug-In Manager-LPM_COUNTER［page 3 of 7］对话框

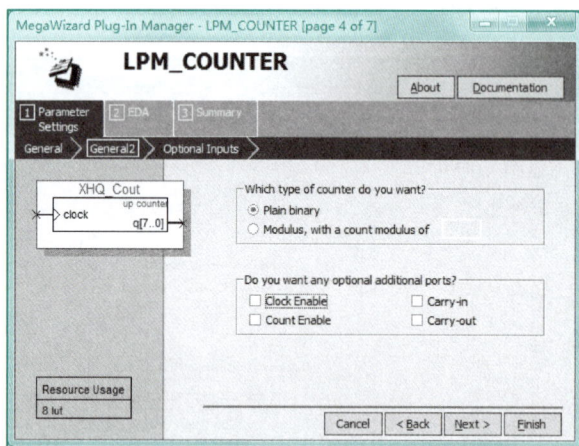

图6-29　MegaWizard Plug-In Manager-LPM_COUNTER［page 4 of 7］对话框

⑤　在图6-30所示对话框中可以为计数器添加同步或异步输入控制端，本例需要添加同步清零输入端（Clear）。单击 Next > 按钮后，会依次弹出 MegaWizard Plug-In Manager-LPM_COUNTER［page 6 of 7］和 MegaWizard Plug-In Manager-LPM_COUNTER［page 7 of 7］两个对话框。

⑥　在图6-31所示的 MegaWizard Plug-In Manager-LPM_COUNTER［page 7 of 7］对话框中单击 Finish 按钮，即可完成8位加法计数器的定制。

（2）建立存储器初值设定文件

为了将正弦波波形的数据装入ROM中，在定制ROM之前，应先建立一个存储器初值设定文件（MIF 格式），步骤如下：

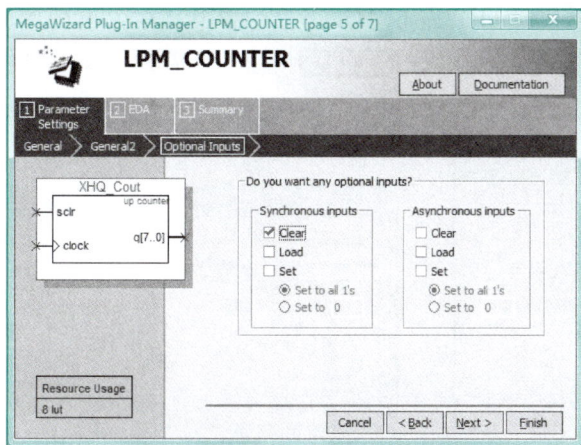

图 6-30　MegaWizard Plug-In Manager-LPM_COUNTER［page 5 of 7］对话框

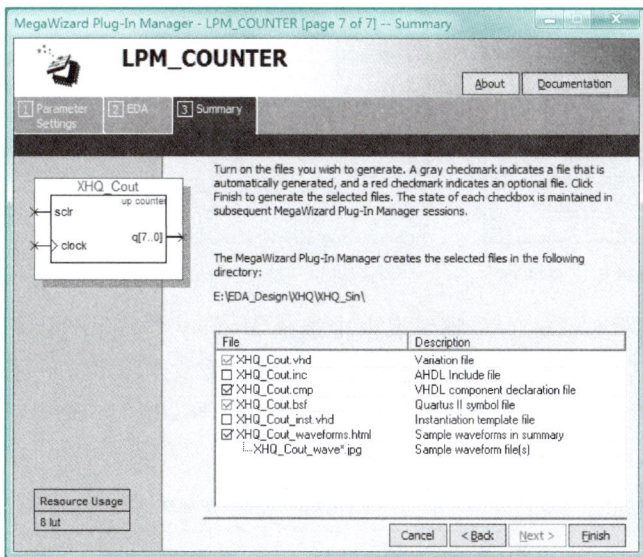

图 6-31　MegaWizard Plug-In Manager -LPM_COUNTER［page 7 of 7］对话框

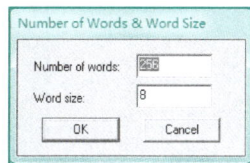

图 6-32　存储器参数
设置对话框

① 选择 File→New... 命令，在弹出的 New 对话框中选择 Memory Files 分支中的 Memory Initialization File（存储器初值设定文件）项，单击 ⌗OK⌗ 按钮，弹出如图 6-32 所示 Number of Words & Word Size 对话框。

② 在图 6-32 所示的存储器参数设置对话框中输入存储器的字数（Number of Words）为 256，字长（Word Size）为 8。然后单击 ⌗OK⌗ 按钮，弹出图 6-33 所示的存储器初值设定文件界面。

③ 新建的存储器初值设定文件中数据全部为 0，在存储器初值设定文件界面中将正弦波波形的数据加入该文件中（可由 MATLAB 或 C 语言编程生成数据），并将此文件以".mif"类型保存于工程文件夹中。

（3）定制 ROM

① 选择 Tools→MegaWizard Plug-In Manager... 命令，在弹出的图 6-26 所示 MegaWizard Plug-In Manager[page 1] 对话框中单击 Next > 按钮，接着弹出图 6-34 所示 MegaWizard Plug-In Manager[page 2a] 对话框。

Addr	+0	+1	+2	+3	+4	+5	+6	+7
0	128	131	134	137	140	143	146	149
8	152	156	159	162	165	168	171	174
16	176	179	182	185	188	191	193	196
24	199	201	204	206	209	211	213	216
32	218	220	222	224	226	228	230	232
40	234	235	237	239	240	242	243	244
48	246	247	248	249	250	251	251	252
56	253	253	254	254	254	255	255	255
64	255	255	255	255	254	254	253	253
72	252	252	251	250	249	248	247	246
80	245	244	242	241	239	238	236	235
88	233	231	229	227	225	223	221	219
96	217	215	212	210	207	205	202	200
104	197	195	192	189	186	184	181	178
112	175	172	169	166	163	160	157	154
120	151	148	145	142	138	135	132	129
128	126	123	120	117	113	110	107	104
136	101	98	95	92	89	86	83	80
144	77	74	71	69	66	63	60	58
152	55	53	50	48	45	43	40	38
160	36	34	32	30	28	26	24	22
168	20	19	17	16	14	13	11	10
176	9	8	7	6	5	4	3	3
184	2	2	1	1	0	0	0	0
192	0	0	0	1	1	1	2	2
200	3	4	4	5	6	7	8	9
208	11	12	13	15	16	18	20	21
216	23	25	27	29	31	33	35	37
224	39	42	44	46	49	51	54	56
232	59	62	64	67	70	73	76	79
240	81	84	87	90	93	96	99	103
248	106	109	112	115	118	121	124	127

图 6-33　存储器初值设定文件界面

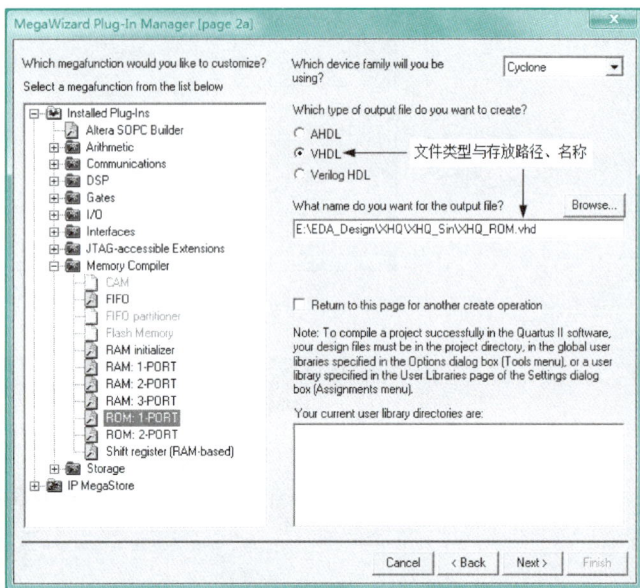

图 6-34　MegaWizard Plug-In Manager[page 2a] 对话框

② 在图 6-34 所示对话框的左侧列表框中选择 Memory Compiler 分支下的 ROM：1-PORT（只读存储器-1 个端口）元件，在右侧选择输出文件的类型并确定文件存储的路径及文件名。然后单击 Next > 按钮，弹出图 6-35 所示的 MegaWizard Plug-In Manager-ROM：1-PORT[page 3 of 7] 对话框。

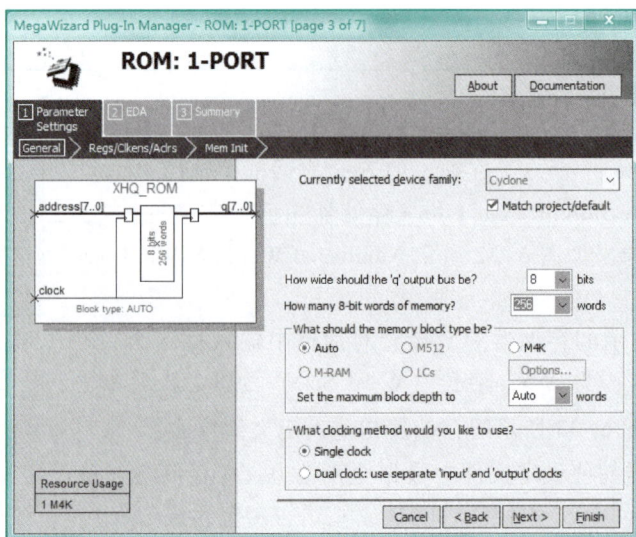

图 6-35　MegaWizard Plug-In Manager-ROM：1-PORT[page 3 of 7] 对话框

③ 在图 6-35 所示的存储器参数设置对话框中，设置存储器的 q 输出位为 8 bits，字数为 256，采用单时钟控制方式。完成参数设置后单击 $\boxed{\text{Next >}}$ 按钮，弹出图 6-36 所示 MegaWizard Plug-In Manager-ROM：1-PORT［page 4 of 7］对话框。

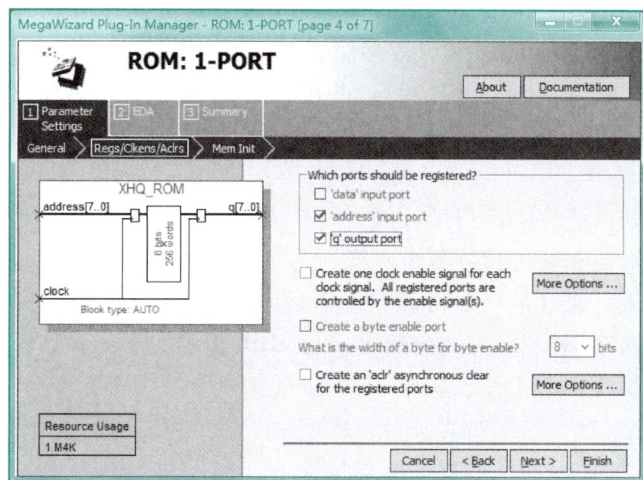

图 6-36　MegaWizard Plug-In Manager-ROM：1-PORT［page 4 of 7］对话框

④ 图 6-36 所示对话框用于选择存储器的时钟使能（Clock Enable）和清除（aclr）输入控制端等。本例均不用设置，因此可直接单击 $\boxed{\text{Next >}}$ 按钮，弹出图 6-37 所示 MegaWizard Plug-In Manage-ROM：1-PORT［page 5 of 7］对话框。

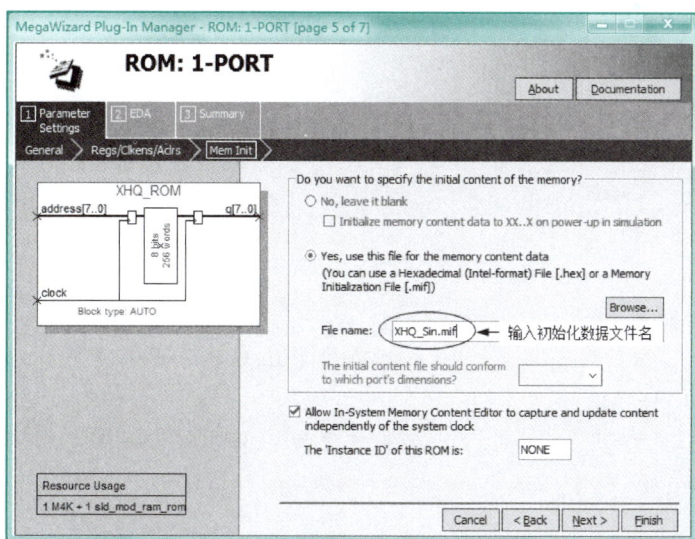

图 6-37　MegaWizard Plug-In Manage-ROM：1-PORT［page 5 of 7］对话框

⑤ 在图 6-37 所示对话框中选中 Yes, use this file for the memory content data 单选按钮，并在下面的文本框中输入初始化数据文件名（XHQ_Sin. mif），同时选中 Allow In-System Memory... 前面的复选框，表示允许通过 JTAG 口对下载于 FPGA 中的 ROM 进行在系统测试和读写。

⑥ 完成设置后单击 $\boxed{\text{Next >}}$ 按钮，会依次弹出 MegaWizard Plug-In Manager-ROM：1-PORT [page 6 of 7]–EDA 和 MegaWizard Plug-In Manager-ROM：1-PORT[page 7 of 7]–Summary 两个对话框。依次分别单击两个对话框中的 Next > 、 Finish 按钮，即可完成只读存储器的定制。

（4）设计正弦波产生模块的顶层文件

在工程中新建一个 Block Diagram/Schematic File 文件，在编辑器窗口中加入定制的计数器 XHQ_Cout. bsf 和只读存储器 XHQ_ROM. bsf 元件，再加入输入/输出端口 CLK、CLR 和 Q[7..0]，并按图 6-25 连线，然后保存为 "XHQ_Sin. bdf"，即可完成正弦波产生模块的设计，如所图 6-38 所示。

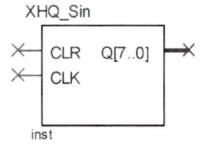

图 6-38　正弦波
　　　　　产生模块

2. 三角波产生模块

三角波在前半周期内线性递增到最大值，后半周期内线性递减到最小值，因此可用加法计数器和减法计数器来实现。为了使其与前面设计的正弦波周期大致相同，前半周可用加 2 操作来完成（从 0 加到 254），而后半周可用减 2 操作来完成（从 255 减到 1）。三角波产生模块如图 6-39 所示，其相应的 Verilog HDL 程序如下：

```
module xhq_tri(clk,clr,q);
input clk;              //定义时钟信号
input clr;              //定义复位信号
output[7:0] q;          //输出波形数据
reg[7:0] q;
reg tag;                //加减标志信号


always @ (posedge clk or posedge clr)
begin
    if(clr)
     q<=8'd0;
    else begin
        if(q==8'd1)
         q<=8'd0;
        else if(q==8'd254)
         q<=8'd255;
        else if(! tag)      //标志位为 0,输出波形每周期加 2
         q<=q+8'd2;
        else                //标志位为 1,输出波形每周期减 2
         q<=q-8'd2;
    end
end


always @ (posedge clk or posedge clr)
begin
    if(clr)
     tag<=1'b0;
```

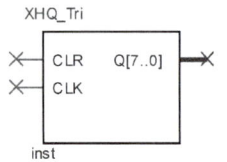

图 6-39　三角波产生模块

动画
三角波产生模块
仿真

```
    else if(q==8'd254)        //三角波最大值,改变标志位
     tag<=1'b1;
    else if(q==8'd1)          //三角波最小值,改变标志位
     tag<=1'b0;
    else
     tag<=tag;
end
endmodule
```

3. 锯齿波产生模块

锯齿波在整个周期内呈线性递增，由最小值 00000000 增大到最大值 11111111，相当于三角波的前半周，可用加 1 操作完成。锯齿波产生模块如图 6-40 所示，其相应的 Verilog HDL 程序如下：

```
module xhq_saw(clk,clr,q);   //定义模块名与端口信号
input clk;                    //定义输入时钟信号
input clr;                    //定义输入复位信号
output[7:0] q;                //定义输出波形信号
reg[7:0] q;
```

图 6-40 锯齿波产生模块

```
always @ (posedge clk or posedge clr)
begin
    if(clr)                   //复位清零
     q<=8'd0;
    else if(q==8'd255)        //锯齿波最大值,清零
     q<=8'd0;
    else
     q<=q+8'd1;        //锯齿波加 1
end
endmodule
```

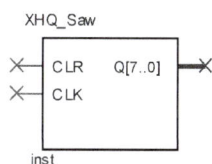

动画
锯齿波产生模块仿真

4. 方波产生模块

方波的前后半周都是水平直线，输出分别为 00000000 和 11111111。方波产生模块如图 6-41 所示，其相应的 Verilog HDL 程序如下：

```
module xhq_squ(clk,clr,q);//定义模块名与端口信号
input clk;                     //定义输入时钟信号
input clr;                     //定义输入复位信号
output[7:0] q;                 //定义输出波形信号
reg[7:0] q;
reg[7:0] cnt;

always @ (posedge clk or posedge clr)
```

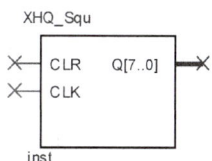

图 6-41 方波产生模块

动画
方波产生模块仿真

```
begin
 if(clr)                   //波形复位
  q<=8'd0;
 else if(cnt<8'd127)       //前半周期矩形波输出低电平
  q<=8'd0;
 else
  q<=8'd255;               //后半周期矩形波输出低电平
end

always @ (posedge clk or posedge clr)
begin
 if(clr)
  cnt<=8'd0;               //计数器复位
 else
  cnt<=cnt+8'd1;           //计数器周期计数
end
endmodule
```

5. 波形选择模块

波形选择模块是一个简单的 4 选 1 数据选择电路，如图 6-42 所示，其相应的 Verilog HDL 程序如下：

```
module xhq_sel(clk,clr,d0,d1,d2,d3,sel,q);   //模块名与端口信号
input clk;                    //定义输入时钟信号
input clr;                    //定义输入复位信号
input[7:0] d0,d1,d2,d3;       //定义输入波形信号
input[1:0]sel;               //定义输入选择信号
output[7:0]q;                //定义输出波形信号
reg  [7:0]q;

always @ (posedge clk or posedge clr)
begin
  if(clr)                     //复位清零
     q<=8'd0;
  else begin                  //选择输出波形
    case(sel)
      2'b00:q<=d0;
      2'b01:q<=d1;
      2'b10:q<=d2;
      2'b11:q<=d3;
      default:q<=8'd0;
```

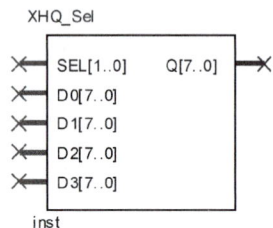

图 6-42　波形选择模块

```
        endcase
      end
  end
endmodule
```

6. 顶层模块

顶层模块定义了智能函数信号发生器的输入、输出信号，并实例化正弦波产生模块、三角波产生模块、锯齿波产生模块、方波产生模块和波形选择模块，其相应的 Verilog HDL 程序如下：

```
module xhq_top(clk,clr,sel,q);   //定义模块名与端口信号
input clk;                       //定义输入时钟信号
input clr;                       //定义输入复位信号
input[1:0] sel;                  //定义输入选择信号
output[7:0] q;                   //定义输出波形信号
wire  [7:0] d0,d1,d2,d3;

xhq_sin u_xhq_sin(      //实例化正弦波产生模块
  .clk(clk)
  ,.clr(clr)
  ,.q  (d0 )
);

xhq_tri u_xhq_tri(     //实例化三角波产生模块
  .clk(clk)
  ,.clr(clr)
  ,.q  (d1 )
);

xhq_saw u_xhq_saw(     //实例化锯齿波产生模块
  .clk(clk)
  ,.clr(clr)
  ,.q  (d2 )
);

xhq_squ u_xhq_squ(     //实例化方波产生模块
  .clk(clk)
  ,.clr(clr)
  ,.q  (d3 )
);

xhq_sel u_xhq_sel(     //实例化波形选择模块
```

```
.clk(clk)
,.clr(clr)
,.d0(d0)
,.d1(d1)
,.d2(d2)
,.d3(d3)
,.sel(sel)
,.q  (q  )
);
endmodule
```

7. 仿真代码设计

为了验证智能函数信号发生器的功能是否正确，需要搭建仿真环境对设计模块电路进行测试，仿真测试的 Verilog HDL 程序如下：

```
`timescale 1ns/100ps
module sim_tb_top;     //定义仿真模块名与端口
reg       clk;
reg       rstn;
reg[1:0] sel;
wire[7:0] q;

initial             //初始化时钟信号
  clk=1'b0;
always            //生成时钟信号
  clk=#2 ~clk;

initial begin     //初始化复位信号
  rstn=1'b0;
  #200;
  rstn=1'b1;
end

initial               //初始化选择信号
  sel=2'b0;
  always
    sel=#5000 sel+1'b1;//生成选择信号

xhq_top u_xhq_top(          //实例化被测信号发生器顶层模块
        .clk(clk  )
      ,.clr  (! rstn)
```

```
        ,.q  (q )
        ,.sel  (sel)
        );
    endmodule
```

6.3.4 仿真分析

正弦波产生模块的仿真波形（部分）如图 6-43 所示，可以看出在复位清零信号无效时，每个时钟周期从 ROM 中读出一个波形数据。

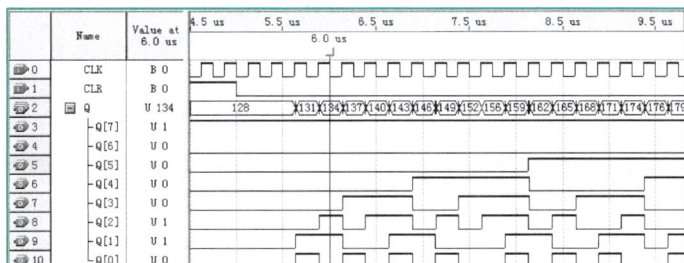

图 6-43 正弦波产生模块的仿真波形

将设计结果下载到 GW48 EDA/SOPC 教学实验系统后，通过 Quartus Ⅱ 的嵌入式逻辑分析仪 SignalTap Ⅱ 可以监测到 XHQ_Sin 的实际波形，如图 6-44 所示，可以看到每 256 个时钟周期能够输出一个完整的正弦波形。

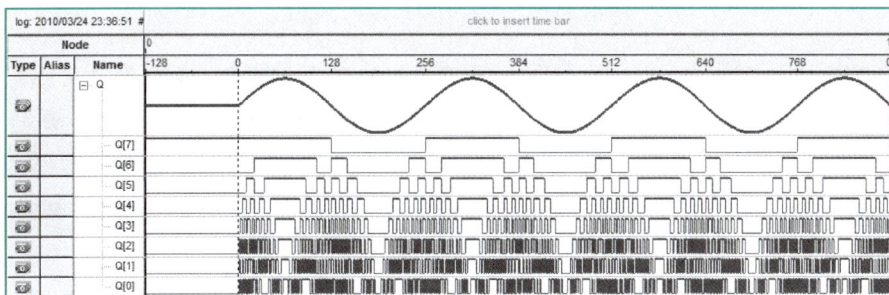

图 6-44 SignalTap Ⅱ 获得 XHQ_Sin 的波形

图 6-45、图 6-46、图 6-47 分别是三角波、锯齿波和方波产生模块的仿真波形。从仿真结果可以看出，4 种波形产生模块均能实现相应功能。

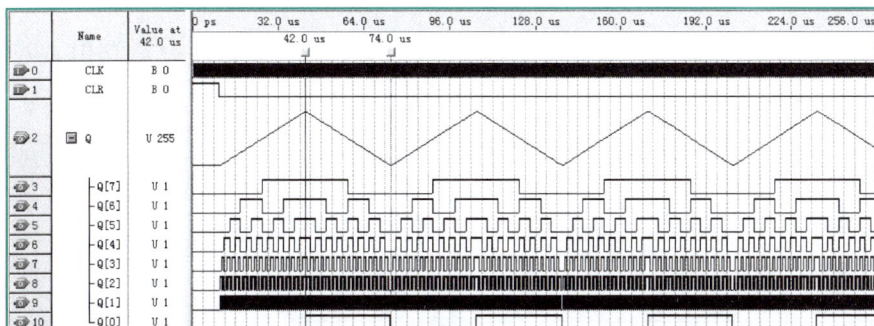

图 6-45 三角波产生模块的仿真波形

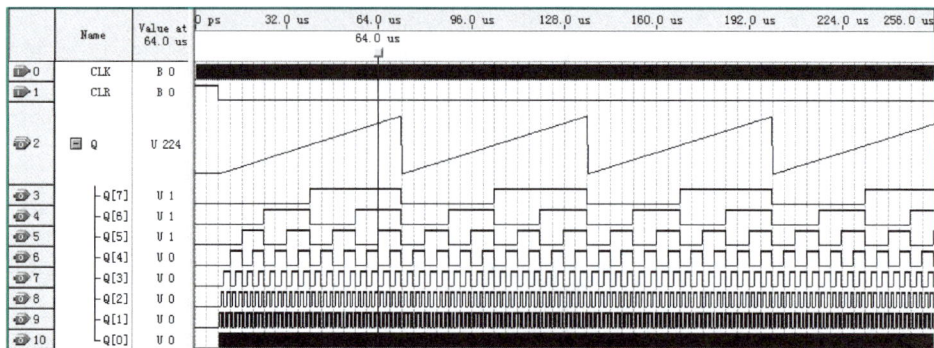

图 6-46　锯齿波产生模块的仿真波形

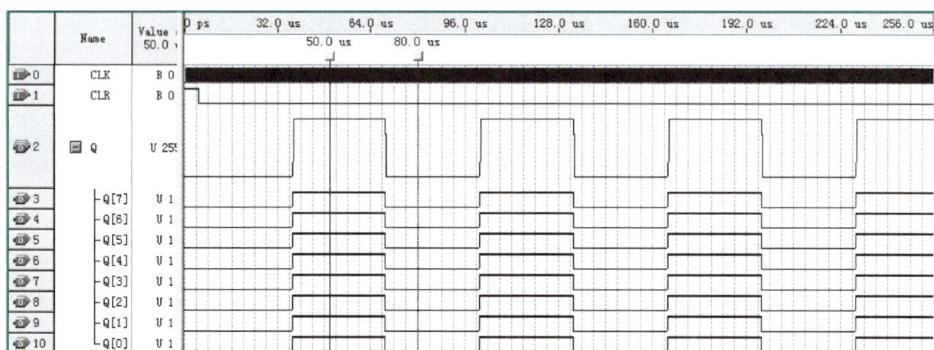

图 6-47　方波产生模块的仿真波形

注意：图 6-45～图 6-47 中输出信号 Q 采用模拟波形方式显示。具体做法是：先选中欲显示的信号，右击，在弹出的图 6-48 所示快捷菜单中选择 Analog Waveform...，再从随即弹出的图 6-49 所示对话框中设置显示风格与高度即可。

图 6-48　仿真波形显示格式选择菜单

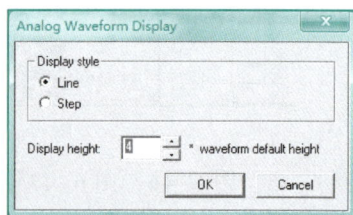

图 6-49　模拟波形显示方式参数设置

波形选择模块的仿真波形如图 6-50 所示，可以看到在选择信号分别为 01、00、10 和 11 时，输出信号 Q 分别取输入信号 D1、D0、D2 和 D3 的值。

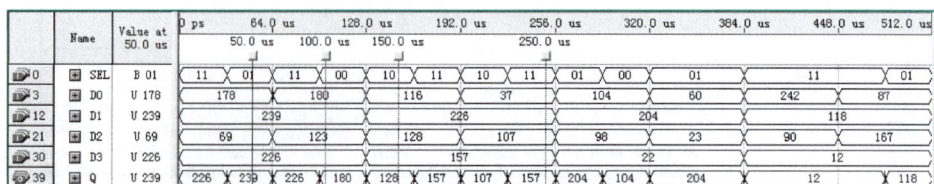

图 6-50　波形选择模块的仿真波形

使用上述 4 个波形产生模块和一个波形选择模块的例化元件，按照系统框图连接即可以构建一个完整的函数信号发生器，如图 6-51 所示，其中 CLK 和 CLR 分别为系统时钟信号和清零复位信号。

图 6-52 是函数信号发生器的仿真波形图，从中可以看出，在复位信号无效的情况下，波形选择信号分别为 0、1、2、3 时，输出信号分别为正弦波、三角波、锯齿波和方波，而且 4 种波形的周期和幅值都是相同的，完全达到了设计的要求。

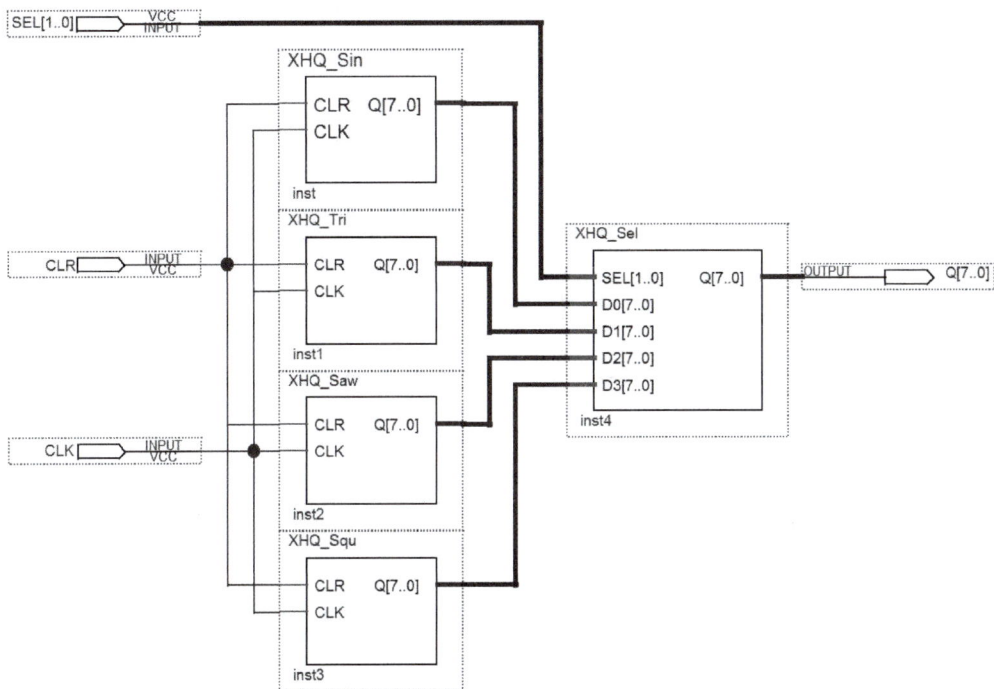

图 6-51　函数信号发生器顶层电路图

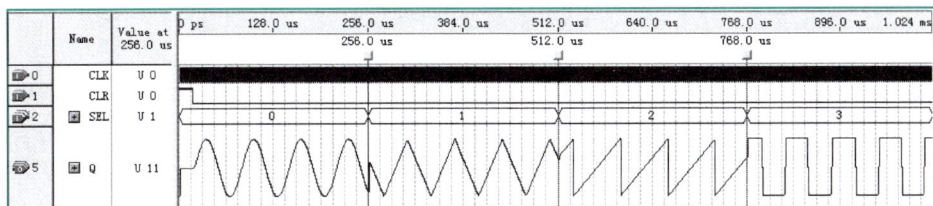

图 6-52　函数信号发生器仿真波形

6.4　设计交通信号灯控制器

交通信号灯控制器是一个典型的纯数字系统，传统的设计方法基于中、小规模集成电路进行，电路复杂、故障率高、可靠性低。利用 EDA 技术采用超大规模可编程器件 CPLD/FPGA 实现，不但可以降低设计成本，缩短设计周期，还能保证设计的正确性。

6.4.1　设计要求

设计一个具有 4 种信号灯和倒计时显示的十字路口交通信号灯控制器，用以指挥车辆和行人有序的通行，如图 6-53 所示。具体要求如下：

（1）在十字路口 A、B 两个方向各设一组左拐灯（L）、绿灯（G）、黄灯（Y）和红灯（R），显示顺序：绿灯→黄灯→左拐→黄灯→红灯。

（2）A、B 两个方向各设一组倒计时显示器。A 向左拐、绿灯、黄灯和红灯显示时间分别为 10 s、40 s、5 s 和 50 s；B 向左拐、绿灯、黄灯和红灯显示时间分别为 10 s、30 s、5 s 和 60 s。

（3）控制器有 5 种工作方式，可通过方式开关的控制进行切换。

方式一：A 向绿灯长亮，B 向红灯亮。

方式二：A 向左拐灯长亮，B 向红灯亮。

方式三：B 向绿灯长亮，A 向红灯亮。

方式四：B 向左拐灯长亮，A 向红灯亮。

方式五：自动工作方式，两个方向的灯按照显示顺序，交替循环显示。

（4）系统设有总复位开关，可在任意时间内对系统进行复位。

6.4.2　设计方案

因每个方向相对的信号灯状态及倒计时显示器的显示完全一致，根据设计要求和系统所具有的功能，交通信号灯控制器系统框图如图 6-54 所示，主要由控制电路、计时电路、译码驱动电路和扫描显示电路等组成。

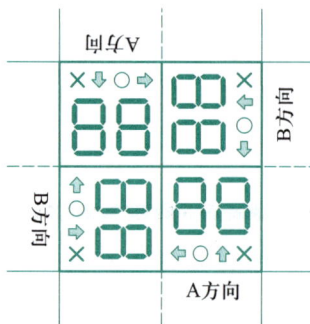

图 6-53　十字路口交通信号灯示意图　　　图 6-54　交通信号灯控制器系统框图

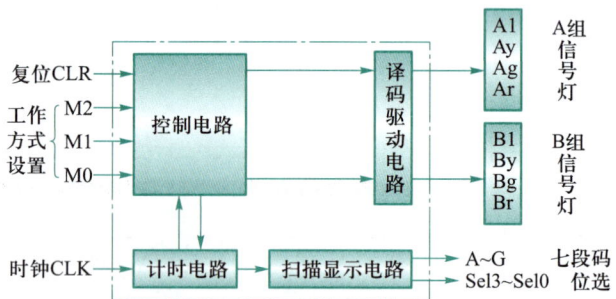

交通信号灯控制器系统的 5 种工作方式由 M2 ~ M0 设定，见表 6-1。

表 6-1　交通信号灯控制器工作方式设定表

方式	一	二	三	四	五
M2（0：手动，1：自动）	0	0	0	0	1
M1（0：A 向，1：B 向）	0	0	1	1	*
M0（0：直行，1：左拐）	0	1	0	1	*

交通信号灯控制器系统处于自动运行方式时，状态转换见表 6-2。从状态转换表可以看

出，每个方向的四盏信号灯依次顺序点亮，并不断循环。显示的时间为 $Ag+Ay+Al+Ay=Br=60\ s$，$Bg+By+Bl+By=Ar=50\ s$。

当出现特殊情况时，可选择方式一到方式四中的任何一种方式，停止正常运行，进入特殊运行状态。此时交通信号灯按工作方式显示，计时电路停止计时，计时时间闪烁显示。当系统总复位时，控制电路和计时电路复位，交通信号灯全部熄灭。

表 6-2　交通信号灯控制器状态转换表

状态 S	S1	S2	S3	S4	S5	S6	S7	S0
A 方向	绿	黄	左	黄	红			
亮灯时间	40 s	5 s	10 s	5 s	50 s			
B 方向	红				绿	黄	左	黄
亮灯时间	60 s				30 s	5 s	10 s	5 s

6.4.3　设计模块

1. 顶层电路设计

顶层电路设计可依据图 6-54 所示系统框图进行，由控制模块 XHD_CTRL、计时模块 XHD_TIME、显示模块 XHD_DISP、译码驱动模块 XHD_LAMP 加分频模块 XHD_FREQ 五部分组成，如图 6-55 所示。其中 CLK1K 为 1 kHz 的时钟脉冲，CLR 为复位信号，M[2..0] 为工作方式控制输入；LED[6..0] 为七段数码管各段的显示控制信号，SEL[3..0] 为数码管选择控制信号，LAM[7..0] 为信号灯显示控制信号。由于每个方向相对的一组信号灯及数码管的显示状态完全一致，因此这里只需要 4 个数码管和 8 个信号灯即可，实际制作过程中应采用 16 个信号灯和 8 个数码管，关于中心对称的两个并接在一起。

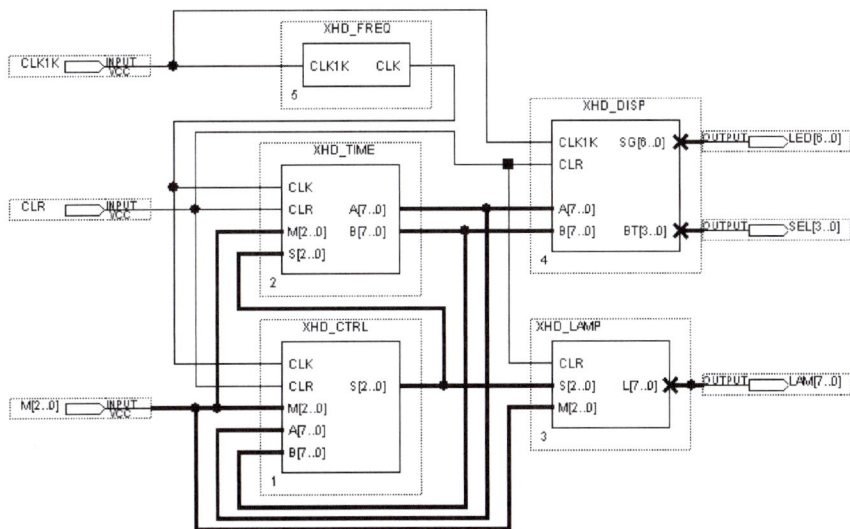

图 6-55　交通灯控制器顶层原理图

2. 控制模块

根据外部输入信号 M2 ~ M0 产生系统状态机，控制其他部分协调工作，该模块如图 6-56

所示，其 Verilog HDL 代码如下：

```
module xhd_ctrl(clk,clr,m,a,b,s);
input clk;              //定义时钟信号
input clr;              //定义复位信号
input[7:0] a,b;         //计时信号
input[2:0] m;           //工作方式
output[2:0] s;          //工作状态信号
reg[2:0] s;

always @ (posedge clk or posedge clr)
begin
    if(clr)
     s<=3'b0;
    else begin
        case(m)
          3'b000:s<=3'b001;
          3'b001:s<=3'b011;
          3'b010:s<=3'b101;
          3'b011:s<=3'b111;
          3'b100,3'b101,3'b110,3'b111:begin   //方式 5,自动控制
            if((a==8'h01)|(b==8'h01)) s<=s+1'b1;
             else s<=s;
            end
          default:s<=s;
        endcase
    end
end
endmodule
```

XHD_CTRL

图 6-56   控制模块

动画
交通信号灯控制系统
的控制模板仿真

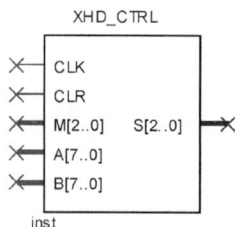

3. 计时模块

根据交通灯的亮灯时间和顺序，设定 A 和 B 两个方向计时器的初值，以及在秒脉冲 CLK 的作用下进行减 1 计数，为扫描显示电路提供倒计时时间，该模块如图 6-57 所示，其 Verilog HDL 程序如下：

```
module xhd_time(clk,clr,m,a,b,s);
input clk;              //输入时钟信号
input clr;              //输入复位信号
input[2:0] m,s;         //工作方式、状态
output[7:0] a,b;        //计时信号
reg[7:0] a,b;
parameter AR=8'h50;     //A 向红灯时间常数
```

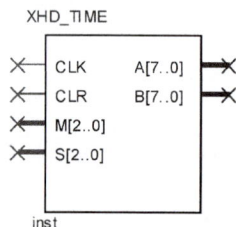

XHD_TIME

图 6-57   计时模块

```
parameter AG=8'h40;        //A 向绿灯时间常数
parameter AL=8'h10;        //A 向左拐时间常数
parameter YL=8'h05;        //A、B 向黄灯时间常数
parameter BR=8'h60;        //B 向红灯时间常数
parameter BG=8'h30;        //B 向绿灯时间常数
parameter BL=8'h10;        //B 向左拐时间常数


always @ (posedge clk or posedge clr)
begin
    if(clr)
      a<=8'h01;
    else if(m==3'b000)       //方式 1,A 向直行
      a<=8'h01;
    else if(m==3'b001)       //方式 2,A 向左拐
      a<=8'h01;
    else if(m==3'b010)       //方式 3,B 向直行
      a<=8'h21;
    else if(m==3'b011)       //方式 4,B 向左拐
      a<=8'h06;
    else begin               //方式 5,自动循环
      if(a==8'h01) begin
        case(s)              //计时时间到,根据现工作状态初始化亮灯时间
          3'b000:a<=AG;
          3'b001:a<=YL;
          3'b010:a<=AL;
          3'b011:a<=YL;
          3'b100:a<=AR;
          3'b101:a<=a;
          3'b110:a<=a;
          3'b111:a<=a;
          default:a<=a;
        endcase
      end
      else begin
        if(a[3:0]==4'd0) begin   //若个位减为 0,则变为 9,十位减 1
          a[3:0]<=4'd9;
          a[7:4]<=a[7:4]-1'b1;
        end
        else begin
```

```
        a[3:0]<=a[3:0]-1'b1;   //若个位不为 0,则个位减 1
        a[7:4]<=a[7:4];
      end
    end
  end
end

always @ (posedge clk or posedge clr)
begin
  if(clr)
    b<=8'd1;
  else if(m==3'b000)     //方式 1,A 向直行
    b<=8'h21;
  else if(m==3'b001)     //方式 2,A 向左拐
    b<=8'h06;
  else if(m==3'b010)     //方式 3,B 向直行
    b<=8'h01;
  else if(m==3'b011)     //方式 4,B 向左拐
    b<=8'h01;
  else begin             //方式 5,自动循环
    if(b==8'h01) begin
      case(s)            //计时时间到,根据现工作状态初始化亮灯时间
        3'b000:b<=BR;
        3'b001:b<=b;
        3'b010:b<=b;
        3'b011:b<=b;
        3'b100:b<=BG;
        3'b101:b<=YL;
        3'b110:b<=BL;
        3'b111:b<=YL;
        default:b<=b;
      endcase
    end
    else begin
      if(b[3:0]==4'd0) begin    //若个位减为 0,则变为 9,十位减 1
        b[3:0]<=4'd9;
        b[7:4]<=b[7:4]-1'b1;
      end
      else begin
```

```
      b[3:0]<=b[3:0]-1'b1;//若个位不为0,则个位减1
      b[7:4]<=b[7:4];
    end
  end
end
end
endmodule
```

4. 扫描显示模块

对计时电路的输出计时信号进行选通、译码,实现倒计时的动态显示,该模块的外部接口如图 6-58 所示,其 Verilog HDL 程序如下:

```
module xhd_disp(clk1k,clr,a,b,sg,bt);
input        clk1k;           //输入 1 kHz 时钟信号
input        clr;             //输入复位信号
input[7:0] a,b;               //输入计数信号
output[6:0] sg;               //输出数码管段控信号
output[3:0] bt;               //输出数码管位控信号
reg[3:0] bt;
reg[6:0] sg;
reg[1:0] sel;
reg[3:0] ou;


always @ (posedge clk1k or posedge clr)
begin
  if(clr)
    sel<=2'b00;
  else
    sel<=sel+1'b1;
end


always @ (posedge clk1k or posedge clr)
begin
    if(clr) begin
      ou<=4'b0;
      bt<=4'b1;
    end
    else begin
      case(sel)                                    //数码管位控
        2'b00:begin ou<=b[3:0];bt<=4'b1110;end    //B 个位
        2'b01:begin ou<=b[7:4];bt<=4'b1101;end    //B 十位
```

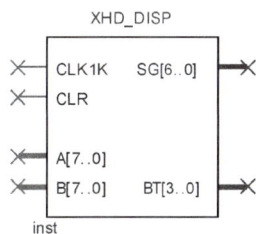

图 6-58 扫描显示模块

```
        2'b10:begin ou<=a[3:0];bt<=4'b1011;end    //A 个位
        2'b11:begin ou<=a[7:4];bt<=4'b0111;end    //A 十位
        default:begin ou<=4'b0;bt<=4'b0001;end
    endcase
  end
end

always @ (*)
begin
  case(ou)               //0 a b c d e f g(七段共阴,a 为高位,如图6-59所示)
    4'd0:sg<=7'h7e;  //0 1 1 1 1 1 1 0(=7E),数码"0"的七段码
    4'd1:sg<=7'h30;  //0 0 1 1 0 0 0 0(=30),数码"1"的七段码
    4'd2:sg<=7'h6d;  //0 1 1 0 1 1 0 1(=6D),数码"2"的七段码
    4'd3:sg<=7'h79;  //0 1 1 1 1 0 0 1(=79),数码"3"的七段码
    4'd4:sg<=7'h33;  //0 0 1 1 0 0 1 1(=33),数码"4"的七段码
    4'd5:sg<=7'h5b;  //0 1 0 1 1 0 1 1(=5B),数码"5"的七段码
    4'd6:sg<=7'h5f;  //0 1 0 1 1 1 1 1(=5F),数码"6"的七段码
    4'd7:sg<=7'h70;  //0 1 1 1 0 0 0 0(=70),数码"7"的七段码
    4'd8:sg<=7'h7f;  //0 1 1 1 1 1 1 1(=7F),数码"8"的七段码
    4'd9:sg<=7'h7b;  //0 1 1 1 1 0 1 1(=7B),数码"9"的七段码
    default:sg<=7'h0;
  endcase
end
endmodule
```

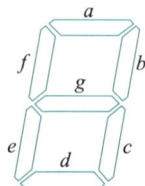

5. 译码驱动模块

根据控制电路的控制信号,驱动交通灯的显示,其外部接口如图6-60所示,Verilog HDL 程序如下:

图6-59　七段数码管

```
module xhd_lamp(clk1k,clr,m,s,lamp);
input       clk1k;        //输入 1 kHz 时钟信号
input       clr;          //输入复位信号
input[2:0] m,s;          //输入方式与状态信号
output[7:0] lamp;         //输出信号灯控制信号
reg[7:0] lamp;
```

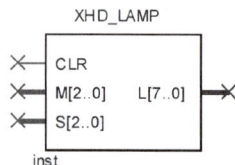

图6-60　译码驱动模块

```
always @ (posedge clk1k or posedge clr)
begin
  if(clr)
    lamp<=8'b00000000;     //复位,信号灯熄灭
  else begin               //高 4 位 A 向,低 4 位 B 向,次序为左黄绿红
```

```
    if(m==3'b000)          //方式1,A绿B红
      lamp<=8'b00100001;
    else if(m==3'b001)      //方式2,A左B红
        lamp<=8'b10000001;
    else if(m==3'b010)      //方式3,A红B绿
      lamp<=8'b00010010;
    else if(m==3'b011)      //方式4,A红B左
      lamp<=8'b00011000;
    else begin              //方式5,自动
      case(s)
        3'b000:lamp<=8'b00010100;//状态0,A红B黄
        3'b001:lamp<=8'b00100001;//状态1,A绿B红
        3'b010:lamp<=8'b01000001;//状态2,A黄B红
        3'b011:lamp<=8'b10000001;//状态3,A左B红
        3'b100:lamp<=8'b01000001;//状态4,A黄B红
        3'b101:lamp<=8'b00010010;//状态5,A红B绿
        3'b110:lamp<=8'b00010100;//状态6,A红B黄
        3'b111:lamp<=8'b00011000;//状态7,A红B左
        default:lamp<=8'b00000000;
      endcase
    end
  end
end
endmodule;
```

6. 分频模块

将1 kHz的脉冲信号进行分频,产生1 Hz的方波,为系统提供动态扫描需要的1 kHz脉冲和系统时钟信号及特殊情况下的倒计时闪烁信号所需的1 Hz时钟脉冲,该模块如图6-61所示,其具体的Verilog HDL程序如下:

```
module xhd_freq(clk1k,clr,clk);
input clk1k;                //输入1 kHz时钟信号
input clr;                  //输入复位信号
output clk;                 //输出1 Hz时钟信号
reg clk;
reg[8:0] cnt;

always @ (posedge clk1k or posedge clr)
begin
  if(clr)
    cnt<=9'd0;
```

图6-61　分频模块

```
  else if(cnt==9'd499)   //分频计时
     cnt<=9'd0;
  else
     cnt<=cnt+1'b1;
end

always @ (posedge clk1k or posedge clr)
begin
   if(clr)
     clk<=1'b0;
   else if (cnt==9'd499)   //计时500,时钟信号翻转
     clk<= ~clk;
   else
     clk<=clk;
end
endmodule
```

7. 顶层模块

顶层模块定义了交通信号控制器的输入/输出信号，并实例化控制模块、时钟分频模块、计时模块、扫描显示模块和译码驱动模块，其具体的 Verilog HDL 程序如下：

```
module xhd_top(clk1k,clr,m,sg,bt,lamp);
input clk1k;                //输入1 kHz 时钟信号
input clr;                  //输入复位信号
input[2:0] m;
output[6:0] sg;
output[3:0] bt;
output[7:0] lamp;
wire clk;
wire[7:0] a,b;
wire[2:0] s;


xhd_freq u_xhd_freq(     //实例化时钟模块
   .clk1k(clk1k)
  ,.clr  (clr  )
  ,.clk  (clk  )
);


xhd_time u_xhd_time(   //实例计时模块
  .clk(clk)
```

```
      ,.clr(clr)
      ,.m  (m  )
      ,.s  (s  )
      ,.a  (a  )
      ,.b  (b  )
    );

    xhd_ctrl u_xhd_ctrl(  //实例化控制模块
       .clk(clk)
      ,.clr(clr)
      ,.m  (m  )
      ,.a  (a  )
      ,.b  (b  )
      ,.s  (s  )
    );

    xhd_disp u_xhd_disp(  //实例化显示模块
       .clk1k(clk1k)
      ,.clr  (clr  )
      ,.a    (a    )
      ,.b    (b    )
      ,.sg   (sg   )
      ,.bt   (bt   )
    );

    xhd_lamp u_xhd_lamp(  //实例化译码模块
       .clk1k(clk1k)
      ,.clr  (clr  )
      ,.m    (m    )
      ,.s    (s    )
      ,.lamp(lamp)
    );
endmodule
```

8. 仿真代码设计

为了验证交通信号控制器的功能是否正确，需要搭建仿真环境对设计模块电路进行测试，仿真测试 Verilog HDL 程序如下：

```
`timescale 1ns/100ps
module sim_tb_top;    //定义仿真模块名与端口
  reg        clk;
```

```
reg        rstn;
reg[2:0] mod;
wire[7:0] lamp;
wire[6:0] sg;
wire[3:0] bt;

initial                  //初始化时钟信号
  clk=1'b0;
always                   //生成时钟信号
  clk=#2 ~clk;

initial begin            //初始化复位信号
  rstn=1'b0;
  #200;
  rstn=1'b1;
end

initial                  //初始化交通灯模式
  mod=3'b0;
  always
  mod=#300000 mod+1'b1;  //改变交通灯模式

xhd_top u_xhd_top(       //实例化交通信号灯顶层模块
        .clk1k(clk  )
      ,.clr  (! rstn)
      ,.m    (mod  )
      ,.sg   (sg   )
      ,.bt   (bt   )
      ,.lamp (lamp)
      );
endmodule
```

6.4.4 仿真分析

控制模块的仿真波形如图 6-62 所示，从图中可以看出，在工作方式 4（自动循环）下，该模块能够循环产生系统的工作状态控制信号 S0 ~ S7；而在工作方式 0 时，系统产生工作状态控制信号 S1。

计时模块的仿真波形如图 6-63 所示。图中可以看出，在工作方式 4 下，状态 S1 结束后，转到状态 S2，A 向倒计时显示 5 s；接着转到状态 S3，A 向倒计时显示 10 s；然后又转到状态 S4，A 向倒计时显示 5 s；在 A、B 倒计时均显示 "01" 后转入状态 S5，A 向倒计时显示 50 s，B 向倒计时显示 30 s，依此类推。

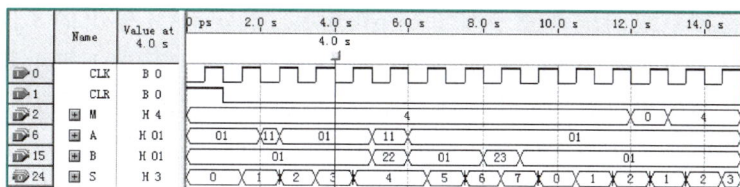

图 6-62 控制模块的仿真波形

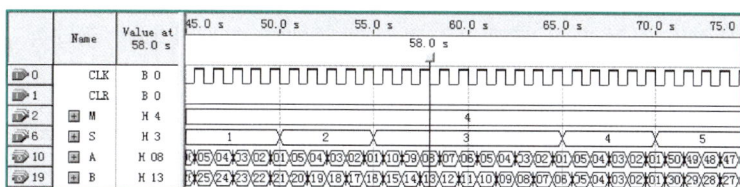

图 6-63 计时模块的仿真波形

译码驱动模块的仿真波形如图 6-64 所示。从图中可以看出，在工作方式 4 下，工作状态从 S1 到 S0 循环，交通信号灯的状态转换如图 6-65 所示。

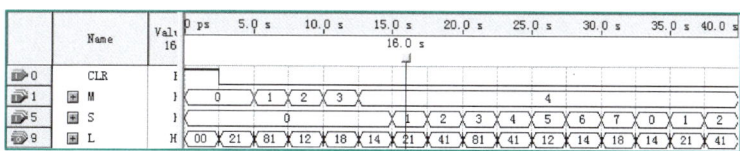

图 6-64 译码驱动模块的仿真波形

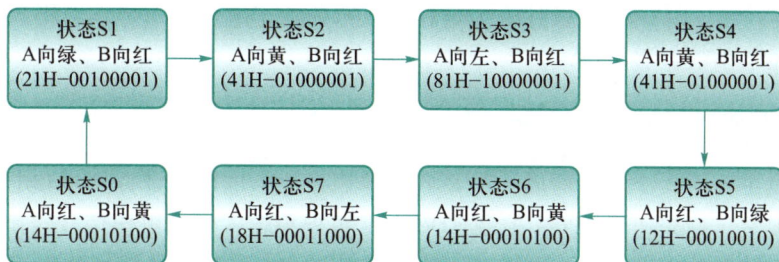

图 6-65 交通信号灯的状态转换图

扫描显示模块的仿真波形如图 6-66 所示，从图中可以看出，在位控信号从 1110→1101→1011→0111 转变的过程中，输出段码分别为 7E、6D、5B、7E，分别是欲显示时间信号 "05" "20" 中数码 0、2、5、0 的字形码。

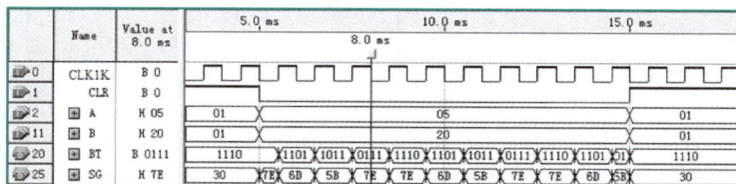

图 6-66 扫描显示模块的仿真波形

交通信号灯控制系统的仿真波形如图 6-67 所示。设定 LAM 输出的 8 位二进制信号中高、低 4 位分别代表 A 向与 B 向左拐灯、黄灯、绿灯和红灯，其中 1 表示相应的信号灯点亮。从系统仿真波形图可以看出，在工作方式 4（自动循环）下，信号灯从 A 向绿、B 向红（00100001，即状态 S1）转到 A 向黄、B 向红（01000001，即状态 S2）5 s 后，又转到 A 向左、B 向红（10000001 即状态 S3）10 s，接着又转到 A 向黄、B 向红（01000001，即状态 S4）5 s，然后转到 A 向红、B 向绿（00010010，即状态 S5）。在 CLR 复位信号作用后，状态回复到 S1，即 A 向绿、B 向红（00100001）。限于篇幅只给出了部分仿真波形，但从系统仿真波形及各模块的仿真波形可以看出，设计结果能够满足控制信号灯并显示时间的功能要求。

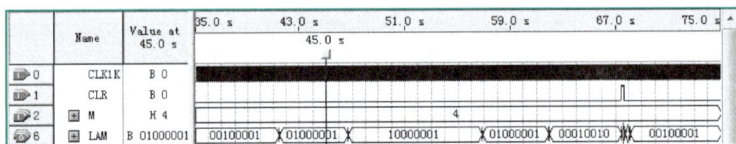

图 6-67   交通信号灯控制系统的仿真波形

6.5   设计数字电压表

6.5.1   设计要求

利用 FPGA 控制 ADC0809，设计一个量程为 5 V 的数字电压表，要求采用 3 位数码管显示电压值，可以显示小数点后两位。

6.5.2   设计方案

数字电压表主要由 3 个模块构成：A/D 转换控制模块、电压值计算模块和电压显示控制模块。在设计实现时，首先通过 FPGA 控制 ADC0809 将外部输入模拟电压信号转换为 8 位数字量信号，再将 8 位数字量送入 FPGA 中通过运算确定对应的电压值，最后将处理好的数据通过数码管显示出相应的电压值。FPGA 控制 ADC0809 的电路图如图 6-68 所示。

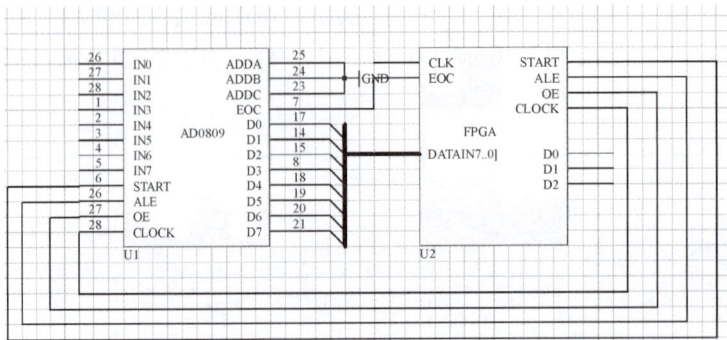

图 6-68   FPGA 控制 ADC0809 的电路图

6.5.3 设计模块

1. A/D 转换控制模块

ADC0809 的工作时序如图 6-69 所示：START 是转换启动信号，高电平有效；ALE 是 3 位通道选择地址（ADDC、ADDB、ADDA）信号的锁存信号。当模拟量送至某一输入端（如 IN1 或 IN2 等），由 3 位地址信号选择，而地址信号由 ALE 锁存；EOC 是转换情况状态信号，当启动转换约 100 μs 后，EOC 产生一个负脉冲，以示转换结束；在 EOC 的上升沿后，若使输出使能信号 OE 为高电平，则控制打开三态缓冲器，把转换好的 8 位数据结果输至数据总线，至此 ADC0809 的一次转换结束。

A/D 转换控制模块如图 6-70 所示。根据 ADC0809 的工作时序，A/D 转换控制模块由 4 个进程来描述。U1 用于描述系统时钟分频，使其输出 ADC0809 所需的 CLOCK 信号 500 kHz（系统频率为 10 MHz）；U2 控制 ADC0809 进行 A/D 转换，可以用状态机来描述，各状态的转换见表 6-3；U3 用于状态机各状态的转换；U4 用于控制 FPGA 输出 ADC0809 转换后的信号。

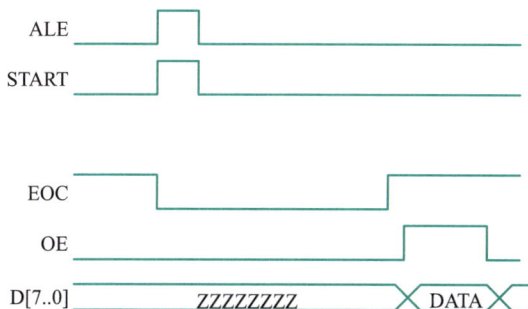

图 6-69　ADC0809 的工作时序

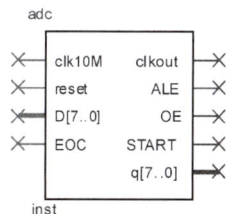

图 6-70　A/D 转换控制模块

表 6-3　ADC0809 状态转换表

当前状态	下一状态	状态功能	状态描述
ST0	ST1	ALE=0，START=0，OE=0，LOCK=0	对 ADC0809 初始化
ST1	ST2	ALE=1，START=1，OE=0，LOCK=0	启动 A/D 转换
ST2	ST3	ALE=0，START=0，OE=0，LOCK=0	采样周期等待（判断）
ST3	ST4	ALE=0，START=0，OE=1，LOCK=0	开启 OE，输出转换好的数据
ST4	ST0	ALE=0，START=0，OE=1，LOCK=1	由 LOCK 信号输出转换好的数据

A/D 转换控制模块相应的 Verilog HDL 程序如下：

```
module adc(clk10M,reset,clkout,D,EOC,ALE,OE,START,q);
  input          clk10M,reset;//系统频率及复位信号
  output         clkout;         //输出 500 kHz 频率,提供 ADC0809 时钟
  input[7:0]     D;              //ADC0809 的数据输入
  input          EOC;            //ADC0809 的 EOC 输入
  output         ALE,OE,START;//ALE,OE,START 信号输出控制 ADC0809
  reg            ALE,OE,START;
```

```
output[7:0]      q;                  //转换后的数据输出
reg[7:0]         q;


parameter[2:0]   st0=0,st1=1,st2=2,st3=3,st4=4;//状态机的状态表示
reg[2:0]         current_state;
reg[2:0]         next_state;
reg              newclk;
reg              LOCK;
reg[6:0]         cnt;
assign clkout=newclk;


always @ (posedge clk10M)
begin:U1
    begin
                if(cnt<99)
                    cnt<=cnt+1;
                else
                begin
         cnt<=0;
         newclk<=(~newclk);
     end
    end
end


always @ (current_state or EOC)
begin:U2
    case (current_state)
      st0:
          begin
            ALE<=1'b0;
            START<=1'b0;
            OE<=1'b0;
            LOCK<=1'b0;
            next_state<=st1;
          end
      st1:
          begin
            ALE<=1'b1;
            START<=1'b1;
```

动画
数字电压表A/D转
换控制模块仿真

```
            OE<=1'b0;
            LOCK<=1'b0;
            next_state<=st2;
          end
      st2:
        begin
          ALE<=1'b0;
          START<=1'b0;
          OE<=1'b0;
          LOCK<=1'b0;
          if(EOC==1'b1)
              next_state<=st3;
          else
              next_state<=st2;
        end
      st3:
        begin
          ALE<=1'b0;
          START<=1'b0;
          OE<=1'b1;
          LOCK<=1'b0;
          next_state<=st4;
        end
      st4:
        begin
          ALE<=1'b0;
          START<=1'b0;
          OE<=1'b1;
          LOCK<=1'b1;
          next_state<=st0;
        end
      default:
          next_state<=st0;
    endcase
end

always @ (posedge reset or posedge newclk)
begin:U3
    if(reset==1'b1)
```

```
            current_state<=st0;
        else
            current_state<=next_state;
    end

    always @ (posedge LOCK)
    begin:U4
        q<=D;
    end

endmodule
```

2. 电压计算模块

由于 ADC0809 芯片的 Vref（+）和+5 V 电压相连，且该芯片为 8 位 A/D 转换，其最大数字输出量为 255，这样 ADC0809 的最小单位输出值大约为 5 V/255，约为 0.02 V，所以采用 3 个数码管比较合适，可以显示小数点后两位。要得到输出单位为 0.01 V，将 8 位二进制数乘 2 加以修正以后，再将个、十、百位分开即可。电压计算模块如图 6-71 所示，其相应的 Verilog HDL 程序如下：

```
module cod(datain,d0,d1,d2);
    input[7:0] datain;    //ADC0809 转换后的数据
    output[3:0] d0,d1,d2;//转换为数字电压
    reg[8:0]    t0,t1,t2;
    reg[3:0]    tmp0,tmp1,tmp2;
    always @ (datain or t0 or t1 or t2)
    begin
        t0<=datain+datain;//将数据转换为整数
        begin
        if(t0>510);//转换后的数据加以修正
            else if(t0>485)   t1<=t0-10;
            else if (t0>483)   t1<=t0-9;
            else if (t0>383)   t1<=t0-9;
            else if (t0>331)   t1<=t0-8;
            else if (t0>281)   t1<=t0-7;
            else if (t0>229)   t1<=t0-9;
            else if (t0>179)   t1<=t0-6;
            else if (t0>127)   t1<=t0-5;
            else if (t0>77)    t1<=t0-4;
            else if (t0>25)    t1<=t0-2;
            else if (t0>=0)    t1<=t0-1;
            else;
```

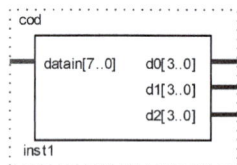

图 6-71　电压计算模块

动画
数字电压表电压
计算模块仿真

```
    end

  begin
    if (t1>510);//取百位数
    else if (t1>499)
      begin
        tmp2<=5;
        t2<=t1-500;
      end
    else if (t1>399)
      begin
        tmp2<=4;
      t2<=t1-400;
    end
    else if (t1>299)
      begin
        tmp2<=3;
        t2<=t1-300;
      end
    else if (t1>199)
      begin
        tmp2<=2;
        t2<=t1-200;
      end
    else if (t1>99)
      begin
        tmp2<=1;
        t2<=t1-100;
      end
    else if (t1>=0)
      begin
        tmp2<=0;
        t2<=t1;
      end
    else;
  end

begin
  if (t2>99);//取十位和个位数
```

```
else if (t2>89)
  begin
      tmp1<=9;
      tmp0<=t2-90;
  end
else if (t2>79)
  begin
      tmp1<=8;
      tmp0<=t2-80;
    end
  else if (t2>69)
    begin
      tmp1<=7;
      tmp0<=t2-70;
    end
  else if (t2>59)
    begin
      tmp1<=6;
      tmp0<=t2-60;
    end
  else if (t2>49)
    begin
      tmp1<=5;
      tmp0<=t2-50;
    end
  else if (t2>39)
    begin
      tmp1<=4;
      tmp0<=t2-40;
    end
  else if (t2>29)
    begin
      tmp1<=3;
      tmp0<=t2-30;
    end
  else if (t2>19)
    begin
      tmp1<=2;
      tmp0<=t2-20;
```

```
              end
          else if (t2>9)
            begin
                tmp1<=1;
                tmp0<=t2-10;
            end
          else if (t2>=0)
            begin
                tmp1<=0;
                tmp0<=t2;
            end
          else;
      end
  end
  assign d0=tmp0;    //转换为 BCD 码
  assign d1=tmp1;
  assign d2=tmp2;


endmodule
```

3. 显示控制模块

关于动态显示的方法，前面的章节已经讲到。这里与前面唯一的区别在于需要点亮一个小数点。动态扫描的时钟是来自于送给 ADC0809 工作时钟 500 kHz 的 500 分频得到的。显示控制模块如图 6-72 所示，其相应的 Verilog HDL 程序如下：

```
module disp(clk,d0,d1,d2,bt,sg);
  input        clk;
  input[3:0]  d0,d1,d2;
  output[2:0] bt;
  reg[2:0]    bt;
  output[7:0] sg;
  reg[7:0]    sg;
  reg[1:0]    cnt;
  reg[3:0]    num;
  reg         newclk;
  reg[7:0]    tmp;


  always @ (posedge clk)
  begin:U1
      begin
    if (tmp==249)
```

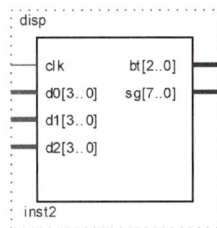

图 6-72　显示控制模块

动画
数字电压表显示
模块仿真

```verilog
            begin
                tmp<=0;
                newclk<=(~newclk);
            end
            else
                tmp<=tmp+1;
        end
    end

    always @ (posedge newclk)
    begin:U2
        begin
            if (cnt==2)
                cnt<=0;
            else
                cnt<=cnt+1;
        end
    end

    always @ (cnt or d0 or d1 or d2)
    begin:U3
        if (cnt==0)
        begin
            bt<=3'b110;
            num<=d0;
            sg[7]<=1'b0;
        end
        else if (cnt==1)
        begin
            bt<=3'b101;
            num<=d1;
            sg[7]<=1'b0;
        end
        else if (cnt==2)
        begin
            bt<=3'b011;
            num<=d2;
            sg[7]<=1'b1;
        end
```

```
        else
        begin
          bt<=3'b111;
          num<=4'b1011;
        end
    end

always @ (*) sg[6:0]<=(num==4'b0000)? 7'b0111111:
                      (num==4'b0001)? 7'b0000110:
                      (num==4'b0010)? 7'b1011011:
                      (num==4'b0011)? 7'b1001111:
                      (num==4'b0100)? 7'b1100110:
                      (num==4'b0101)? 7'b1101101:
                      (num==4'b0110)? 7'b1111101:
                      (num==4'b0111)? 7'b0000111:
                      (num==4'b1000)? 7'b1111111:
                      (num==4'b1001)? 7'b1101111:
                      (num==4'b1010)? 7'b1110111:
                      (num==4'b1011)? 7'b1111100:
                      (num==4'b1100)? 7'b0111001:
                      (num==4'b1101)? 7'b1011110:
                      (num==4'b1110)? 7'b1111001:
                      (num==4'b1111)? 7'b1110001:
                      7'b0000000;

endmodule
```

4. 顶层模块设计

将 A/D 转换模块的 clkout 分别与 ADC0809 的时钟端口和显示模块的 clk 相连，转换数据 q 和电压计算模块的 datain 相连，数据输入 d 和 EOC 同 ADC0809 的数据端和 EOC 端连接，ALE、OE、START 分别和 ADC0809 的 ALE、OE、START 相连；将转换模块的 d0、d1、d2 和显示模块的 d0、d1、d2 相连，如图 6-73 所示。

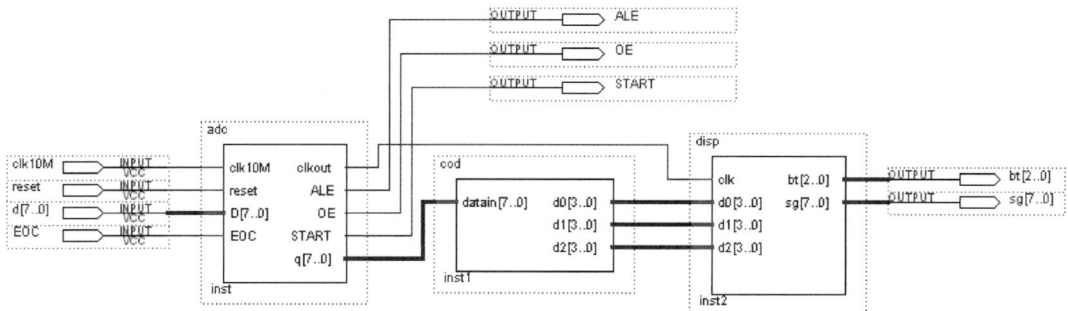

图 6-73　数字电压表顶层模块

6.5.4　仿真分析

A/D 转换模块的仿真波形如图 6-74 所示。在第一个状态 st0 时 START=0，ALE=0，OE=0，完成 AD0809 的初始化；转换第二个状态 st1 时，START=1，ALE=1，OE=0；启动 A/D 转换；第三个状态 st2 时，ALE=0，START=0，OE=1，采样等待；第四个状态 st3 时，ALE=0，START=0，OE=1，输出转换后的数据；第五个状态 st4 时，将转换后的数据锁存。与 ADC0809 的时序图一致，因此该 A/D 转换模块正确。

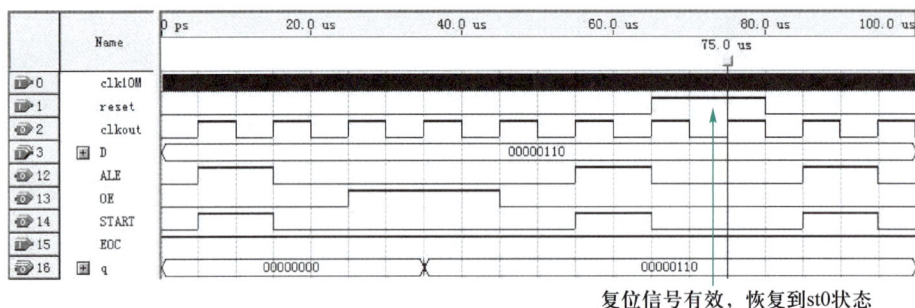

图 6-74　A/D 转换模块的仿真波形

电压计算模块的仿真波形如图 6-75 所示。当输入的数字为"58"时，对应的模拟电压为 58×5 V$/255 \approx 1.14$ V，此时 d2 为 1、d1 为 1、d0 为 4。

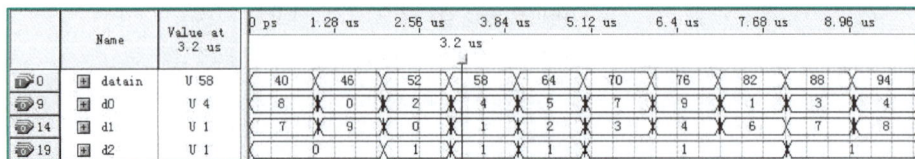

图 6-75　电压计算模块的仿真波形

显示模块的仿真波形如图 6-76 所示。当输入为 2.31 V 时，输出分别为 11011011（即为 2，小数点亮）、01001111（即为 3，小数点不亮）和 00000110（即为 1，小数点不亮），显示正确。

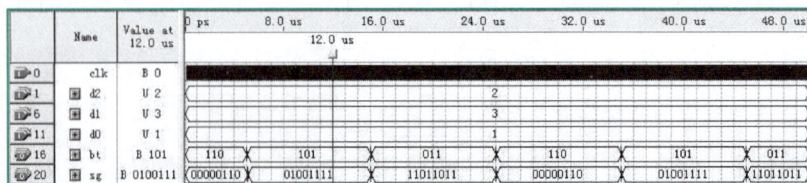

图 6-76　显示模块的仿真波形

附录 A GW48 系列 EDA/SoPC 系统使用说明

A.1 GW48 教学实验系统电路结构图

1. 系统目标板插座引脚信号 （图 A−1）

主板右数第2、3列"目标板插座"信号相同

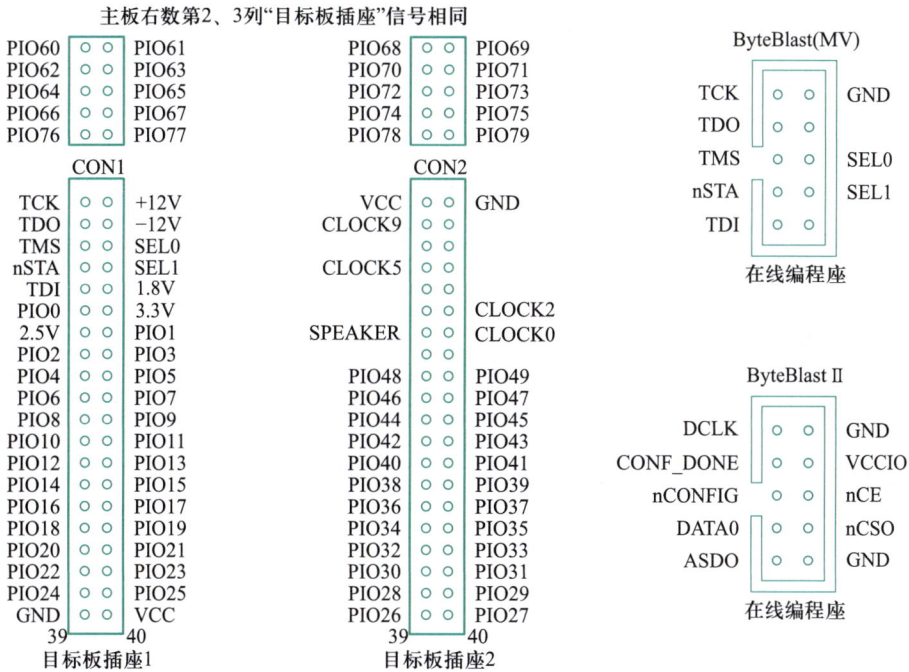

图 A−1 GW48−PK2/CK 系统目标板插座引脚信号图

2. 在线编程插座引脚说明 （表 A−1）

表 A−1 在线编程座各引脚与不同 PLD 公司器件编程下载接口说明

PLD 公司	LATTICE	ALTERA/ATMEL		XILINX		VANTIS
编程座引脚	IspLSI	CPLD	FPGA	CPLD	FPGA	CPLD
TCK （1）	SCLK	TCK	DCLK	TCK	CCLK	TCK
TDO （3）	MODE	TDO	CONF_DONE	TDO	DONE	TMS
TMS （5）	ISPEN	TMS	nCONFIG	TMS	PROGRAM	ENABLE
nSTA （7）	SDO		nSTATUS			TDO
TDI （9）	SDI	TDI	DATA0	TDI	DIN	TDI

续表

PLD 公司	LATTICE	ALTERA／ATMEL		XILINX		VANTIS
SEL0	GND	VCC	VCC	GND	GND	VCC
SEL1	GND	VCC	VCC	VCC	VCC	GND

3. 实验电路信号资源符号图说明（图 A-2）

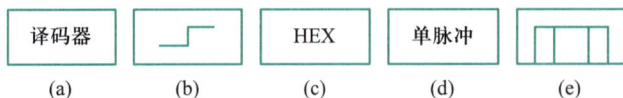

图 A-2　实验电路信号资源符号图

（1）图 A-2(a) 是十六进制 7 段全译码器，其 7 位输出分别接数码管的 7 个段：a、b、c、d、e、f 和 g；它的输入端为 D、C、B、A，其中 D 为最高位。

（2）图 A-2(b) 是高低电平发生器，每按键一次，输出电平变化一次。

（3）图 A-2(c) 是十六进制码（8421 码）发生器，由对应的键控制输出 4 位二进制数对应的 1 位十六进制码，数的范围是 0000 ~ 1111，即 ^H0 至 ^HF。

（4）图 A-2(d) 是单次脉冲发生器。每按键一次，输出一个脉冲，与此键对应的发光二极管也会闪亮一次，时间为 20 ms。

（5）图 A-2(e) 是琴键式信号发生器，当按下键时，输出为高电平。

4. 实验电路结构图

（1）结构图 NO.0(图 A-3)

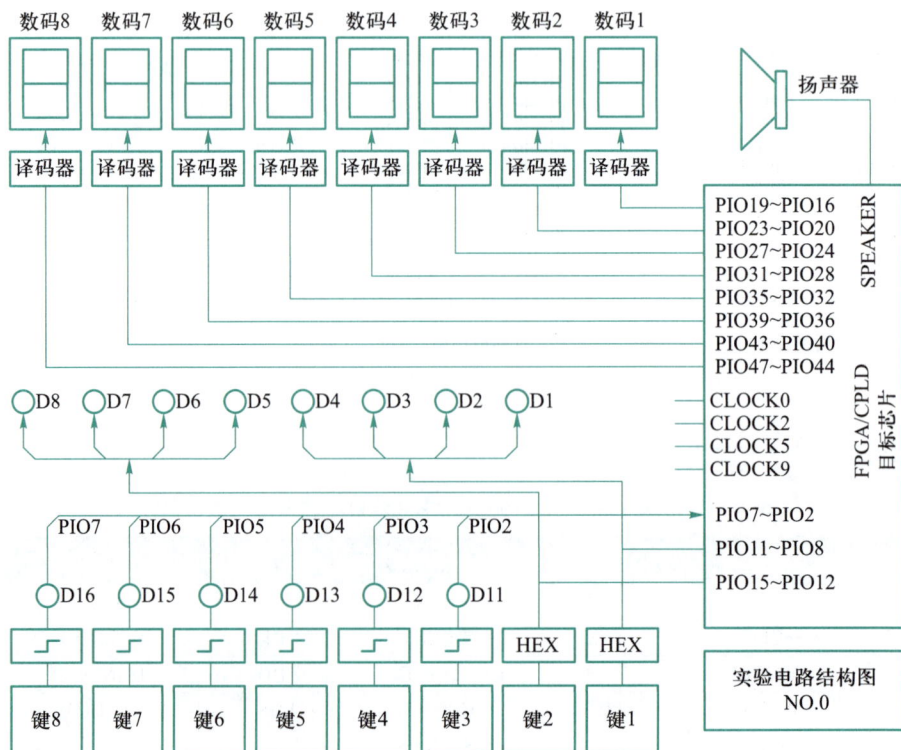

图 A-3　实验电路结构图 NO.0

（2）结构图 NO.1（图 A-4）

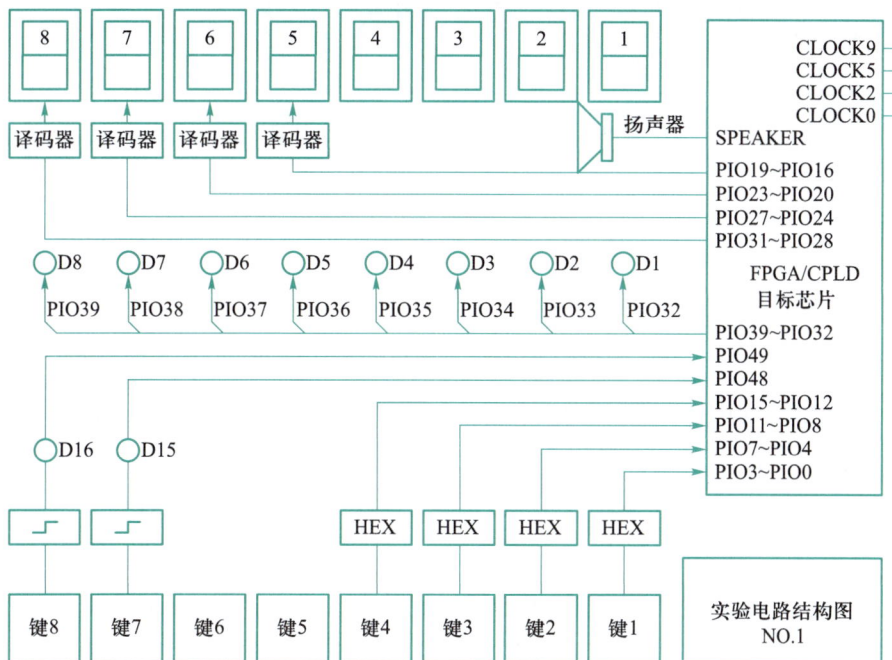

图 A-4 实验电路结构图 NO.1

（3）结构图 NO.2（图 A-5）

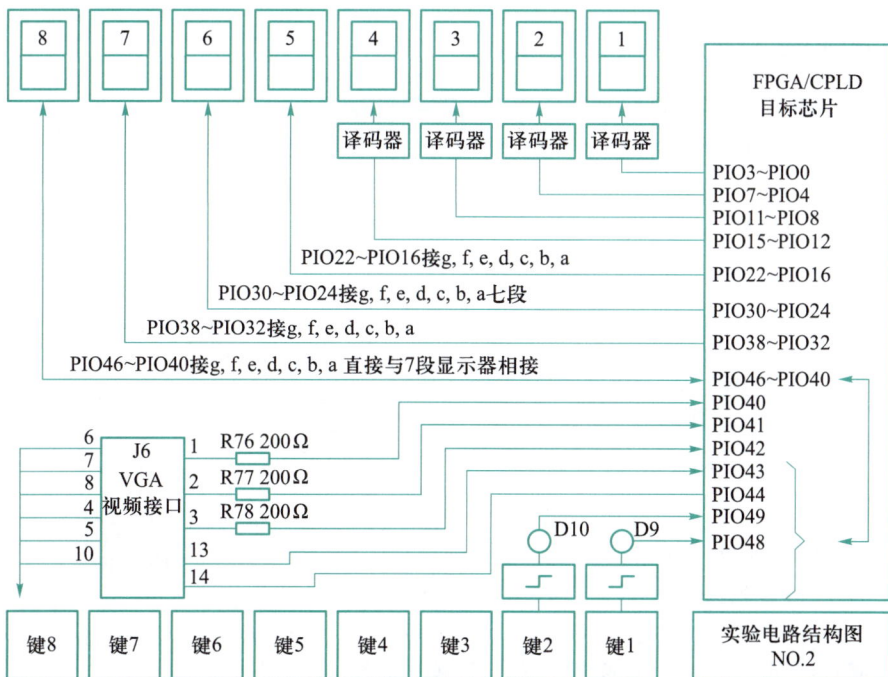

图 A-5 实验电路结构图 NO.2

（4）结构图 NO.3（图 A-6）

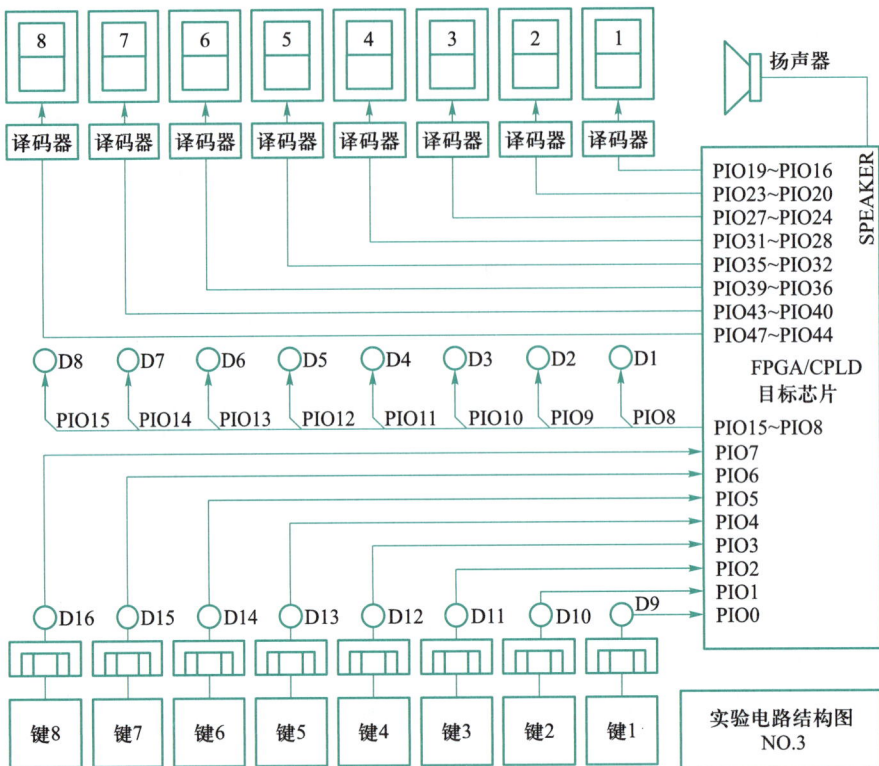

图 A-6　实验电路结构图 NO.3

（5）结构图 NO.4（图 A-7）

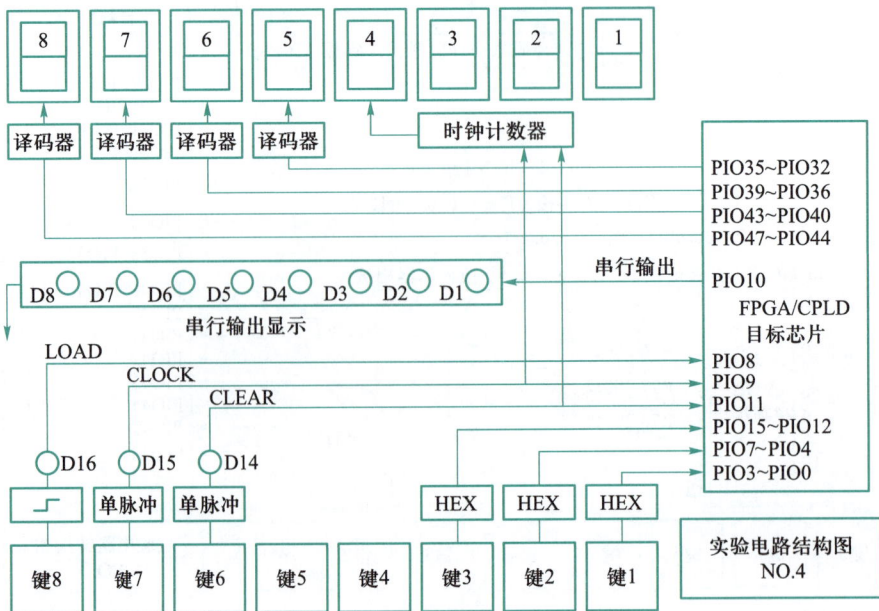

图 A-7　实验电路结构图 NO.4

（6）结构图 NO.5（图 A-8）

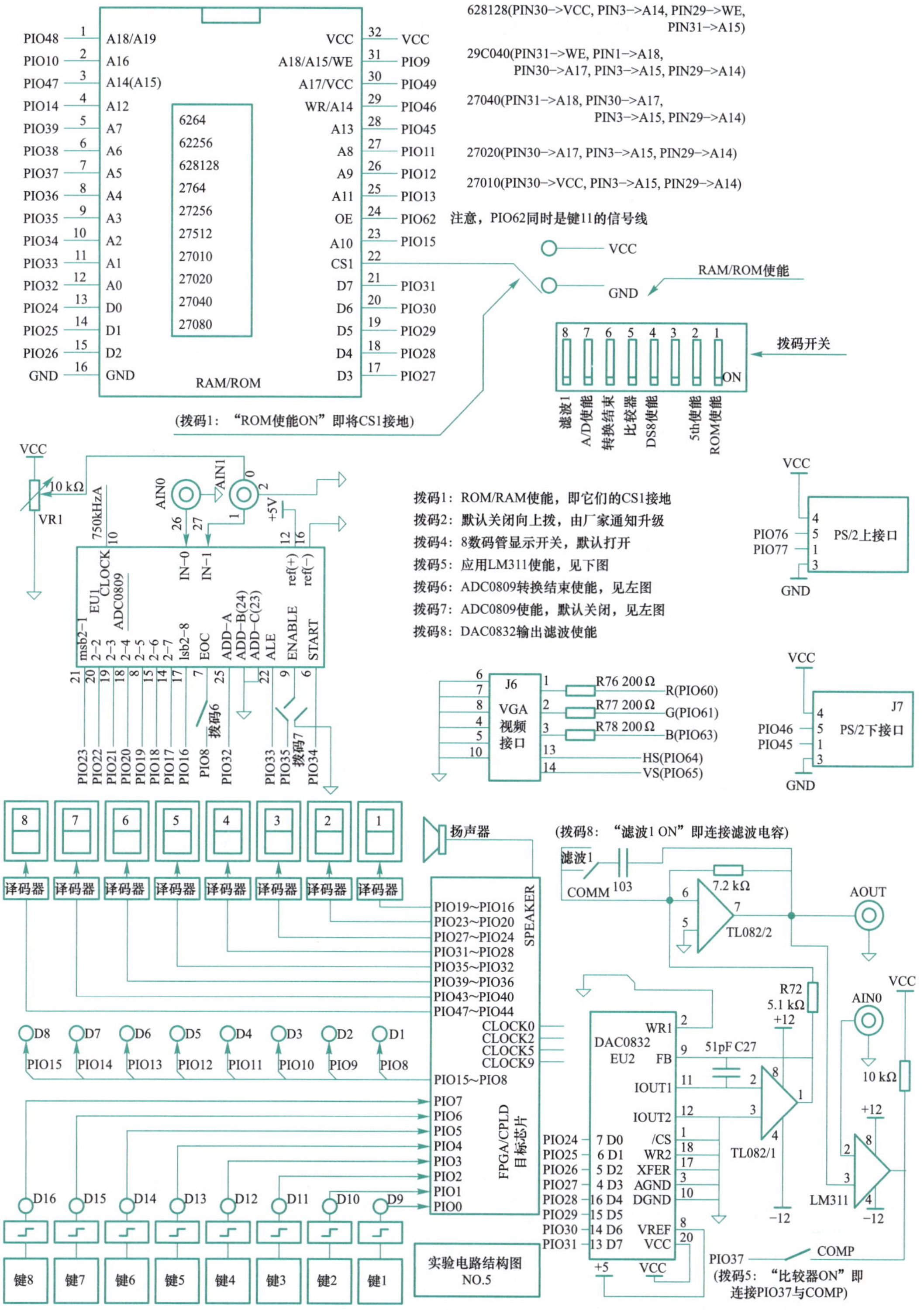

图 A-8　实验电路结构图 NO.5

（7）结构图 NO.6（图 A-9）

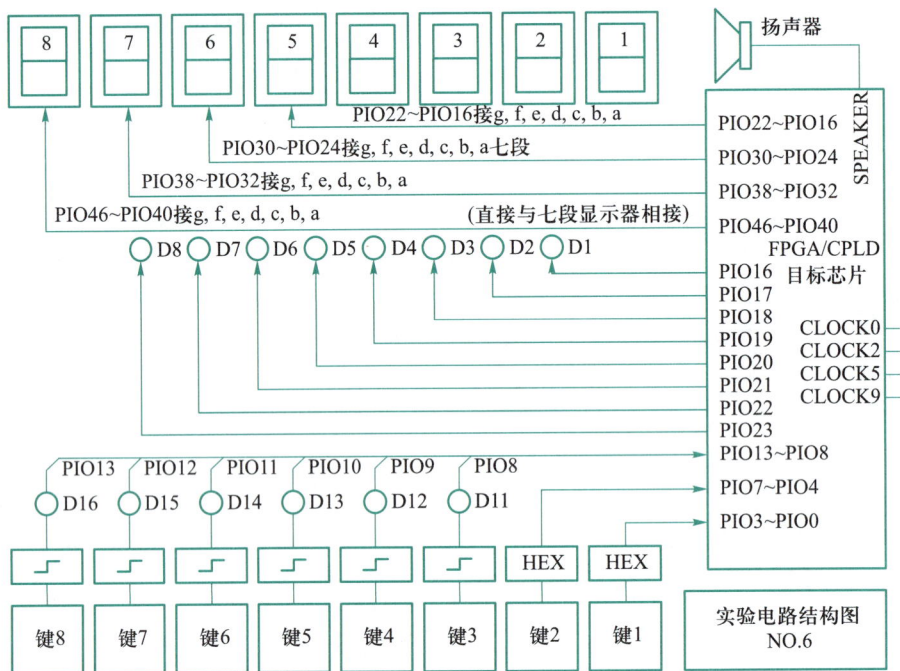

图 A-9　实验电路结构图 NO.6

（8）结构图 NO.7（图 A-10）

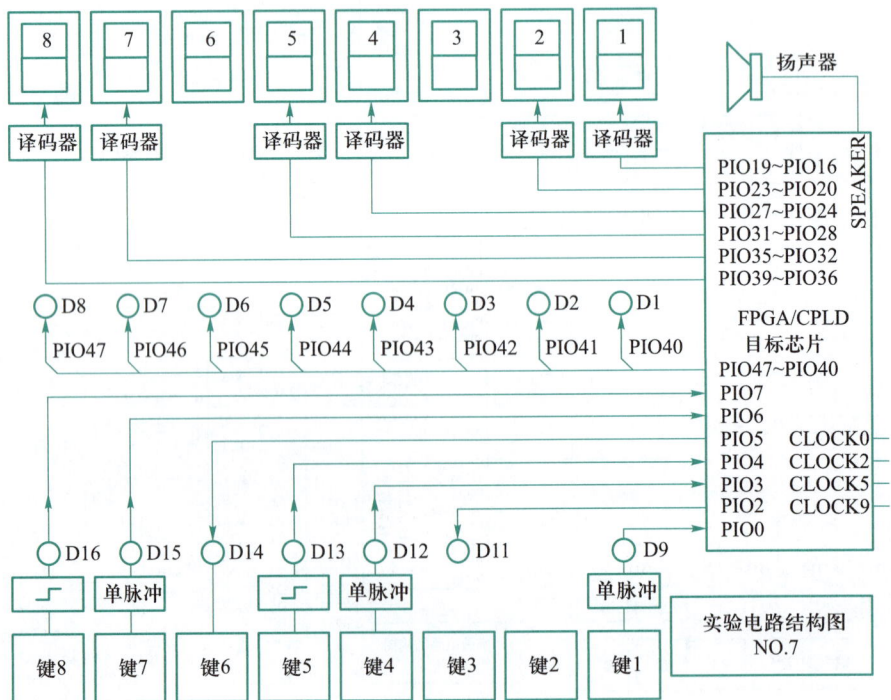

图 A-10　实验电路结构图 NO.7

（9）结构图 NO.8（图 A-11）

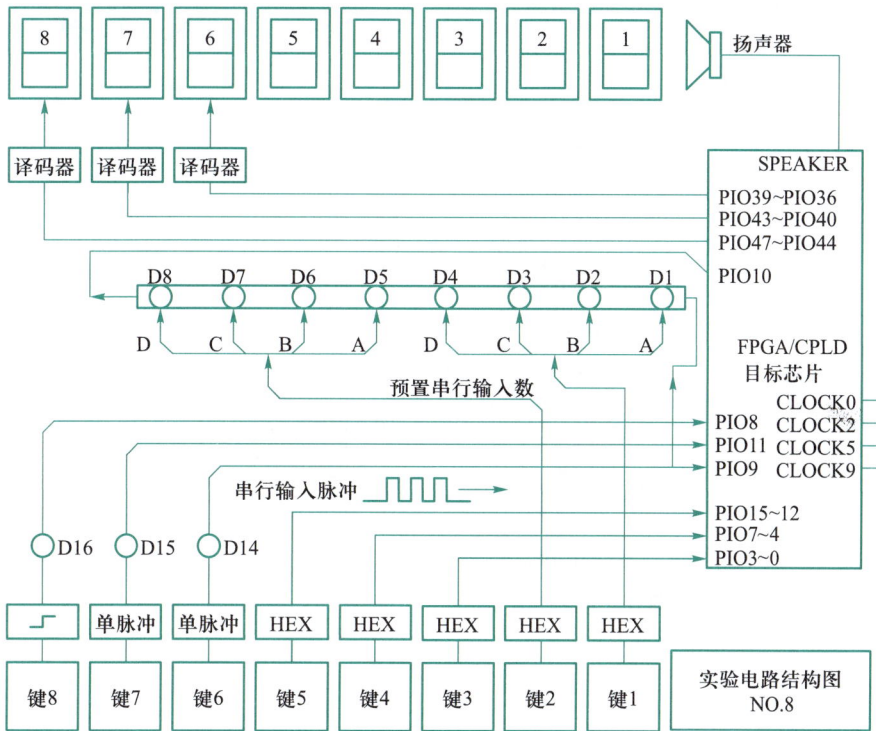

图 A-11　实验电路结构图 NO.8

（10）结构图 NO.9（图 A-12）

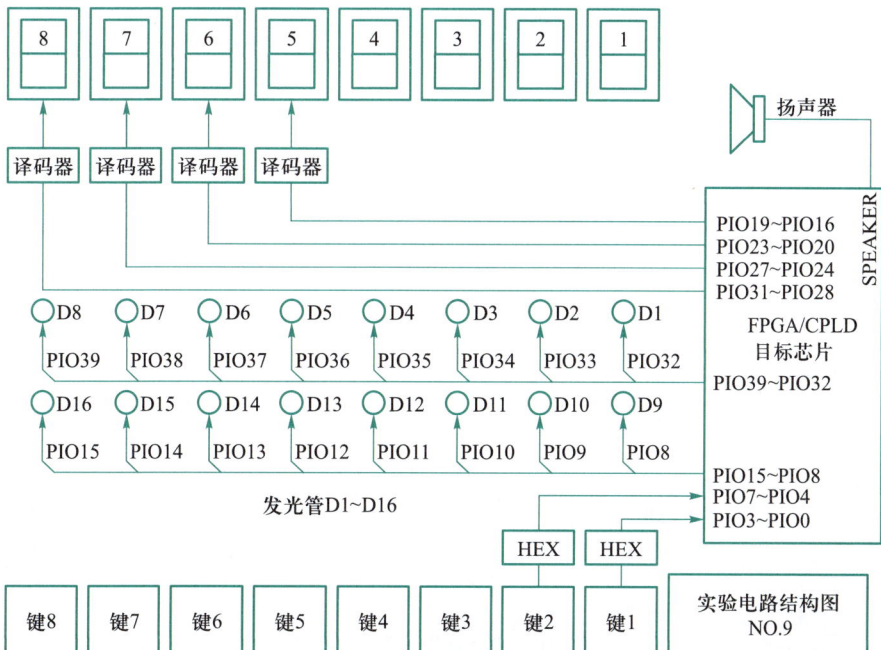

图 A-12　实验电路结构图 NO.9

（11）实验电路结构图 COM（图 A-13）

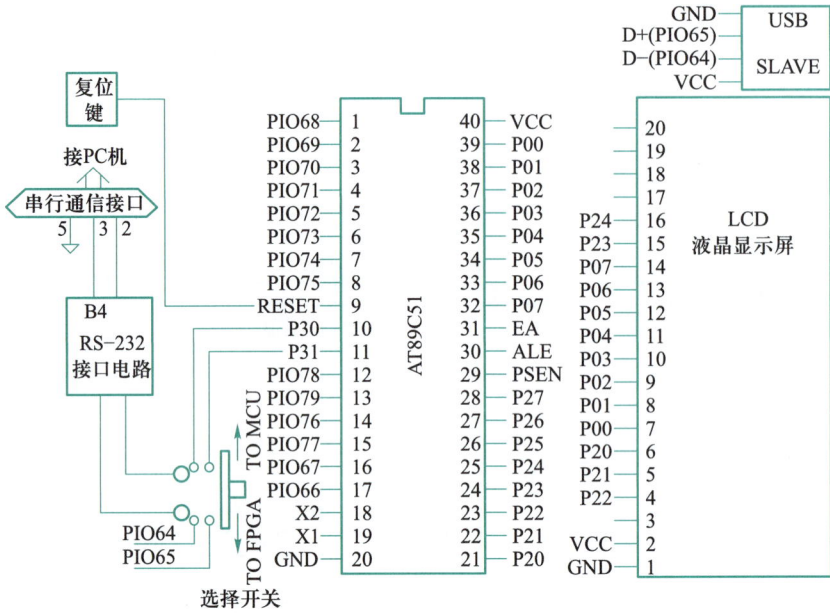

图 A-13   实验电路结构图 COM

（GW48-PK2 上液晶与单片机以及 FPGA 的 I/O 口的连接方式，Cyclone 和 20K 系列器件通用）

（12）数码管扫描显示模式（图 A-14）

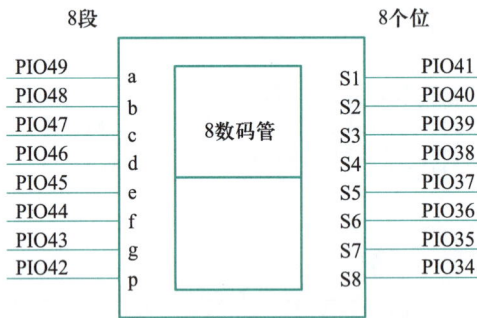

图 A-14   GW48-PK2 系统板扫描显示模式时 8 个数码管 I/O 连接图

（输入信号高电平有效的连接方式）

（13）VGA 和 RS232 引脚连接（图 A-15）

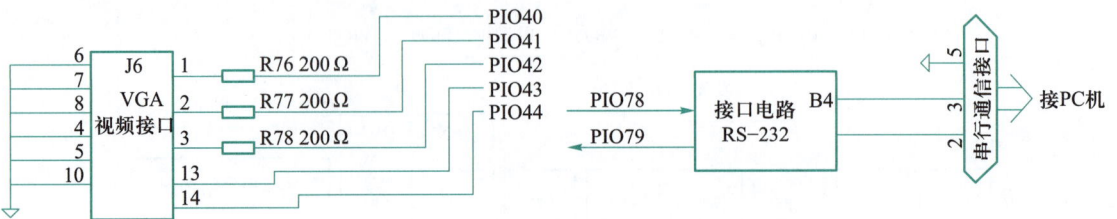

图 A-15   GW48-CK 系统的 VGA 和 RS232 引脚连接图

A.2　GW48 结构图信号与芯片引脚对照表（表 A-2）

表 A-2　GW48 系列 EDA/SOPC 系统结构图信号与芯片引脚对照表

结构图上的信号名	GWA2C8 EP2C8QC208		GWAK30/50 EP1K30/20/50TQC144		GWA2C5 EP2C5TC144		GWAC3 EP1C3TC144		GW48-SOPC/DSP EP1C6/1C12Q240	
	引脚号	引脚名称	引脚号	引脚名称	引脚号	引脚名称	引脚号	引脚名称	引脚号	引脚名称
PIO0	8	I/O	8	I/O0	143	I/O0	1	I/O0	233	I/O0
PIO1	10	I/O	9	I/O1	144	I/O1	2	I/O1	234	I/O1
PIO2	11	I/O	10	I/O2	3	I/O2	3	I/O2	235	I/O2
PIO3	12	I/O	12	I/O3	4	I/O3	4	I/O3	236	I/O3
PIO4	13	I/O	13	I/O4	7	I/O4	5	I/O4	237	I/O4
PIO5	14	I/O	17	I/O5	8	I/O5	6	I/O5	238	I/O5
PIO6	15	I/O	18	I/O6	9	I/O6	7	I/O6	239	I/O6
PIO7	30	I/O	19	I/O7	24	I/O7	10	I/O7	240	I/O7
PIO8	31	I/O	20	I/O8	25	I/O8	11	I/O8	1	I/O8
PIO9	33	I/O	21	I/O9	26	I/O9	32	I/O9	2	I/O9
PIO10	34	I/O	22	I/O10	27	I/O10	33	I/O10	3	I/O10
PIO11	35	I/O	23	I/O11	28	I/O11	34	I/O11	4	I/O11
PIO12	37	I/O	26	I/O12	30	I/O12	35	I/O12	6	I/O12
PIO13	39	I/O	27	I/O13	31	I/O13	36	I/O13	7	I/O13
PIO14	40	I/O	28	I/O14	32	I/O14	37	I/O14	8	I/O14
PIO15	41	I/O	29	I/O15	40	I/O15	38	I/O15	12	I/O15
PIO16	43	I/O	30	I/O16	41	I/O16	39	I/O16	13	I/O16
PIO17	44	I/O	31	I/O17	42	I/O17	40	I/O17	14	I/O17
PIO18	45	I/O	32	I/O18	43	I/O18	41	I/O18	15	I/O18
PIO19	46	I/O	33	I/O19	44	I/O19	42	I/O19	16	I/O19
PIO20	47	I/O	36	I/O20	45	I/O20	47	I/O20	17	I/O20
PIO21	48	I/O	37	I/O21	47	I/O21	48	I/O21	18	I/O21
PIO22	56	I/O	38	I/O22	48	I/O22	49	I/O22	19	I/O22
PIO23	57	I/O	39	I/O23	51	I/O23	50	I/O23	20	I/O23
PIO24	58	I/O	41	I/O24	52	I/O24	51	I/O24	21	I/O24
PIO25	59	I/O	42	I/O25	53	I/O25	52	I/O25	41	I/O25
PIO26	92	I/O	65	I/O26	67	I/O26	67	I/O26	128	I/O26
PIO27	94	I/O	67	I/O27	69	I/O27	68	I/O27	132	I/O27
PIO28	95	I/O	68	I/O28	70	I/O28	69	I/O28	133	I/O28
PIO29	96	I/O	69	I/O29	71	I/O29	70	I/O29	134	I/O29
PIO30	97	I/O	70	I/O30	72	I/O30	71	I/O30	135	I/O30
PIO31	99	I/O	72	I/O31	73	I/O31	72	I/O31	136	I/O31

续表

结构图上的信号名	GWA2C8 EP2C8QC208		GWAK30/50 EP1K30/20/50TQC144		GWA2C5 EP2C5TC144		GWAC3 EP1C3TC144		GW48-SOPC/DSP EP1C6/1C12Q240	
	引脚号	引脚名称	引脚号	引脚名称	引脚号	引脚名称	引脚号	引脚名称	引脚号	引脚名称
PIO32	101	I/O	73	I/O32	74	I/O32	73	I/O32	137	I/O32
PIO33	102	I/O	78	I/O33	75	I/O33	74	I/O33	138	I/O33
PIO34	103	I/O	79	I/O34	76	I/O34	75	I/O34	139	I/O34
PIO35	104	I/O	80	I/O35	79	I/O35	76	I/O35	140	I/O35
PIO36	105	I/O	81	I/O36	80	I/O36	77	I/O36	141	I/O36
PIO37	106	I/O	82	I/O37	81	I/O37	78	I/O37	158	I/O37
PIO38	107	I/O	83	I/O38	86	I/O38	83	I/O38	159	I/O38
PIO39	108	I/O	86	I/O39	87	I/O39	84	I/O39	160	I/O39
PIO40	110	I/O	87	I/O40	92	I/O40	85	I/O40	161	I/O40
PIO41	112	I/O	88	I/O41	93	I/O41	96	I/O41	162	I/O41
PIO42	113	I/O	89	I/O42	94	I/O42	97	I/O42	163	I/O42
PIO43	114	I/O	90	I/O43	96	I/O43	98	I/O43	164	I/O43
PIO44	115	I/O	91	I/O44	97	I/O44	99	I/O44	165	I/O44
PIO45	116	I/O	92	I/O45	99	I/O45	103	I/O45	166	I/O45
PIO46	117	I/O	95	I/O46	100	I/O46	105	I/O46	167	I/O46
PIO47	118	I/O	96	I/O47	101	I/O47	106	I/O47	168	I/O47
PIO48	127	I/O	97	I/O48	103	I/O48	107	I/O48	169	I/O48
PIO49	128	I/O	98	I/O49	104	I/O49	108	I/O49	173	I/O49
PIO60	201	PIO60	137	PIO60	129	PIO60	131	PIO60	226	PIO60
PIO61	203	PIO61	138	PIO61	132	PIO61	132	PIO61	225	PIO61
PIO62	205	PIO62	140	PIO62	133	PIO62	133	PIO62	224	PIO62
PIO63	206	PIO63	141	PIO63	134	PIO63	134	PIO63	223	PIO63
PIO64	207	PIO64	142	PIO64	135	PIO64	139	PIO64	222	PIO64
PIO65	208	PIO65	143	PIO65	136	PIO65	140	PIO65	219	PIO65
PIO66	3	PIO66	144	PIO66	137	PIO66	141	PIO66	218	PIO66
PIO67	4	PIO67	7	PIO67	139	PIO67	142	PIO67	217	PIO67
PIO68	145	PIO68	119	PIO68	126	PIO68	122	PIO68	180	PIO68
PIO69	144	PIO69	118	PIO69	125	PIO69	121	PIO69	181	PIO69
PIO70	143	PIO70	117	PIO70	122	PIO70	120	PIO70	182	PIO70
PIO71	142	PIO71	116	PIO71	121	PIO71	119	PIO71	183	PIO71
PIO72	141	PIO72	114	PIO72	120	PIO72	114	PIO72	184	PIO72
PIO73	139	PIO73	113	PIO73	119	PIO73	113	PIO73	185	PIO73
PIO74	138	PIO74	112	PIO74	118	PIO74	112	PIO74	186	PIO74
PIO75	137	PIO75	111	PIO75	115	PIO75	111	PIO75	187	PIO75

续表

结构图上的信号名	GWA2C8 EP2C8QC208		GWAK30/50 EP1K30/20/50TQC144		GWA2C5 EP2C5TC144		GWAC3 EP1C3TC144		GW48–SOPC/DSP EP1C6/1C12Q240	
	引脚号	引脚名称	引脚号	引脚名称	引脚号	引脚名称	引脚号	引脚名称	引脚号	引脚名称
PIO76	5	PIO76	11	PIO76	141	PIO76	143	PIO76	216	PIO76
PIO77	6	PIO77	14	PIO77	142	PIO77	144	PIO77	215	PIO77
PIO78	135	PIO78	110	PIO78	114	PIO78	110	PIO78	188	PIO78
PIO79	134	PIO79	109	PIO79	113	PIO79	109	PIO79	195	PIO79
SPEAKER	133	I/O	99	I/O	112	I/O50	129	I/O	174	I/O
CLOCK0	23	I/O	126	I/O	91(CLK4)	INPUT1	93	I/O	28	I/O
CLOCK2	132	I/O	54	I/O	89(CLK6)	INPUT3	17	I/O	153	I/O
CLOCK5	131	I/O	56	CLKIN	17(CLK0)	IN	16	I/O	152	I/O
CLOCK9	130	I/O	124	CLKIN	90(CLK5)	IN	92	I/O	29	I/O

注：Cyclone Ⅱ 板的时钟输入口括号中标的是芯片的专用输入口，如 Clock0（插座统一编号）→91（CLK4：芯片引脚名）。

附录 B　Altera DE2 开发板使用说明

Altera DE2 开发板是 Altera 公司的合作伙伴友晶科技公司研制的 PLD/SOPC 开发板，可以完成 PLD、EDA、SOPC、DSP、Nios Ⅱ 嵌入式系统等方面技术的开发与实验。

B.1　Altera DE2 开发板的结构

DE2 开发板结构如图 B–1 所示。开发板以 Altera 公司 Cyclone Ⅱ EP2C35F672C6 FPGA 芯片为核心并提供以下硬件配置：

- 512KB SRAM、8MB SDRAM、4MB Flash（有些板子上为 1M）
- 16×2 的 LCD、8 个七段数码管（HEX7–HEX0）
- 18 个红色发光二极管（LEDR）、8 个绿色发光二极管（LEDG）
- 4 个按键（KEY3 ~ KEY0）、18 个拨动开关（SW17 ~ SW0）
- USB、VGA、RS–232、PS/2 接口和 SD 卡插槽
- 音频编解码器及音频输入输出和麦克风接口
- 视频解码器和视频输入接口
- Altera 串行配置设备–EPCS16
- 50 MHz 和 27 MHz 时钟频率振荡器
- 10/100 以太网控制器和 IrDA 收发器
- 有二极管保护的两个 40 针扩展接口

除此而外，DE2 开发板还有支持标准输入输出的软件和一个便捷的各个部分的控制面板。软件还提供了大量展示 DE2 开发板高级性能的范例。

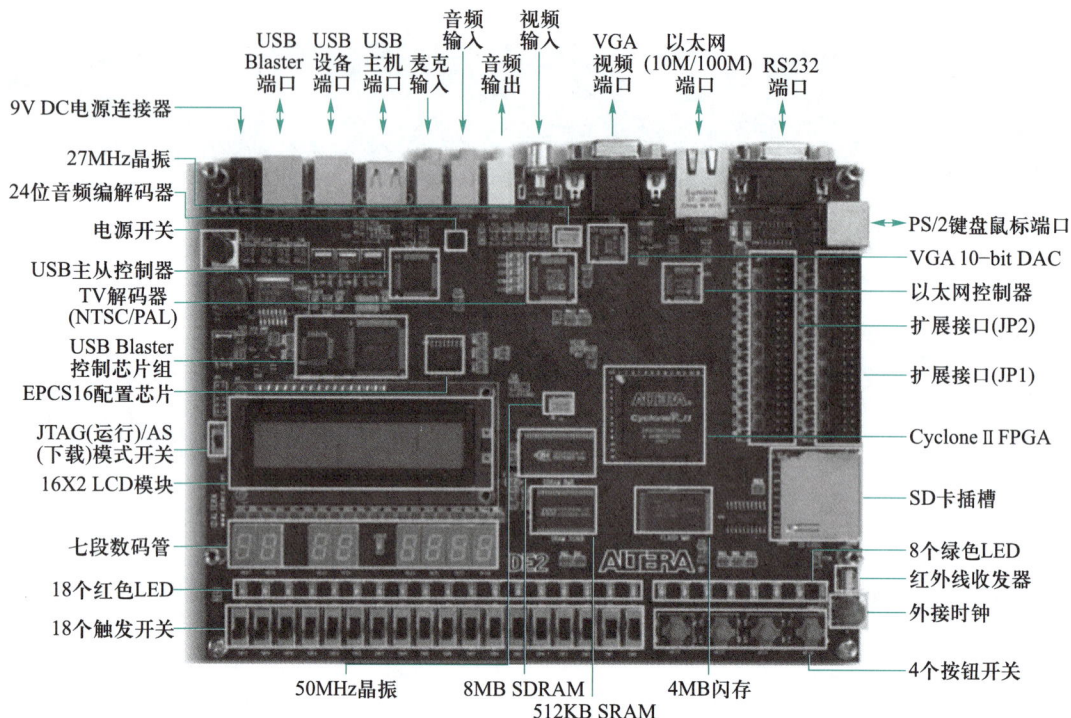

图 B-1　DE2 开发板的实物结构图

B.2　Altera DE2 开发板与目标芯片的引脚连接

　　Altera DE2 开发板上的目标芯片（Cyclone Ⅱ EP2C35F672C6）的引脚与开发板的 PIO（LCD、LED、按钮、数码管、开关等）、存储器（SDRAM、SRAM、FLASH）及各种端口的连接是固定不变的，因此只有一种实验模式。

　　Altera DE2 开发板上目标芯片引脚与开发板上信号对应关系见表 B-1～表 B-9。

表 B-1　拨动开关的引脚分配

信号名	引脚号	信号名	引脚号	信号名	引脚号
SW [0]	N25	SW [6]	AC13	SW [12]	P2
SW [1]	N26	SW [7]	C13	SW [13]	T7
SW [2]	P25	SW [8]	B13	SW [14]	U3
SW [3]	AE14	SW [9]	A13	SW [15]	U4
SW [4]	AF14	SW [10]	N1	SW [16]	V1
SW [5]	AD13	SW [11]	P1	SW [17]	V2

表 B-2　按钮开关的引脚分配

信号名	KEY [0]	KEY [1]	KEY [2]	KEY [3]
引脚号	G26	N23	P23	W26

表 B-3　LED 的引脚分配

信号名	引脚号	信号名	引脚号	信号名	引脚号
LEDR [0]	AE23	LEDR [9]	Y13	LEDG [0]	AE22
LEDR [1]	AF23	LEDR [10]	AA13	LEDG [1]	AF22
LEDR [2]	AB21	LEDR [11]	AC14	LEDG [2]	W19
LEDR [3]	AC22	LEDR [12]	AD15	LEDG [3]	V18
LEDR [4]	AD22	LEDR [13]	AE15	LEDG [4]	U18
LEDR [5]	AD23	LEDR [14]	AF13	LEDG [5]	U17
LEDR [6]	AD21	LEDR [15]	AE13	LEDG [6]	AA20
LEDR [7]	AC21	LEDR [16]	AE12	LEDG [7]	Y18
LEDR [8]	AA14	LEDR [17]	AD12	LEDG [8]	Y12

表 B-4　7 段数码管的引脚分配

信号名	引脚号	信号名	引脚号	信号名	引脚号	信号名	引脚号
HEX0 [0]	AF10	HEX2 [0]	AB23	HEX4 [0]	U9	HEX6 [0]	R2
HEX0 [1]	AB12	HEX2 [1]	V22	HEX4 [1]	U1	HEX6 [1]	P4
HEX0 [2]	AC12	HEX2 [2]	AC25	HEX4 [2]	U2	HEX6 [2]	P3
HEX0 [3]	AD11	HEX2 [3]	AC26	HEX4 [3]	T4	HEX6 [3]	M2
HEX0 [4]	AE11	HEX2 [4]	AB26	HEX4 [4]	R7	HEX6 [4]	M3
HEX0 [5]	V14	HEX2 [5]	AB25	HEX4 [5]	R6	HEX6 [5]	M5
HEX0 [6]	V13	HEX2 [6]	Y24	HEX4 [6]	T3	HEX6 [6]	M4
HEX1 [0]	V20	HEX3 [0]	Y23	HEX5 [0]	T2	HEX7 [0]	L3
HEX1 [1]	V21	HEX3 [1]	AA25	HEX5 [1]	P6	HEX7 [1]	L2
HEX1 [2]	W21	HEX3 [2]	AA26	HEX5 [2]	P7	HEX7 [2]	L9
HEX1 [3]	Y22	HEX3 [3]	Y26	HEX5 [3]	T9	HEX7 [3]	L6
HEX1 [4]	AA24	HEX3 [4]	Y25	HEX5 [4]	R5	HEX7 [4]	L7
HEX1 [5]	AA23	HEX3 [5]	U22	HEX5 [5]	R4	HEX7 [5]	P9
HEX1 [6]	AB24	HEX3 [6]	W24	HEX5 [6]	R3	HEX7 [6]	N9

表 B-5　时钟的引脚分配

信号名	CLOCK_27	CLOCK_50	EXT_CLOCK
引脚号	D13	N2	P26

表 B-6　LCD 的引脚分配

信号名	引脚号	信号名	引脚号	说明
LCD_DATA[0]	J1	LCD_RW	K4	Read/Write Select，0 = Write，1 = Read
LCD_DATA[1]	J2	LCD_EN	K3	Enable
LCD_DATA[2]	H1	LCD_RS	K1	Command/Data Select，0 = Command，1 = Data

续表

信号名	引脚号	信号名	引脚号	说明
LCD_DATA[3]	H2	LCD_ON	L4	Power ON/OFF
LCD_DATA[4]	J4	LCD_BLON	K2	Back Light ON/OFF
LCD_DATA[5]	J3			
LCD_DATA[6]	H4			
LCD_DATA[7]	H3			

表 B-7　扩展槽的引脚分配

信号名	引脚号	信号名	引脚号	信号名	引脚号	信号名	引脚号
GPIO_0[0]	D25	GPIO_0[18]	J23	GPIO_1[0]	K25	GPIO_1[18]	T25
GPIO_0[1]	J22	GPIO_0[19]	J24	GPIO_1[1]	K26	GPIO_1[19]	T18
GPIO_0[2]	E26	GPIO_0[20]	H25	GPIO_1[2]	M22	GPIO_1[20]	T21
GPIO_0[3]	E25	GPIO_0[21]	H26	GPIO_1[3]	M23	GPIO_1[21]	T20
GPIO_0[4]	F24	GPIO_0[22]	H19	GPIO_1[4]	M19	GPIO_1[22]	U26
GPIO_0[5]	F23	GPIO_0[23]	K18	GPIO_1[5]	M20	GPIO_1[23]	U25
GPIO_0[6]	J21	GPIO_0[24]	K19	GPIO_1[6]	N20	GPIO_1[24]	U23
GPIO_0[7]	J20	GPIO_0[25]	K21	GPIO_1[7]	M21	GPIO_1[25]	U24
GPIO_0[8]	F25	GPIO_0[26]	K23	GPIO_1[8]	M24	GPIO_1[26]	R19
GPIO_0[9]	F26	GPIO_0[27]	K24	GPIO_1[9]	M25	GPIO_1[27]	T19
GPIO_0[10]	N18	GPIO_0[28]	L21	GPIO_1[10]	N24	GPIO_1[28]	U20
GPIO_0[11]	P18	GPIO_0[29]	L20	GPIO_1[11]	P24	GPIO_1[29]	U21
GPIO_0[12]	G23	GPIO_0[30]	J25	GPIO_1[12]	R25	GPIO_1[30]	V26
GPIO_0[13]	G24	GPIO_0[31]	J26	GPIO_1[13]	R24	GPIO_1[31]	V25
GPIO_0[14]	K22	GPIO_0[32]	L23	GPIO_1[14]	R20	GPIO_1[32]	V24
GPIO_0[15]	G25	GPIO_0[33]	L24	GPIO_1[15]	T22	GPIO_1[33]	V23
GPIO_0[16]	H23	GPIO_0[34]	L25	GPIO_1[16]	T23	GPIO_1[34]	W25
GPIO_0[17]	H24	GPIO_0[35]	L19	GPIO_1[17]	T24	GPIO_1[35]	W23

表 B-8　RS232 引脚功能

信号名	UART_RXD	UART_TXD
引脚号	C25	B25

表 B-9　PS/2 引脚功能

信号名	PS2_CLK	PS2_DAT
引脚号	D26	C24

参考文献

[1] 潘松，黄继业. EDA 技术实用教程：VHDL 版 [M]. 6 版. 北京：科学出版社. 2018.

[2] 江国强. EDA 技术与应用[M]. 5 版. 北京：电子工业出版社. 2021.

[3] 夏语闻，韩彬. Verilog 数字系统设计教程[M]. 4 版. 北京：北京航空航天大学出版社. 2017.

[4] 宋烈武. EDA 技术与实践教程[M]. 北京：电子工业出版社. 2009.

[5] Kishore Mishra. Verilog 高级数字系统设计技术与实例分析[M]. 乔庐峰，等，译. 北京：电子工业出版社. 2018.

[6] 潘松，王芳，张筱云. EDA 技术及其应用[M]. 2 版. 北京：科学出版社，2012.

[7] 王正勇，姜玉泉，潘晓贝. EDA 技术与应用[M]. 北京：北京邮电大学出版社，2010.

[8] 张义和，张显盛. Altium Design 完全电路设计：FPGA 篇[M]. 北京：中国电力出版社，2008.

[9] 周孟然. CPLD/FPGA 的开发与应用[M]. 徐州：中国矿业大学出版社. 2007.

[10] 罗苑棠. CPLD/FPGA 常用模块与综合系统设计实例精讲[M]. 北京：电子工业出版社. 2007.

[11] 刘欲晓，方强，黄宛宁. EDA 技术与 VHDL 电路开发应用实践[M]. 北京：电子工业出版社. 2009.

[12] 邹彦，庄严，邹宁，等. EDA 技术与数字系统设计[M]. 北京：电子工业出版社. 2007.